国家重点研发计划成果

山区和边远灾区应急供水与净水一体化关键技术与装备丛书

江苏省"十四五"时期重点出版物规划项目

丛书主编　袁寿其

野外微污染应急水源
快速检测与净化

YEWAI WEIWURAN YINGJI SHUIYUAN

KUAISU JIANCE YU JINGHUA

刘　杰　范峻雨　著

江苏大学出版社

JIANGSU UNIVERSITY PRESS

镇　江

图书在版编目（CIP）数据

野外微污染应急水源快速检测与净化 / 刘杰，范峻雨著. -- 镇江 ： 江苏大学出版社，2024. 12. -- （山区和边远灾区应急供水与净水一体化关键技术与装备）.
ISBN 978-7-5684-2338-0

Ⅰ. TU991.2

中国国家版本馆CIP数据核字第2024E8A640号

野外微污染应急水源快速检测与净化

著　者/刘　杰　范峻雨

责任编辑/仲　蕙

出版发行/江苏大学出版社

地　　址/江苏省镇江市京口区学府路 301 号 (邮编：212013)

电　　话/0511-84446464(传真)

网　　址/http：//press. ujs. edu. cn

排　　版/镇江文苑制版印刷有限责任公司

印　　刷/南京艺中印务有限公司

开　　本/718 mm×1 000 mm　1/16

印　　张/21. 5

字　　数/377 千字

版　　次/2024 年 12 月第 1 版

印　　次/2024 年 12 月第 1 次印刷

书　　号/ISBN 978-7-5684-2338-0

定　　价/98. 00 元

如有印装质量问题请与本社营销部联系(电话：0511-84440882)

丛 书 序

中国幅员辽阔，山区面积约占国土面积的三分之二，地理地质和气候条件复杂，加之各种突发因素的影响，不同类型的自然灾害事件频发。尤其是山区和边远地区，既是地震、滑坡等地质灾害的频发区，又是干旱等气候灾害的频发区，应急供水保障异常困难。作为生存保障的重要生命线工程，应急供水既是应急管理领域的重大民生问题，也是服务乡村振兴、创新和完善应急保障技术能力的国家重大需求，更是国家综合实力和科技综合能力的重要体现。因此，开展山区及边远灾区应急供水关键技术研究，研制适应多种应用场景的机动可靠、快捷智能的成套装备，提升山区及灾害现场的应急供水保障能力，不仅具有重要的科学与工程应用价值，还体现了科技工作者科研工作"四个面向"的责任和担当。

目前，我国应急供水保障技术及装备能力比较薄弱，许多研究尚处于初步发展阶段，并且缺少系统化和智能化的技术融合，这严重制约了我国应急管理领域综合保障水平的提升，成为亟待解决的重大民生问题。为此，国家科技部在"十三五"期间设立了"重大自然灾害监测预警与防范""公共安全风险防控与应急技术装备"等重点专项，并于2020年10月批准了由江苏大学牵头，联合武汉大学、中国地质调查局武汉地质调查中心、国家救灾应急装备工程技术研究中心、中国地质环境监测院、中国环境科学研究院、江苏盖亚环境科技股份有限公司、重庆水泵厂有限责任公司、湖北三六一一应急装备有限公司、绵阳市水务（集团）有限公司9家相关领域的优势科研单位和生产企业，组成科研团队，共同承担国家重点研发计划项目"山区和边远灾区应急供水与净水一体化装备"（2020YFC1512400）。

历经3年的自主研发与联合攻关，科研团队聚焦山区和边远灾区应急供水保障需求，以攻克共性科学问题、突破关键技术、研制核心装备、开展集成示范为主线，综合利用理论分析、仿真模拟、实验研究、试验检测、工程示范等研究方法，进行了"找水—成井—提水—输水—净水"全链条设计和成体系研究。科研团队揭示了复杂地质环境地下水源汇流机理、地下水源多元异质信息快速感知机理和应急供水复杂适应系统理论与水质水量安全调控机制，突破了应急水源智能勘测、水质快速检测、滤管/套管随钻快速成井固井、找水—定井—提水多环节智能决策与协同、多级泵非线性匹配、机载空投及高效净水、管网快速布设及控制、装备集装集成等一批共性关键技术，研制了一系列核心装备及系统，构建了山区及边远灾区应急供水保障装备体系，提出了从应急智能勘测找水到智慧供水、净水的一体化技术方案，并成功在汶川地震的重灾区——四川省北川羌族自治县曲山镇黄家坝村开展了工程应用示范。科研团队形成的体系化创新成果"面向国家重大需求、面向人民生命健康"，服务乡村振兴战略，成功解决了山区和边远灾区应急供水的保障难题，提升了我国应急救援保障能力，是这一领域的重要引领性成果，具有重要的工程应用价值和社会经济效益。

作为高校出版机构，江苏大学出版社专注学术出版服务，与本项目牵头单位江苏大学国家水泵及系统工程技术研究中心有着长期的出版选题合作，其中，所完成的 2020 年度国家出版基金项目"泵及系统理论与关键技术丛书"曾获得第三届江苏省新闻出版政府奖提名奖，在该领域产生了较大的学术影响。此次江苏大学出版社瞄准科研工作"四个面向"的发展要求，在选题组织上对接体现国家意志和科技能力、突出创新创造、服务现实需求的国家重点科研项目成果，与项目科研团队密切合作，打造"山区和边远灾区应急供水与净水一体化装备"学术出版精品，并获批为江苏省"十四五"重点出版物规划项目。这一原创学术精品归纳和总结了山区和边远灾区应急供水与净水领域最新、最具代表性的研究进展，反映了跨学科专业领域自主创新的重要成果，填补了国内科研和出版空白。丛书的出版必将助推优秀科研成果的传播，服务经济社会发展和乡村振兴事业，服务国家重大需求，为科技成果的工程实践提供示范和指导，为繁荣学术事业发挥积极作用。是为序。

2024 年 10 月

前　言

　　水是生命之源，是人类社会可持续发展的重要基础。然而，随着工业化进程的加快、农业活动的扩展以及自然灾害的频发，全球范围内的水源污染问题日益严峻。野外微污染水源水因其污染物种类复杂、浓度低但毒性强、常规处理技术难以有效处理等特点，成为人类健康和生态环境的重大威胁。尤其是在偏远地区、灾害应急场景或军事行动中，如何快速检测并净化微污染水源水，保障饮水安全，已成为环境科学与工程技术领域亟需解决的关键问题。

　　我国幅员辽阔，地质条件多样，西部地区地下水中氟、砷等溶出性污染物超标问题长期存在，东部沿海及内陆湖泊则面临藻类暴发、农药残留及抗生素污染等新型挑战。传统的水质检测方法往往依赖大型仪器且操作复杂，难以满足现场快速响应的需求；而常规净化工艺对低浓度且高毒性污染物的去除效率有限，难以适应条件特殊的野外环境。在此背景下，开发高效、便携、环境友好的快速检测与净化技术，既是学术研究的创新方向，也是保障人民安全、支撑国防建设的迫切需求。

　　《野外微污染应急水源快速检测与净化》一书的编写依托国家重点研发计划项目课题"机动式应急管网系统与空投便携式净水装备研发"（2020YFC1512404），系统总结课题研究成果与领域前沿进展，聚焦电化学检测、功能材料吸附、氧化还原强化等核心技术的突破与应用，旨在为环境工程、水资源管理、应急保障等领域的科研人员、技术人员及决策者提供科学参考，同时为相关学科的教学与人才培养提供教材支撑。

　　本书共分为 12 章，以"问题导向—技术解析—应用评估"为逻辑主线，全面覆盖微污染水源的检测、净化及工程化应用全链条。

　　第 1 章系统阐述野外微污染水源的水质特点，包括重金属、地质溶出阴离子、藻类代谢产物、农药残留、抗生素及放射性物质等典型污染物的来源、毒性及环境行为，并探讨应急供水水质标准的制定原则与检测保障策略。第 2 章重点介绍基于电化学的水中重金属离子快速检测技术，解析缺陷石墨烯、金属及金属氧化物纳米材料修饰丝网印刷电极（SPE）的制备工艺及其对镉（Cd^{2+}）、铅（Pb^{2+}）、铜（Cu^{2+}）、汞（Hg^{2+}）等重金属离子的高灵敏检测机制。第 3、4 章围绕功能吸附材料展开，详细阐述铝螯合交联 N-亚甲基膦酸化壳聚糖（Al-CPCM）树脂的绿色合成工艺及其对氟离子的高效去除效能，并开发多功能核壳纳米材料以解决砷-氟共存污染的难题。第 5 至第 7 章聚焦氧化强化混凝除藻技术，系统研究高铁酸盐［Fe（Ⅵ）］、过一硫酸盐（PMS）等氧化剂与混凝工艺的协同作用，阐明其对藻类细胞完整性、微囊藻毒素（MCs）及消毒副产物的控制效能，并通过超滤联用技术探索膜污染的减缓机制。第 8 至第 10 章创新性地提出钛混凝剂（$TiCl_3$）及还原-混凝联用工艺，结合陶瓷微滤膜技术，解析其对高毒性金属络合物、放射性核素（如锝-99）的去除机理与膜污染控制策略。第 11 章设计氧掺杂石墨烯氮化碳（$g-C_3N_4$）非金属光催化剂，结合 Fe（Ⅵ）活化体系，突破传统光催化剂的性能瓶颈，实现有机磷农药的高效降解与磷酸盐同步固定。第 12 章构建功能化聚偏氟乙烯（PVDF）双效膜，集成光催化降解与重金属固定功能，评估其对洛克沙肿（ROX）等新兴污染物的去除效能及可复用性，为水处理膜技术的智能化升级提供新思路。

本书由中国人民解放军陆军勤务学院刘杰教授与范峻雨助理研究员担任主编，仙光、陈阿凤、李媛媛担任副主编，凝聚了跨学科团队的集体智慧。全书章节撰写分工如下：第 1 章由范峻雨与刘杰共同执笔，重点探讨微污染水源的复杂性与应急标准；第 2 章由陈阿凤负责，聚焦电化学检测技术的材料设计与性能优化；第 3、4 章由范峻雨撰写，深入解析功能吸附材料的合成机理与应用潜力；第 5、6 章由仙光主笔，系统阐述氧化强化混凝的技术突破；第 7 章由李媛媛完成，侧重超滤联用工艺的膜污染控制研究；第 8 至第 10 章由刘杰统筹，聚焦化学还原与膜技术的协同创新；第 11 章由范峻雨执笔，探索光催化体系的设计与降解机制；第 12 章由陈阿凤撰写，集成膜技术与光催化功能的前瞻性应用。全书由范峻雨、仙光、陈阿凤、李媛媛统筹修订，周继豪、周鑫、白昊川、彭伟、徐啸、丁昭霞、左梅梅等参编人员承担文献整理、数据验证及图表优化工作，确保了内容的科学性与连贯性。

本书的出版得益于多方支持。首先，感谢 2024 年度国家出版基金资助项目的专项资助为学术成果的传播提供了重要保障。其次，感谢中国人民解放军陆军勤务学院科研学术处的指导与支持，以及中国科学院生态环境研究中心、清华大学、哈尔滨工业大学环境学院等合作单位在材料表征、机理解析与工程验证中的技术协作。最后，特别致谢国家重点研发计划项目课题"机动式应急管网系统与空投便携式净水装备研发"（2020YFC1512404）的资助，该课题为本书的核心研究提供了关键支撑。

此外，还要感谢江苏大学出版社编辑团队的辛勤付出，以及各位审稿专家提出的宝贵意见。本书虽力求严谨，但疏漏之处在所难免，恳请读者批评指正。

编写团队
2024 年 3 月于重庆

目　　录

第 1 章　绪　论

　　微污染水源地水源水是指因受到有机物污染，部分水质指标超过《地表水环境质量标准》（GB 3838—2002）Ⅲ类水域标准值的天然水体。微污染水源水中含有种类繁多且复杂的有机物，污染物浓度较低，采用常规的给水处理工艺难以将其有效去除，这将直接影响人们的饮用水质量。随着全球现代化进程的不断加快、经济社会的持续发展，人们的生产方式不断改进、生活水平不断提高，与此同时，人类在生产生活过程中对环境造成了难以恢复的破坏，使得自然灾害频发，环境问题愈加严重。水污染问题作为严重的环境问题之一，越来越受到人们的重视，其中，生活饮用水的安全问题与每个人都密切相关。只有充分了解水源地水源水的污染现状，寻求切实可行的方法解决所面临的水源水"微污染"问题，才能改善水源水质量，保障居民用水安全。

1.1　野外微污染水源水质特点

　　微污染水源水质有以下特点：污染物种类多，包括有机物、氨氮、硝态氮、磷、重金属及农药等；物理性污染明显，嗅阈值和色度较高；污染指数偏高，采用常规的工艺难以达到理想的净化效果。此外，微污染水体中还出现了许多新型微量污染物，包括激素、消毒副产物、药品与个人护理用品，以及新型致病微生物等。这些污染物如果得不到有效处理，就会在环境中长期存在，通过食物链进入人体内并富集，从而对人体造成严重危害。

1.1.1　重金属

　　近年来，全球经济迅速发展，引发了越来越多的环境问题，尤其是重工业的发展使重金属污染越来越严重。重金属污染主要来源于重金属矿产开采和相关制品加工、工业垃圾和汽车尾气的排放。重金属离子因具有不可生物降解性且易在生态系统中富集，会严重危害人类健康和生态系统[1]。

我国学者对作为饮用水源的地下水、河流、湖泊和水库等进行监测后发现，全国范围内有 80% 左右的水体遭受着不同程度的重金属污染，从这些水体环境中检出的主要重金属为铅（Pb）、镉（Cd）、铜（Cu）、汞（Hg）、铝（Al）、铬（Cr）和砷（As）等。虽然其他重金属对水体的污染性相对较低，但其超标现象也同样不容忽视，2013—2018 年重点流域饮用水中部分重金属监测指标检测结果如表 1-1 所示[2]。这些重金属离子在很低的浓度时便可以产生巨大的毒性，进入人体各个器官后难以代谢和外排，会与人体内的蛋白质结合，对人体造成不可逆转的伤害，并且它们会在体内不断积累，导致人体长期慢性中毒，对人们的生命健康造成很大的威胁[3]。水中镉含量过高会对肾脏、肝脏、肺、骨骼、血管及内分泌、生殖系统造成很大的损害，导致骨密度降低、肾脏损伤和肾脏改变。铅的毒性作用会对人类造成致命危害。长期接触铅会使人体血压升高，从而在心率调节、外周血管阻力和心排血量方面产生严重影响[4]。汞与各种无机和有机配体结合形成强配合物，可以直接破坏大脑及神经系统，且伤害不可逆转[5]。虽然铜是人体必需元素，但摄入过量会导致贫血、肝脏和肾脏损伤，以及肠胃不适。

表 1-1　2013—2018 年重点流域饮用水中部分重金属监测指标检测结果

重金属指标	样本数	中位数	超标样本数
砷	8638	0.0005	46（0.53%）
镉	8656	0.0002	15（0.17%）
铅	8900	0.0010	15（0.17%）
汞	8741	0.0000	18（0.21%）
铬	8854	0.0020	0（0.00%）
铜	8951	0.0500	83（0.93%）
硒	8609	0.0005	18（0.21%）
铝	9606	0.0200	233（2.42%）

注：括号内的数值为超标率。

1.1.2 地质过量溶出阴离子

我国西部地区地域广阔，包含重庆市、四川省、陕西省、云南省、贵州省、广西壮族自治区、甘肃省、青海省、宁夏回族自治区、西藏自治区、新疆维吾尔自治区，以及内蒙古自治区部分地区。这些深处内陆的地区，由于地表水分布不均，因此地下水是不少地区赖以生存的首要饮用水源和工农业生产用水水源，尤其是在一些干旱或半干旱地区，地下水的水质安全问题是关乎当地经济发展及社会稳定的头等大事。然而，我国西部地区地下水受污染情况较为普遍，2021 年生态环境部的调查数据显示，西部地区可直接用作饮用水源水的地下水仅占该地区地下水总分布面积的 27.1%，其中因水质严重超标而无法被有效利用的高达 17.7%。长期以来，地下水污染问题不但严重威胁着当地人民的身体健康，而且成为阻碍西部欠发达地区可持续发展的重要原因之一[6]。

对照《地下水质量标准》（GB/T 14848—2017）和《生活饮用水卫生标准》（GB 5749—2022，以下简称 GB 5749）中规定的限值[7-8]，西部地区地下水普遍性的污染问题主要包括总溶解性固体（TDS）超标、总硬度（TH）超标，以及硫酸盐、氯化物、氟化物超标，其污染成因主要与自然水文地质环境，即地下水径流带来的溶滤及蒸发浓缩作用有关[9]。以氟化物污染为例，西南、西北大部分地区的地下均广泛分布有诸如萤石、黑云母、黄玉及其对应的花岗岩、玄武岩、正长岩等母岩一类的含氟矿物，氟会随着地下水径流而浸出，最后随着径流到达就近盆地中部被浓缩，从而形成高氟水。除共性污染之外，由于社会发展及地理地质条件差异较大，西部不同地区地下水呈现出许多独有的地方性污染特征，其污染来源、成因及污染物分布特征千差万别。例如，甘肃省庆阳市区域内地下水埋深较浅，其含水层富含金属矿带，因此六价铬普遍超标；云贵高原大部分地区含水层岩石风化严重，含水层中蒸发浓缩和阳离子交替效应明显，且地下水呈还原性和碱性，因而其铁锰含量较高，超标面积超过 60%；青海海南藏族自治州的贵德盆地地热资源丰富，其地下水温度较高，利于砷还原菌繁殖，导致含水层入侵岩中的砷大量浸出，个别检出值高达 0.48 mg/L；新疆喀什地区是重要的棉粮种植区，受农业活动影响，加之当地地下水动力学条件差，导致浅层地下水中有机物及"三氮"超标[10]。

1.1.3 藻类及其代谢产物

蓝藻是一种进行光合作用的原核生物，大约起源于 30 亿年前，它们进行的光合作用在地球的演化过程中起到了极为重要的作用[11]。大多数蓝藻能够合成藻蓝蛋白，当藻蓝蛋白达到一定浓度时，蓝藻呈现蓝色，这也是蓝藻名字的由来。值得一提的是，蓝藻并不是都呈现蓝色，许多蓝藻的藻蓝蛋白会被其他色素（如叶绿素 a、藻红蛋白）所覆盖，使得蓝藻呈现绿色、红色等其他颜色。蓝藻分布十分广泛，大多数分布在湖泊、河流中，少数分布在海洋中，目前已知的蓝藻有 2000 多种，常见的蓝藻有铜绿微囊藻、螺旋鱼腥藻等。

蓝藻的正常生长不会给水体带来太大的危害，但短时间内蓝藻的快速生长易造成蓝藻水华现象（图 1-1），导致生态环境受到严重影响。首先，蓝藻的快速繁殖和消亡会消耗大量的溶解氧，导致浮游生物和鱼类等水中动植物死亡，破坏生态平衡。其次，部分蓝藻在快速繁殖时会释放出对人体有害的毒素。以蓝藻水华中的优势物种铜绿微囊藻为例，其在快速繁殖时会释放大量微囊藻毒素（MCs），这是一种肝毒素，可对人体的肝造成损害，严重时会造成肝癌，因此，世界卫生组织（WHO）将其在饮用水标准中的浓度规定在 1.0 μg/L 以下[12]。Backer 等[11]对加利福尼亚州含铜绿微囊藻的水库进行研究，发现出现水华现象时，MCs 最高浓度可达 500 μg/L 以上。值得一提的是，常规水处理工艺难以对 MCs 产生良好的去除效果，因此在蓝藻水华暴发时需要额外注意对 MCs 的处理。最后，蓝藻水华给水厂饮用水水处理设施带来巨大负担（如增加混凝剂投量、加大沉淀池清理力度等），使水处理成本增加。

图 1-1 蓝藻水华现象

1.1.4　高毒性金属络合物

随着电镀和印刷行业规模的扩大，废水中出现了许多重金属离子，如铜离子（Cu^{2+}）、镍离子（Ni^{2+}）和铬酸根离子（CrO_4^{2-}）等。由于重金属废水具有较强的生物毒性并对环境存在潜在威胁，因而如何有效处理重金属废水已经引起全世界众多研究人员的关注。同时，螯合剂如柠檬酸、酒石酸和 EDTA 也被广泛用于电镀和印刷行业，使得重金属络合物在水环境中无处不在。与重金属离子相比，重金属络合物在更宽的 pH 范围内能稳定存在，并且具有很高的溶解度，这意味着传统的重金属离子去除法、化学沉淀法和离子交换法可能无法有效去除这些重金属络合物。此外，重金属络合物对水生物的毒性更大，更易扩散。

Ni-EDTA 是一种水中常见的高毒性重金属络合物。含 Ni-EDTA 的废水主要有 2 种：一种是电镀废水，另一种是印刷废水。电镀废水主要来源于镀镍工艺，镀镍工艺广泛应用于各种仪器、工艺品制造中，镀镍工艺的 3 个阶段产生的废水即镀镍前处理废水、镀镍漂洗废水和镀镍电极废液中都含有 Ni-EDTA。印刷废水主要是指印刷电路板工艺产生的废水。随着电子行业的发展，国家对于印刷废水的排放要求越来越严格。

Ni-EDTA 是一种稳定的络合物，其分子结构如图 1-2 所示。在 Ni-EDTA 中，Ni 与 EDTA 在吸附位点牢牢结合，这使得 Ni-EDTA 在自然界中很难被降解[13]。Ni-EDTA 的毒性主要来源于 Ni，EDTA 则主要使 Ni-EDTA 能够长期存在且难以被降解。Ni 没有急性毒性，但长期接触 Ni 及 Ni^{2+} 盐会导致慢性 Ni 中毒，影响呼

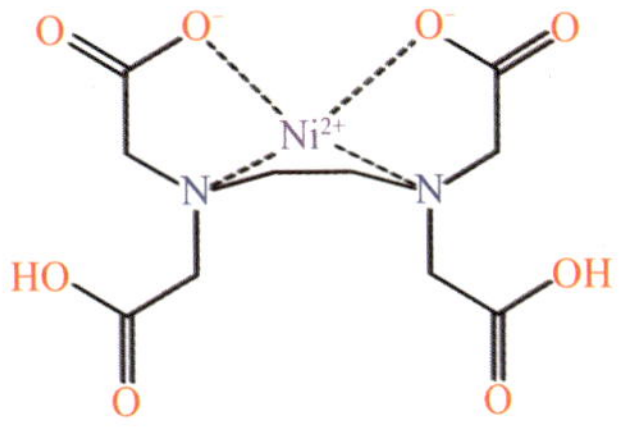

图 1-2　Ni-EDTA 的分子结构

吸系统、心血管系统、皮肤和肾脏等。实验表明，摄入大量的 Ni 易导致畸形和癌症。此外，也有研究发现在镀镍厂工作的女性孕期流产率明显高于从事其他工作的女性[14]，表明 Ni 可能影响女性的生育功能。

1.1.5　高毒性农药残留物

高毒性农药虽然近些年已被禁用，但过去长期使用的残留导致的积累效应对水环境存在不可忽视的影响，有机磷农药是其典型代表。有机磷农药（organophosphorus pesticides，OPs）指的是分子结构中含有 P—C、P—

O—C、P—S—C、P—N—C等磷酸酯或者硫代磷酸酯基团的一类有机化合物的总称[15]。有机磷农药具有施用方便、起效快、渗透性好等优势，是各类杀虫剂及除草剂的首选，在农业生产活动中占有举足轻重的地位。然而，有机磷化合物有明显的积累毒性，人体长期暴露于这样的环境中会发生不可逆损伤，而且有机磷农药种类繁多，其毒性大小及毒理作用机制各不相同。对有机化合物来说，毒性的大小与其代谢通路有关，比如对硫磷（parathion）、甲胺磷（methamidophos）、甲基对硫磷（parathion methyl）这类有机磷农药可以不经人体肝脏代谢而直接进入血液，因此它们被列为高毒类农药，现已被禁用[16]。2021年，笔者研究团队针对广西边境农田水体的调查发现，毒死蜱（chlorpyrifos）、辛硫磷（phoxim）和草甘膦（glyphosate）等会先进入肝脏代谢，从而使进入血液的量减少，其目前仍被大量使用。

有机磷农药的毒理作用大致分为神经毒性作用、肝毒性作用、内分泌与生殖毒性作用及免疫系统毒性作用4类。其中，神经毒性作用的机制主要是有机磷与乙酰胆碱酯酶（acetylcholinesterase，AChE）结合，降低乙酰胆碱酯酶的活性，使乙酰胆碱在神经突触中堆积，从而造成神经系统紊乱，这是含硝基有机磷农药杀螟松（fenitrothion）的主要作用方式；肝毒性作用的机制主要是有机磷在肝脏中大量消耗对氧磷酶（PON），继而诱发氧化应激反应导致细胞出现空泡和坏死，这主要是对氧磷（paraoxon）、二嗪磷（diazinon）和毒死蜱几种有机磷化合物的作用机制；内分泌与生殖毒性作用的机制主要是有机磷通过抑制甲状腺激素或性激素的激素代谢酶基因CYP1A、CYP1B的表达过程，介导下丘脑-垂体-性腺轴（HPG），导致体内激素水平上升，造成内分泌和生殖系统紊乱，这种作用机制的代表主要有马拉硫磷（malathion）、三唑磷（triazophos）及草甘膦；而免疫系统毒性作用的机制主要是有机磷通过促进细胞中AW264.7促炎细胞因子的表达，激活巨噬细胞释放肿瘤坏死因子（TNF-α），造成严重的炎症反应，引发脾脏、胸腺等淋巴结肿大，二嗪磷的这一作用机制体现得最为明显[17-19]。

目前，对于地下水及饮用水中有机磷的限值还没有相关标准给出明确的规定，但是考虑到有机磷化合物的潜在毒性与非常强的迁移富集作用，且大部分食品及农产品法规中已经明确了其最大残留量，故水源水中的有机磷应尽可能予以去除。此外有研究表明，在西南、西北边境地区水源水中有其他重金属离子存在的情况下，有机磷会对生物体产生复合毒理效应，从而增强毒性[20]，这更加说明研究地下水中有机磷的去除技术是很有必要的。

1.1.6 抗生素类药物及其衍生物

抗生素主要是指由特定微生物代谢产生，经由人工提取或直接通过人工合成的特定化学物质，其能对目标细菌、真菌或其他微生物发挥选择性抑制作用，影响其正常繁衍和代谢活动。自 20 世纪 30 年代青霉素问世以来，功能各异的抗生素纷纷被提取或合成并用于医药卫生、个人护理及畜牧水产等各个行业，为保障人类生命健康和经济社会发展发挥了巨大作用，其与原子能和信息技术一起被誉为 20 世纪伟大的发明。据统计，2022 年我国抗生素总用量已高达 16.2 万吨，超过全世界用量的一半。在这些被大量使用的抗生素中，除少部分参与人体或动物的生理代谢过程外，绝大部分都会以原药的形式随粪便、尿液排出体外，并以各种途径进入环境水体中，对其造成污染。目前，我国各主要流域水体均被检出含有多种抗生素，其中，2007 年在珠江广州段水体中检测出的 9 种抗生素总浓度为 0.070 ~ 0.489 $\mu g/L$[21]；2015 年在长江南京段表层水体中检出的 14 种常用抗生素平均浓度为 92.95 ng/L[22]；而在海河流域个别抗生素浓度最高达 7.56 $\mu g/L$[23]。水体中存在的抗生素不仅会对环境微生物产生毒害作用，导致局部种群失调，破坏生态平衡，而且特定的抗生素长期存在会有诱使环境中抗性基因（ARGs）产生的风险，如果其被致病菌获得，就会导致致病菌产生抗药性，从而严重威胁人类生命安全。

目前相关调查研究表明，我国境内水体抗生素污染主要呈现以点源排放为主、面源污染为辅的特点，且面源污染有逐渐扩大的趋势。典型的抗生素点源排放主要包括制药工业生产废水、畜禽集中养殖废水和医院废水排放，而面源污染主要是由农业、水产业和散养畜禽的粪便通过土壤经降雨径流造成的。由于抗生素点源排放量仍占主导，且集中分布，因此针对点源排放特点研发抗生素排放消减控制技术更具有现实意义。

（1）制药废水

在抗生素的生产过程中会产生含有大量抗生素及其合成中间产物的废水与废渣。一般来说，制药企业均建有符合国家标准的与之工业系统配套的废水处理设施，但由于国家标准中并未将抗生素纳入控制指标，所以各类处理工艺在设计之初均未考虑抗生素的去除效能，因此传统的以有机物为去除目标的工艺只对少部分抗生素具有去除效能，其余大部分抗生素均随出水进入环境水体[24]。

（2）养殖废水

一般来说，为了保证养殖对象健康且快速地生长，减少病害带来的经济损失，各类抗生素均会被用作饲料添加剂，这些被动物摄入的抗生素除少部分被机体吸收转化外，其余大部分均会随着动物的尿液和粪便排出体外[10-11]。近 10 年来，在积极响应国家大力发展乡镇产业政策的号召下，乡村畜禽养殖业的发展十分迅速，然而由于养殖户环保观念淡薄和环保技术缺乏，大部分养殖场都未建设配套的废水处理设施，大量抗生素随废水直接进入环境水体。

（3）医院废水

医院是抗生素使用最为集中且种类最为齐全的场所，包括人用处方药。而且配套设施越完善的医院，其抗生素用量越大，排放的废水中抗生素的含量也越高。患者在服用抗生素类药物之后，进入机体内的抗生素会转化为无抗菌活性物质的部分不足 10%，其余大部分都将直接随尿液等排泄物排出体外，经由排水系统收集成为医院废水。但是，传统的医院废水处理工艺并没有针对抗生素去除的专门环节，出水各项指标符合《医疗机构水污染物排放标准》（GB 18466—2005）就可以排放，因此大部分抗生素可在出水中被检出。此外，绝大多数医院将处理后的废水直接排入市政污水管网，这使得大量抗生素随市政污水进入污水处理厂，一定程度上影响了生化处理单元的生物种群结构，给工艺正常运行带来了潜在风险。而且由于目前污水处理厂的处理工艺对部分抗生素几乎没有去除作用，因而这部分抗生素最终随着达标废水排放，进入环境水体。

1.1.7 放射性物质

随着核能技术的快速发展及其地位的提升，如何处置对环境有巨大危害的核废料引起了越来越多的研究人员的关注。锝-99（^{99}Tc）是一种核废料中常见的放射性元素，由铀-235（^{235}U）和钚-239（^{239}Pu）热裂变及地壳中的铀-238（^{238}U）自发裂变产生。^{99}Tc 有很长的半衰期（2.13×10^5 年），裂变产率高（6.1%），过量接触 ^{99}Tc 会导致皮肤病、溃疡和癌症等疾病发生。在含氧水环境中，^{99}Tc 主要以高锝酸根（$^{99}TcO_4^-$）的形式存在。由于 $^{99}TcO_4^-$ 的溶解度大且天然矿石对其吸附性弱，因此 $^{99}TcO_4^-$ 有很强的环境迁移性，易导致核废料周围出现严重的 ^{99}Tc 污染。如果不及时处理 ^{99}Tc 污染，$^{99}TcO_4^-$ 就会迁移到自然水体中，对生态环境造成难以预估的破坏。

Tc 的同位素都具有放射性，这使得在一般实验室中研究 Tc 非常困难。铼（Re）是一种稀土金属，原子序数为 75。Re 与 Tc 同属第七副族的元素，因此它们的物理化学性质很相似，如主要化学价态（Tc：0、+4、+6、+7；Re：0、+3、+4、+5、+7）、离子半径及氧化物等相似[25]。除此之外，Re 和 Tc 在含氧水环境中分别以 ReO_4^- 和 TcO_4^- 的形式存在，且分别能被还原成不溶于水的 +4 价氧化物 ReO_2 和 TcO_2。综上，研究人员在研究中常将 ReO_4^- 作为 $^{99}TcO_4^-$ 的非放射性化学替代物。

1.2　应急供水水质标准探讨

突发饮用水污染事件是由人为或自然灾害引起的，大量污染物在短时间内进入水体或供水管网，使饮用水水质迅速恶化，导致或可能导致人群健康损害事件发生。近年来，我国各种自然灾害频发，这类事件往往影响范围广、覆盖人口多，给广大人民的健康带来潜在威胁，大多数灾害发生时供水的停止给居民带来极大不便。GB 5749 中指标数量多，检测周期长，指标的限值制定考虑的是终身饮用（70 年）不对健康造成危害，而在应急状态下需要在短时间内对饮用水水质进行评估，以保障人民群众的用水需求及身体健康，因此完全照搬该标准来评价饮用水的安全性不仅费时费力，而且不能满足政府和群众希望在第一时间了解饮用水安全性信息的需求，最终可能在一定程度上影响政府决策的速度和正确性。

在应急状态下，水质评估的出发点是短期内饮用不会对人体健康造成急性或亚急性危害，应适当选择部分重要且敏感的水质指标并给出限值要求，从这个角度出发，制定突发饮用水污染事件应急供水水质卫生标准是非常有必要的。

标准制定的作用是在发生突发饮用水污染事件时，根据代表性水质指标结果对水质健康风险进行评估分级，对能否供水做出科学决策并给出供水时限。标准适用于城乡各类集中式供水的生活饮用水，也适用于分散式供水的生活饮用水，标准的制定能进一步完善我国居民生活饮用水评价标准体系，能够在突发饮用水污染事件时为卫生行政部门、供水部门进行水质评估和应急供水提供科学依据和参考，对应急状态下解决供水问题及保障人民群众饮水安全具有重要意义。

1.2.1 突发饮用水污染事件饮用水水质基本要求

突发饮用水污染事件饮用水水质基本要求与 GB 5749 的主要区别在于饮用水暴露期限不同，由于应急供水具有即产即用的特点，对应急状态下临时饮用水水质的要求不必考虑贮存要求及长期饮用的健康风险，因此其部分生物与毒理学指标可以更为宽松，但必须坚持以下四个原则：① 短期内不得对人体健康产生急性和亚急性危害；② 不得含病原微生物；③ 感官性状良好；④ 经消毒工艺处理。

1.2.2 标准制定遵循的原则

突发饮用水污染事件应急供水水质卫生标准只适用于应急状态。标准制定遵循的原则：① 依法原则。标准制定以保障人民群众健康和保证其生活质量为出发点，对饮用水中与此相关的各种因素，以法律形式给出量值的规定。② 安全原则。标准应以 GB 5749 中的常规指标为基础，借鉴国内外相关标准中指标设置原则，充分考虑突发饮用水污染事件实际情况，具有安全性、实用性和可操作性。③ 应急原则。遭遇突发性水污染事件时，应当采用应急标准体系对饮用水水质开展快速评估工作。④ 可行性原则。突发饮用水污染事件时需考虑实现应急供水水质目标的可能性，并充分考虑我国各级卫生技术服务机构的水质检测能力。

1.2.3 水质指标的选择

应急供水水质标准指标选择以 GB 5749 中的常规指标为基础，常规指标能反映饮用水水质基本卫生状况。指标选择遵循的原则：① 精简，突出应急状况下的特点，能够反映应急状况下水质基本卫生状况；② 优先选择对人体急性和亚急性毒性较大的指标；③ 根据突发事件的起因和发展情况，有针对性地选择相应指标；④ 考虑各级卫生技术服务机构的水质检测能力，包括仪器设备检测水平、人员配置等方面。

应急供水水质标准将指标分为感官指标与一般性指标、微生物指标、化学指标、消毒剂指标和放射性指标（表 1-2）。第 1 部分是一般性指标。将其放在前面是因为：① 一般性性状最易被发现，直接影响饮用水的质量和居民的生活质量，过去 90% 左右的突发饮用水污染事件都是由于饮用水一般性性状改变而被发现的；② 不良的感官性状在某种程度上说明水体已受到污染，虽然这类指标不能反映水污染对人体健康的直接影响，但对发现水污染事件来说是最重要的。第 2 部分是微生物指标。致病微生物是引起介水传染病的主要原因，不管是在日常生活中还是应急状况下，饮用水微生物指标的监测与控制对于预防介水传染病暴发流行都具有重要意义。第 3 部分为化学指标。第 4 部分为消毒剂指标，设置消毒剂指标主要是因为以往在灾害现场应急供水时，防疫部门会持续加大消毒剂的投加量，导致消毒副产物大量增加，而且消毒剂与水中污染物结合会生成气味更浓烈的物质。第 5 部分为放射性指标，在没有发生核泄漏、爆炸等放射性污染事件时，应急供水水质标准规定不用检测放射性指标，这是因为：① 我国多年城乡饮用水监测结果基本未发现放射性指标超标现象；② 放射性指标检测时间较长，在突发饮用水污染事件时不能及时得到检测结果。

表 1-2　应急供水水质标准指标分类

类别	指标
一般性指标	色度、浑浊度、臭和味、肉眼可见物、pH、铁、锰、耗氧量
微生物指标	耐热大肠菌群
化学指标	砷、氟化物、硝酸盐、氰化物
消毒剂指标	游离性余氯、化合性余氯、臭氧
放射性指标	总 α 放射性、总 β 放射性

1.2.4　饮用期限的规定

应急供水水质标准规定 2 个饮水期（7 d 和 30 d）的指标和限值。7 d 饮水期各项指标的限值根据急性效应和急性暴露作出规定，以不发生介水传染病和急性中毒为目标。30 d 饮水期不考虑有可逆性的慢性危害，各项指标的限值以亚急性毒性试验资料为依据。具体主要基于如下考虑：① 世界卫生组织（WHO）《饮用水水质准则（第 4 版）》（2011 年出版）[26] 中规定，在特殊情况下，执行饮用水水质准则和国家饮用水水质标准应该有灵活性，要考虑短期和长期的健康威胁和效益，而不应从潜在的积累性风险方面对供水做出过分严格的限制，否则会导致疾病传播的总体危险性增加。② 美国国家环境保护局于 2011 年发布的《突发事件应急供水规划》（*Plan-*

ning for an Emergency Drinking Water Supply）[27]中对水质目标作出了如下规定，在发生灾难时不必强求完全遵循美国现行饮用水标准，某些情况下应更加灵活，对于短期暴露（30 d、60 d 和 90 d）更应该强调污染物限值符合急性暴露的标准。③ 美国于 1995 年发布的《战时生活饮用水中化学战剂指南》（*Guidelines for Chemical Warfare Agents in Military Field Drinking Water*）[28]中推荐了战时饮用水中化学战剂标准短期暴露 7 d 甚至更短时间（3 d）内的参考限值。④ 我国于 1989 年发布的《军队战时饮用水卫生标准》（GJB 651—89）中将饮水期划分为 7 d 和 90 d，7 d 以内是指应急情况，此时水质指标项目减少至最低限度，各项指标的限值以不发生介水传染病和急性中毒，能保持军队战斗力为目标而定[29]，90 d 以内则不考虑可逆性慢性危害，亦不考虑敏感人群，主要以亚慢性毒理学试验为依据。⑤ 我国于 2008 年发布的《饲料毒理学评价 亚急性毒性试验》（GB/T 23179—2008）[30]中规定化学物亚急性毒性给予试验的周期为 30~90 d；于 2014 年发布的《食品安全国家标准 急性经口毒性试验》（GB 15193.3—2014）[31]中规定化学物急性毒性试验周期为 7~14 d。⑥ 搜集、整理、分析公开发表的 155 例国内外突发饮用水污染事件案例，得出 95%的突发饮用水污染事件在 7 d 内处置结束并恢复日常供水，只有 1%的突发饮用水污染事件持续时间在 30 d 以内的结论。

综合以上内容，建议将饮用期限划分为 7 d 和 30 d，分别制定限值标准。

1.2.5 现场检测保证

应急供水水质标准所选择的水质指标仅仅是应急供水最低卫生要求中的指标，很多突发水污染事件中的污染物不在表 1-1 甚至 GB 5749 规定的指标中，这时需选择有代表性的特征污染物进行监测。

当突发水污染事件检测出的污染物种类在我国相关水质标准之外时，应查询 WHO 和美国相关的数据库并按照风险评估的原则和方法进行安全性评价。可供参考的数据库包括 WHO 的国际化学品安全规划署出版的专著《环境卫生基准》（*Environmental Health Criteria Monographs*，EHCMs）和美国环保署综合风险信息系统（Integrated Risk Information System，IRIS）数据库等。

以往我国几乎所有的水质标准都没有规定可以使用现场快速水质检测

仪器对水质进行检测，但考虑到突发饮用水污染事件的发生特点，应强调卫生技术服务机构在应急状况下可以使用快速水质检测仪器设备。近年来，水质快速检测仪器快速发展，检测的种类和精度相较过去已有大幅提升，应急监测也应与时俱进，适应科技发展带来的新变化。目前，各类现场快速水质检测仪器种类众多，质量参差不齐，为规范使用现场快速水质检测仪器，保证检测结果真实可靠，应急供水水质标准应当特别强调现场快速水质检测仪器的检测原理需同《生活饮用水标准检验方法》（GB/T 5750—2023）相一致，同时也应规定现场水质快速检测只作为实验室水质检测的辅助判别依据，与现有各类标准内容不矛盾，这样才能保证水质检测结果准确且合法。

1.3 应急供水水质安全保障技术现状

目前，大部分野外水源中的微污染物在应急条件下都难以得到有效的去除，这严重威胁受灾群众的饮水安全与身体健康。因此，在灾害现场应急条件下，以微污染水体为饮用水源时，对微污染水源饮用水开展深度处理工艺研究，降低水中污染物含量，保障饮用水安全显得尤为重要。

1.3.1 典型微污染物的检测方法

以重金属离子为例，针对溶解性污染物的检测方法可大致分为光谱检测法、电化学检测法和质谱检测法 3 大类。目前，基于标准光谱技术的常规分析方法已成熟应用于重金属离子的测定，如紫外-可见分光光度法、X 射线荧光光谱法（XFS）、原子吸收光谱法、电感耦合等离子体质谱法等。然而，光谱检测法所需要的仪器设备非常昂贵，操作人员需要经过专业的培训才能进行操作，并且这种检测方法需要设置复杂的样品预处理和分析等准备步骤，不适用于现场检测。电化学检测法可以克服光谱检测法的局限性，具有高效、低成本、简单、准确等优点，还可以为污染样品的原位分析提供便携性并做出快速响应。

（1）紫外-可见分光光度法

分光光度法是一种定性和定量分析方法。其原理是在某一波长处或某一波长范围内，物质可以不同程度地吸收光，因此通过对物质的吸光度进行监测和分析，获得物质的种类和浓度的具体信息。虽然重金属离子在紫外光和可见光范围内对光有一定的吸收，但信号一般较弱。因此，在应用分光光度计进行检测时，往往要加入显色剂，使颜色变化更明显、发出的信号更强烈。通过紫外-可见分光光度法检测重金属离子，虽然操作方便，检测迅速，具有良好的线性范围和检出限，但针对不同的离子要选择不同的显色剂，通常比较复杂。

（2）X 射线荧光光谱法

X 射线荧光光谱法是利用特征 X 射线（荧光 X 射线）照射物质来测定待测元素含量。所用仪器由 X 射线源、探测器、光谱仪和记录仪（计算机）等组成。样品受到 X 射线照射时产生电磁波，电磁波迫使原子的内部价电子转移到外部价电子，使外部价电子立即移动到内部价电子以填补空缺。因此，电子回落过程中 X 射线的强度与样品内待测元素含量呈线性关系，据此即可获得检测结果。

（3）原子吸收光谱法

原子吸收光谱法可以定量测定水溶液中的元素含量。这种技术的原理是气相中的元素可以吸收特定波长的光，因此，这种技术具有极好的特异性和极低的检出限。测定样品可以是液体，比如有机溶剂，如果样品易溶解，也可以是固体。样品蒸气在气相中被电离，每一种元素都会产生特定波长的光，根据光的强度与元素的浓度成正比可获得待测样品中特定元素的含量。该方法所需设备昂贵，操作复杂，不适用于现场检测。

（4）电感耦合等离子体质谱法

电感耦合等离子体质谱法（ICP-MS）是一种基于质谱的分析技术，通过电感耦合等离子体电离目标样品来测定特定元素的含量。电感耦合等离子体质谱法可以在污染物浓度很低的水溶液中检测多种元素，包括非金属和金属元素。该方法检测快速，准确度高，但该方法所需的仪器昂贵，不适用于现场检测。

（5）电化学检测法

电化学检测法有伏安法、阻抗法、电位法、电导法和安培法，其中，阳极溶出伏安法（ASV）是目前灵敏度较高、可用于重金属污染原位识别和定量的最常用的电化学方法。标准的电化学分析系统主要由电化学传感装置、电化学检测仪和电解液三部分组成。电化学检测仪通常由 3 个电极组成：工作电极（WE）、参比电极（RE）和对电极（CE）。电化学检测过程中，重金属离子在电极表面发生氧化还原反应后沉积和溶出，如图 1-3 所示，并伴随化学信号→电信号的转换，在氧化过程中会出现一个较高的溶出电流峰值，溶出电流峰值电位会因重金属种类不同而不同；当测量条件不变时，峰电流的测量值与被分析物的浓度成正比。

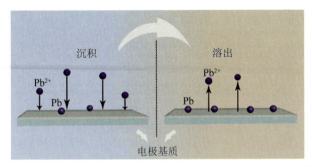

沉积   溶出

Pb^{2+} Pb^{2+}

Pb   Pb

电极基质

图 1-3　用于检测重金属离子的 ASV 的沉积和溶出过程示意图[32]

在电化学检测方法中，丝网印刷电极（SPE）受到了广泛的关注。SPE 便携、价廉、易于操作，有利于促进电化学传感器件的小型化。同时，SPE 可以实现快速检测，减少了电极抛光等复杂的预处理步骤。近年来，多种纳米材料已成功应用于修饰丝网印刷电极，以提高其分析性能，常用的有碳纳米材料、金属纳米材料和金属氧化物纳米材料。这些纳米材料常与其他功能材料如生物材料、导电聚合物和离子液体（IL）进行复合，用于修饰丝网印刷电极。

1.3.2　水中典型微污染物的分离去除技术

（1）水中氟的去除方法

由于氟离子的电负性较高，很难与其他元素相结合，故水中氟通常以无氧酸盐的单个氟离子形式存在。由图 1-4 可知，氟离子的 pK_a 值为 3.25，因此其在微碱性为主的地下水环境中应以去质子化的形式存在。目前对地下水中氟行之有效的去除方法主要有沉淀法、膜分离法、吸附法及离子交换法 4 种。

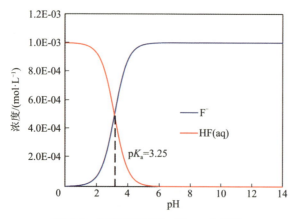

图 1-4　氟离子溶液的 pH–pc 曲线图

1）沉淀法

沉淀法利用氟离子易于同 Ca^{2+} 配位络合的特性，将其转化为不溶性的 CaF_x 复盐沉淀分离去除。其大致分为两步：第一步，向含氟水中投加可溶性氯化钙粉末或者溶液，使之与水中氟离子生成 CaF_2 胶体；第二步，向胶体溶液中加入明矾并迅速搅拌，利用混凝作用使 CaF_2 胶体脱稳，生成大量沉淀，完成除氟。后来这种两步沉淀法被一步石灰法取代，该法在引入 Ca^{2+} 的同时调高了溶液的 pH 值，使不溶性络合物 CaF_2 在生成的同时可以迅速被沉淀出来。但是，由于氢氧化钙提供的碱度有限，石灰法处理后的水中始终存在低浓度溶解态的 CaF_2，因此，为保证最终沉淀效果好，一般还会使用明矾作为絮凝剂完成后处理。明矾的加入虽然能保证实现较高的氟去除率，但是其一方面引入了过多的 Al^{3+} 而被广泛诟病，另一方面则有可能形成 AlF_3 配合物，AlF_3 是一种具有强神经毒性的物质[33]，正因为发现其作为副产物出现在沉淀法除氟后的出水中，所以近年来沉淀法较少被采用，在饮用水处理领域尤其如此。

2）膜分离法

膜分离法是目前工业生产中脱氟的主要手段，包括反渗透、电渗析和纳滤在内，均对氟离子有很高的分离去除效率。膜分离法有其他手段无法企及的优势，比如其具有持续保证水质、不需要任何化学试剂、操作简单、可自动化运作、运行周期较长、再生简便、更换频率低、工作 pH 值范围较宽等优点。与此同时，膜分离法也存在一些不可避免的缺陷，比如反渗透和电渗析在去除氟离子的同时不免会导致其他大量共存阴阳离子被截留，一方面，一些有益离子被去除不利于饮水人群的身体健康，另一方面，充当溶液缓冲对的大量离子被去除使出水 pH 值降低，因此后续始终面临重新矿化的问题。相较而言，纳滤可以克服这些缺陷，在较低压差下运行虽不能去除所有的氟，但能保证其他共存离子存在并将氟离子含量降至低于国家标准，近年来在地下水除氟领域也有广泛应用。但是，纳滤受水中氯离子的干扰非常大，从报道的调查结果可知，新疆、西藏地区的地下水中氯离子含量相对较高，这无疑不利于纳滤装置的运行[34]。此外，膜分离设备组件采购费用较高，运行能耗、设备检修维护、浓水处理等问题也是限制膜分离法在偏远山区小规模、分散式使用的主要原因。

3）吸附法

吸附法是最简便、最适用于基层地区的除氟方法。从目前已有的相关报道可知，活性氧化铝、沸石、骨炭、氧化镁、氧化锆、羟基磷灰石等材料都对氟离子有很强的亲和力，能实现高效分离。其中，活性氧化铝和羟基磷灰石的性价比最高。这两种材料对于水中氟离子有很高的选择性，氟离子会在材料表面形成非常稳定的 O—Al—F 和 Ca—F—P—O 配位结构，因此在吸附过程中几乎不受到地下水中其他共存阴阳离子的影响，即使氯离子浓度高出氟离子 1000 倍也不会表现出明显的干扰。在新疆喀什和塔城地区，羟基磷灰石填料作为地下水除氟滤料曾被广泛使用，然而由于氟离子在吸附剂上的结合过于紧密，因此此法吸附剂反冲洗重生效率过低，大量吸附饱和的吸附剂只能被抛弃或填埋处理。据笔者课题组于 2021 年取样了解，由于除氟滤料失效快且不能循环使用而存在费用高的问题，因此新疆军区某部官兵宁可外出拉水也不愿使用先前购置的除氟装置，造成这个局面的根本原因是吸附剂再生效率低。

4）离子交换法

离子交换法可以完全克服普遍吸附法吸附剂再生效率过低这一缺陷。脱氟专用离子交换树脂通常是利用各种多价金属离子对螯合树脂改性而制得的，水中氟离子通过与多价金属离子表面的配位阴离子（如 Cl⁻、OH⁻）发生交换被捕获分离。树脂上的氟离子与金属离子的结合是可逆的外层络合，并不像在常规吸附剂上发生的内层配位那样紧密，因而该过程可以通过加入高浓度的多价金属离子溶液使 F⁻ 重新脱附，完成树脂再生。一般来说，各类除氟树脂再生效率可以达到 95% 以上[35]。虽然离子交换树脂相较于普通吸附材料循环利用率更高，但最终也要面临完全失效，须经废弃物处理的问题。目前大部分离子交换树脂的骨架材料为不可生物降解的聚苯乙烯、聚丙烯酸等，如果在保证机械强度的情况下换用可降解材料制备树脂，就可以解决后处理的问题，从而在偏远分散基层地区推广使用。

（2）水中砷的去除方法

与氟不同的是，无机形态的砷在水中以含氧酸根的形式存在，由于地下水溶解氧不足，其中的砷多以三价的亚砷酸盐（arsenite）和五价的砷酸盐（arsenate）两种形式共存，其 pH-pc 图分别如图 1-5a 与图 1-5b 所示。根据它们各自的 pH-pc 图可知，在地下水微碱性的环境中，二者分别以 H_3AsO_3 及 $HAsO_4^{2-}$ 的形式存在。同样作为无机阴离子，水中砷的主要去除方法与氟一样，包括絮凝-沉淀法、膜分离法、吸附法和离子交换法 4 种。其中，絮凝-沉淀法和膜分离法的应用局限性与脱氟一样，为有毒络合物质泄漏与成本问题[36]。离子交换法虽然很适用于去砷，其对于五价的 AsO_4^{3-} 的交换效果也较好，但对于以近似中性分子形式存在的亚砷酸盐的交换结合效果却较差。考虑到三价砷本身毒性更大，如果要采用离子交换法，就只能在交换柱前增设预氧化装置将其转换为五价砷，这样会导致成本增加，并且加入的氧化剂残留可能会对有机材料树脂造成损害，因此在砷-氟共存的地下水中不宜采用离子交换法。相较而言，吸附法是针对未知应急水源潜在砷较为适宜的去除手段。

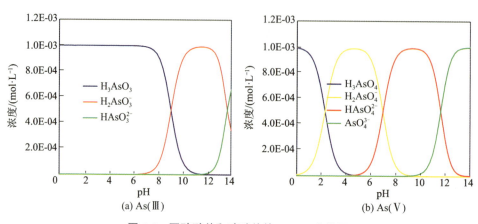

图 1-5 亚砷酸盐和砷酸盐的 pH-pc 曲线图

目前，针对饮用水中砷去除使用较多的吸附剂为各种含多价金属的天然矿物，其中又数各类铁锰材料对砷的选择性及性价比最高，应用也最为广泛。从机理角度分析，砷在不同类型的铁、锰氧化物表面的作用机制不一样，故其除砷机制也不同，部分典型的铁、锰氧化物除砷机制如图 1-6 所示。例如，纤铁矿（γ-FeOOH）是依靠其外表面较高的氧化电势，将原本只能单齿吸附的三价砷氧化为可以双齿配位的五价砷，从而发挥更稳定的吸附效能，提升吸附速率与容量；四氧化三锰（Mn_3O_4）含有大量氧空位，含氧砷分子中的氧可以以补位的方式被捕获，以此获得高的砷吸附量；赤铁矿（α-Fe_2O_3）和针铁矿（α-FeOOH）可以利用其丰富的表面羟基来实现更多的砷配位吸附；磁铁矿（Fe_3O_4）则具有特殊的晶体构型，不仅五价砷可在其表面形成双齿双核配位，三价砷也可以形成三齿六核的内层吸附结构[37]，以实现对总砷的高效去除。

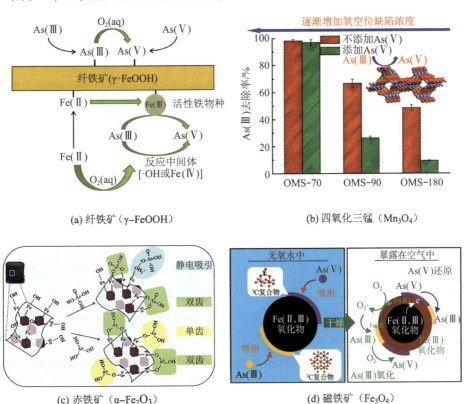

(a) 纤铁矿（γ-FeOOH）   (b) 四氧化三锰（Mn_3O_4）

(c) 赤铁矿（α-Fe_2O_3）   (d) 磁铁矿（Fe_3O_4）

图 1-6　部分典型铁、锰氧化物除砷机制示意图

但是，最近的研究表明，各种铁、锰氧化物在厌氧环境下会出现砷的缓慢脱附现象。此外，本研究的目标水体中砷、氟共存，砷与同为内层吸附结合的氟离子之间必然存在吸附竞争，导致各自的吸附容量降低。虽然一些研究表明，使用适当的双金属氧化物并优化微观界面结构可以使不同

的目标离子获得互不干扰的吸附位点[38]，但对于实际地下水水体，特别是将双金属材料造粒固定化后用于连续流的实验研究还未见报道。这些问题都是在实现砷-氟污染物共除过程中需要仔细考虑的。

（3）水中藻类的去除方法

1）物理法

物理法除藻是指利用物理手段直接去除藻类，包括机械打捞、气浮、超声波处理和吸附等方法。

气浮法是指向水中通入细小密集的气泡，气泡相互黏结上升并带走水中的藻类，从而达到除藻的目的。王占金等[39]利用气浮工艺处理济南市某水库的藻类，发现平均去除率为54%，对于蓝藻的去除率为47%。在实际工程中，气浮法经常与絮凝剂联用。贾伟建等[40]利用混凝-气浮工艺处理黄河下游地区鹊山引黄水库水，发现在混凝剂投加量为 5 mg/L、溶气水回流比为12%的情况下，对于藻类的去除率可达 93.7%。除此之外，研究人员还积极对气浮法进行改进，使其分离效率更高。Narasinga 等[41]利用商业阳离子聚电解质试剂（N,N-二烯丙基-N,N-二甲基氯化铵）对气泡进行改性，使其带有正电荷，发现其对于铜绿微囊藻的去除率可达95%以上，远高于没有改进的气浮法。

超声波处理藻类是通过机械作用、热作用和声空化效应的协同作用，有效破坏藻类的关键成分，使得藻类失去浮力而沉淀，从而达到去除藻类的目的，其原理如图 1-7 所示。Wu 等[42]利用超声波处理铜绿微囊藻，在超声频率为 864 kHz、强度为 0.0929 W/cm^3 的条件下，铜绿微囊藻的去除率可达 61.11%，他还发现超声波对低浓度的藻类溶液（2×10^7 个细胞/mL）有更好的去除效果，在超声波频率、功率和照射时间分别为 20 kHz、30 W 和 360 s 的条件下，低浓度的藻类溶液的去除率可达 90%以上。此外，超声波与混凝联用处理藻类也是研究的热点。利用超声波强化混凝去除铜绿微囊藻，发现在聚合氯化铝投加量为 5 mg/L 的条件下，使用超声波照射后铜绿微囊藻的去除率由 51%显著提升至 95%。总的来说，超声波除藻虽然操作方便、无须投加化学试剂，但是在功率较大的情况下会使藻细胞破裂而大量释放胞内有机物（IOM），造成二次污染。

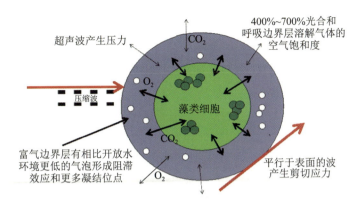

图 1-7 超声波除藻原理示意图（黑色箭头表示迁移扩散，红色箭头表示受力）

吸附除藻主要是利用吸附剂有效吸附藻类细胞，以达到去除藻类的目的，常用的吸附剂有活性炭、沸石和新型吸附材料等。张金玺等[43]利用活性炭去除铜绿微囊藻，发现在活性炭投加量为 1.5 g、pH 值为 4 及吸附时间为 4 h 的条件下，铜绿微囊藻的去除率可达 90%。Xiang 等[44]设置了一个复合生物过滤器，向其中依次装入悬浮生物载体、沸石和粉状活性炭（PAC），发现其在长期运行情况下，对于藻类细胞密度为 1.664×10^9 个细胞/mL 的高藻水可实现 78.6% 的藻类去除率，其中沸石和 PAC 起主要去除作用。贾云婷[45]制备了一种新型吸附材料——磁性金属–有机骨架材料 $Fe_3O_4@ZIF-8$，发现在 $Fe_3O_4@ZIF-8$ 投加量为 0.8 g/L、吸附时间为 30 min 的条件下，其对于藻类细胞浓度为 200 μg/L 的含藻水可实现最高 98.95% 的藻类去除率。总的来说，吸附法除藻虽然操作简单、没有二次污染问题，但是在分离和回收吸附材料上存在困难，也有吸附剂投加量较大的问题。

2）化学法

化学法除藻，顾名思义，即加入强氧化剂和混凝剂等化学试剂，使藻类细胞失活、破解或团聚沉淀，从而达到去除藻类的目的。

常用的强氧化剂包括 $KMnO_4$、O_3 和 NaClO 等。利用 $KMnO_4$ 处理藻类细胞密度为 4×10^7 个细胞/mL 的高藻水，在 $KMnO_4$ 投加量为 1.5 mg/L 的条件下，铜绿微囊藻的去除率可达 90%。研究发现，在藻类氧化过程中，$KMnO_4$ 能被还原成 MnO_2 并掺入藻类絮体中，加快失活藻类的沉降速度。利用 O_3 处理铜绿微囊藻，发现 O_3 可有效破坏藻类细胞的细胞膜和细胞壁而使其失活，虽然过程中会释放藻类胞内有机物（IOM）和微囊藻毒素

LR（MC-LR），但继续增加 O_3 投加量，MC-LR 和有机物能得到有效降解。利用 NaClO 处理含铜绿微囊藻的高藻水，在 NaClO（以 Cl 计）投加量为 2 mg/L 的条件下，仅接触 5 min 就可以使所有藻类细胞裂解，在接触 30 min 后，可实现 42% 的铜绿微囊藻去除率。利用强氧化剂除藻的优点在于见效快、投加量小，高投加量下可实现藻类细胞的完全降解；缺点在于价格较贵、容易使藻类细胞裂解，释放大量 IOM 和 MC-LR，对后续工艺造成影响。

添加混凝剂通过混凝除藻的原理与强氧化剂除藻不同，混凝剂并不会让藻类细胞大量裂解，它通过改变藻类细胞表面电荷，使藻类细胞相互团聚而沉淀，从而达到去除藻类的目的。常用的混凝剂有无机混凝剂（如铁、铝、钛）和有机混凝剂（如壳聚糖）。Zheng 等[46]利用 Al_2O_3 和 $FeSO_4$ 制备了一种新型无机混凝剂——聚合硫酸铁铝，并用其处理重庆大学民主湖的含藻水，在聚合硫酸铁铝投加量为 180 μL/L、pH 值为 7.48 的条件下，对于叶绿素 a 浓度为 48 μg/L 的含藻水藻类去除率可达 95.2%，远高于相同投加量的聚合氯化铝（60.5%）。除了单独混凝外，将混凝与其他工艺联用实现增强混凝也是当前的研究热点和重点。Qi 等[47]利用 Zn 掺杂的 Fe_3O_4 颗粒进行光催化，作为使用 $Al_2(SO_4)_3$ 混凝除铜绿微囊藻的前处理，在光催化 360 min 后，相比单独使用 $Al_2(SO_4)_3$ 混凝，经光催化处理后的铜绿微囊藻去除率由 10% 迅速提升至 96%，这是由于光催化过程中产生了超氧自由基，超氧自由基可破坏藻类细胞表面的有机物（S-AOMs）而不引起大规模藻类细胞损伤，使藻类细胞不稳定而易于去除，从而达到增强混凝的效果，其原理如图 1-8 所示。混凝除藻的优点在于不会使藻类细胞大量裂解，能同时去除藻类细胞与其他污染物；缺点在于使用普通试剂处理高藻水时投加量过大、易对人体造成损害且产生大量污泥，使用强化混凝方法时存在投加试剂程序烦琐、投加量过大易造成藻类细胞大规模裂解等问题。

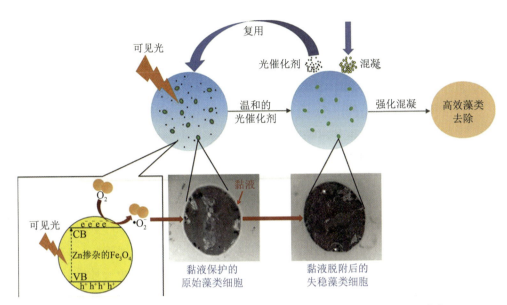

图 1-8 Zn 掺杂的 Fe₃O₄ 光催化–强化混凝去除铜绿微囊藻原理示意图[47]

3）生物法

生物法是指利用自然法则、食物链原理，通过相关协同作用抑制藻类的生长或直接去除藻类。目前，研究得较多的除藻生物是水生动物、水生植物及微生物等。

水生动物除藻即利用鱼类进食藻类，达到去除藻类的目的。目前研究得较多的鱼类是鲢鱼和鳙鱼。孙龙生等[48]研究了不同数量的白鲢对于池塘水中蓝藻密度的影响，发现投放白鲢数量为 2000 尾/667 m² 的池塘经过 40 d 后水中蓝藻密度（3.94×10^5 个细胞/L）明显低于没有投放白鲢的池塘（1.85×10^6 个细胞/L），表明白鲢能够有效控制藻类的生长。Guo 等[49]在太湖贡湖湾利用银鲢和大头鱼控制藻类生长，发现在蓝藻暴发期周围湖泊中蓝藻占浮游植物的 90% 以上，而养殖区内仅占 40%~80%，同时藻毒素浓度比周围湖泊低 70% 以上，表明银鲢和大头鱼能够控制蓝藻的生长。水生动物除藻不需要添加化学试剂、无二次污染，但周期较长，且不同的研究得出不同的结果。

水生植物除藻即利用水生植物体型更大、寿命更长的优势，与藻类争夺营养物质来抑制藻类生长，或通过其分泌物抑制藻类生长。Zhao 等[50]利用桉树控制藻类的生长，发现相对于没有种植桉树的对照组，种植桉树的实验组对蓝藻生长的抑制率达到 85.8%。Hua 等[51]利用稻草提取物抑制铜绿微囊藻的生长，发现在稻草提取物投加量为 10 g/L、处理时间为 9 d 的条件下，相比没有加入稻草提取物的对照组，加入稻草提取物的实验组对铜绿微囊藻生长的抑制率可达 98%。利用水生植物除藻无须添加化学试剂、绿色环保，但目前其具体作用机理并未明确，研究人员还未能下定论，研究仅停留在实验室阶段。

微生物除藻主要是利用相关溶藻细菌直接溶解藻类细胞，达到除藻的目的。卢露等[52]利用溶藻菌 EA-1，在其投加比例为 10%、叶绿素 a 浓度为 1.43 mg/L 的条件下，3 d 即可实现藻类的完全去除。Mu 等[53]从活性污泥中分离出溶藻菌 B5，发现其可以有效利用铜绿微囊藻生长所需的 7 种碳源抑制并溶解藻类细胞，研究发现溶藻菌 B5 的初始密度越大，对于藻类细胞的叶绿素 a 降解速度越快，在溶藻菌细胞密度为 3.6×10^7 个细胞/mL 的情况下，对于叶绿素 a 的去除率可达到 90%。利用微生物除藻绿色、环保，但在实际复杂水体中难以保证微生物存活。

4）膜分离法

超滤（UF）膜处理技术除藻的原理为在压力驱动下，利用筛分效应去除粒径比超滤膜孔径大的藻类细胞，达到除藻的目的。Campinas 等[54]使用截留分子量为 100 kDa 的 UF 膜处理含铜绿微囊藻的高藻水，发现出水的浊度仅为 0.1 NTU 且检测不到叶绿素 a 的存在。在研究过程中，研究人员发现尽管 UF 膜能实现对藻类细胞的完全截留，但会因为有机质堆积等造成严重的膜污染，因此，研究人员通常将 UF 与其他处理技术联用以减轻膜污染。Liu 等[55]将 PAC 与 UF 联用处理高藻水，与单独使用 UF 相比，PAC/UF 不仅能实现藻类细胞的完全去除，且藻毒素去除率提升将近 23.5%，此外，PAC 能显著降低膜池中的胞外聚合物的浓度，从而减轻膜污染。将 $KMnO_4$-Fe（Ⅱ）适度预氧化工艺与 UF 联用，发现在投加 6 μmol/L $KMnO_4$ 和 18 μmol/L $FeSO_4 \cdot 7H_2O$ 的条件下，联用工艺在处理高藻水 10 d 后，透膜压力升至 5 kPa，而单独采用 UF 的透膜压力则为 70 kPa，这是因为适度预氧化工艺产生的絮体较大，不易进入膜孔，表明 $KMnO_4$-Fe（Ⅱ）适度预氧化工艺能明显减轻膜污染。

（4）水中高毒性金属络合物 Ni-EDTA 的去除方法

1）物理法

物理法去除 Ni-EDTA，主要是利用吸附材料或离子交换树脂吸附 Ni-EDTA 或 Ni^{2+}，达到去除 Ni-EDTA 的目的。物理法主要包括吸附法和离子交换法。

用于去除 Ni-EDTA 的吸附剂包括常用吸附剂（如活性炭等）和自行研发的新型吸附材料。Poorbaba 等[56] 使用活性炭吸附 Ni-EDTA，在温度为 25 ℃ 的条件下，其最大吸附容量 q_{max} 为 16.41 mg/g，且 q_{max} 随温度的升高逐渐降低。袁媛等[57] 利用壳聚糖、海藻酸钠、四乙烯三胺五乙酸与聚乙烯亚胺制备了新型生物质基复合水凝胶球珠 MCS/SA@PEI，并用其吸附 Ni-EDTA，在 pH 值为 3、温度为 25 ℃、吸附时间为 120 min 的条件下，其吸附容量为 242.88 mmol/g，q_{max} 为 380.16 mmol/g，且循环 3 次后其有效 Ni-EDTA 吸附量仍保持在 97% 以上。Yang 等[58] 利用聚氨酯吸附剂合成了新型海绵吸附剂 PU-DTC，利用 PU-DTC 吸附 Ni-EDTA，在吸附半小时后，其 q_{max} 可达到 94.33 mg/g。利用吸附剂吸附去除 Ni-EDTA 操作简单、无二次污染，但遇到污染物浓度较高的废水时，吸附容量及再生次数会限制其应用。

离子交换法去除 Ni-EDTA 是利用离子交换树脂表面的官能团吸附 Ni^{2+}，随后释放自身携带的离子维持电中性，从而达到去除 Ni-EDTA 的目的。Kołodyńska 和 Hubicka[59] 利用聚丙烯酸酯阴离子交换剂 Amberlite IRA 458、Amberlite IRA 67 和 Amberlite IRA 958 去除 Ni-EDTA 中的 Ni^{2+}，在离子交换剂的投加量均为 0.5 g 及 Ni-EDTA 的浓度为 1 mmol/L 的条件下，3 种离子交换剂在吸附 2 h 后均可达到 90% 的 Ni^{2+} 去除率。此外，Kołodyńska 等还证明了单分散聚苯乙烯阴离子交换剂 Lewatit MonoPlus M 500 和 Lewatit MonoPlus MP 500 对于 Ni-EDTA 中的 Ni^{2+} 也有良好的吸附效能，且 Ni^{2+} 去除率随 Cl^- 浓度的增大而增加。离子交换法操作简单、无二次污染且能回收金属，但在处理含其他离子较多的复杂废水时，去除效率会受到较大影响。

2）高级氧化法

高级氧化法处理 Ni-EDTA 就是利用物理手段或催化剂的催化作用在化学反应中产生的羟基自由基（·OH）等使 Ni-EDTA 破络，攻击 EDTA 使其分解甚至矿化，随后加碱使 Ni^{2+} 沉淀，达到去除 Ni-EDTA 的目的。常用的高级氧化法包括 Fenton 法/类 Fenton 体系、电化学法和光催化氧化法。

Fenton 法的原理为 H_2O_2 在 Fe^{2+} 作用下产生 ·OH，使 Ni-EDTA 破络并降解矿化 EDTA，再通过后续工艺去除 Ni^{2+}。类 Fenton 体系即改变反应条件（如电、光照等）或加入催化剂取代 Fe^{2+} 以提升 ·OH 产生率的方法。Wang 等[60] 利用 Fenton 法处理浓度为 3.40 mmol/L 的 Ni-EDTA 废水，在 Fe^{2+} 和

H_2O_2投加量分别为 300 mg/L 和 1800 mg/L、pH 值为 2.5 的条件下，Ni-EDTA 去除率可达到 88.3%。Xie 等[61]利用 Cu 掺杂的 $Fe_3O_4@\gamma-Al_2O_3$ 催化剂取代 Fe^{2+}，在催化剂和 H_2O_2 投加量分别为 1.0 g/L 和 20 mmol/L、pH 值为 3.0 的条件下，可实现 81.1% 的 Ni-EDTA 去除率，催化剂还能通过吸收去除 80% 的 Ni^{2+}，且催化剂在循环利用 4 次后仍可实现 60% 以上的 Ni-EDTA 去除率。此外，还有学者采用 Fe 牺牲阳极的电 Fenton 法去除 Ni-EDTA，在 H_2O_2 投加量为 6 mL/(L·h)、电流密度为 20 mA/cm^2、pH 值为 2.0 的条件下，最高可实现 98% 的 Ni-EDTA 去除率，且反应产生的大量 Fe^{3+} 可以置换去除 Ni^{2+}，反应 30 min 可使 Ni^{2+} 浓度低于 0.1 mg/L。Fenton 法/类 Fenton 体系的优点是添加试剂简单、去除效率高，缺点在于产生的污泥多、处理的水量不大。

电化学法通过电极原位生成的·OH 等活性氧物种降解 EDTA，达到降解 Ni-EDTA 的目的。此外，电化学法还能回收 Ni，起到资源回收的作用。电化学法降解 Ni-EDTA 的原理示意图如图 1-9 所示。Li 等[62]制备了一种金属氧化物电极 $Ti/SnO_2-Sb-Pd$，在最佳操作条件下，反应 120 min 最高可实现 87.5% 的 Ni-EDTA 去除率和 17.9% 的 Ni 回收率。后续研究人员对 $Ti/SnO_2-Sb-Pd$ 进行了优化，使其使用寿命和 Ni 回收率都有了一定的提高，并通过表征证明·OH 在反应过程中发挥关键作用。此外，还有学者将电化学法与其他方法联用处理 Ni-EDTA。Zhao 等[63]以 TiO_2/Ti 板作为阳极、不锈钢板作为阴极，实现了对 Ni-EDTA 的复合光电催化分解，Ni-EDTA 去除率最高可达 90%，此外还能实现 45% 的 Ni 回收率，远高于在同样操作条件下单独采用光催化氧化或电化学氧化，后续表征证明·OH 在分解 Ni-EDTA 的过程中起主要作用。电化学法不需要额外添加氧化剂或催化剂，降低了运行成本，但在处理 Ni-EDTA 的过程中回收的 Ni 会以金属 Ni 的形式沉积在电极表面，导致降解效率下降。

光催化氧化通过催化剂（如 TiO_2）在紫外光或可见光的照射下产生的·OH 降解矿化 EDTA，从而达到降解 Ni-EDTA 的目的。Salama 等[64]使用 TiO_2(P-25) 作为催化剂，在可见光的照射下降解 Ni-EDTA，对于 Ni-EDTA 初始浓度为 0.52 mmol/L 的模拟废水，在最佳操作条件下照射 50 min 可降解近 80% 的 Ni-EDTA。值得注意的是，由于 Cu-EDTA 和 Ni-EDTA 具有相似的分子结构，因此光催化降解 Cu-EDTA 能为 Ni-EDTA 的降解提供参考。利用铁基金属有机骨架催化剂 MIL-53(Fe)，在紫外线的照射下对

Cu–EDTA 进行降解，在 60 min 内可实现 91% 的 Cu–EDTA 降解率，120 min 内完全矿化率可达 64%，后续表征证明 Cu–EDTA 主要被·OH 等活性物种降解。光催化氧化法的优点在于绿色环保、没有引入额外的氧化剂、催化剂能够回收再利用，但缺点在于当废水浊度较高时，目标污染物的降解受到较大影响，且紫外灯管成本较高。

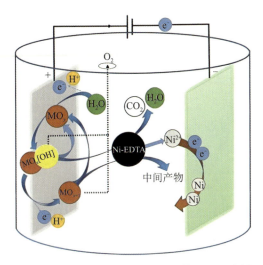

图 1-9　电化学法降解 Ni–EDTA 的原理示意图

（5）水中有机磷农药的去除方法

从调查结果来看，水中有机磷农药按功能可分为杀虫剂和除草剂两类，按分子结构则分为氨基膦酸、磷酸酯、硫代（二硫代）磷酸酯、含氮杂环磷酸酯等 4 类，一些典型的有机磷农药的结构式如图 1-10 所示。一般来说，有机磷的效用及毒理作用都是通过特定的有机基团产生的[65]。因此对于有机磷的去除，除了可以像去除无机离子一样采用吸附、膜分离等物理分离法外，还可以采用化学氧化的方式破坏其毒性基团，使其降解成为无毒性物质。一般来说，由于高浓度富集的有机磷类污染物极易出现泄漏、污染现象，针对有机磷的失效吸附剂的危废处理成本比失效的无机重金属吸附剂的处理成本要高得多，因此和其他有机微污染物类似，现阶段针对水中有机磷的去除方法多采用以高级氧化为代表的化学氧化法。在针对被各类有机磷农药污染的水体的氧化去除技术中，基于臭氧和 Fenton 的催化氧化体系是最成熟且效果最佳的，但是其受限于基层自备水源较小的处理规模和设备投资成本。Fenton 和臭氧催化氧化工艺所需设备较为昂贵，占地面积也较大，一般多在处理工厂规模的高浓度有机废水时才能体现出优势，对于以自备水源分散供水、处理水量小及地下水中有机磷含量极其低的水体，采用此法在一定程度上是得不偿失的。

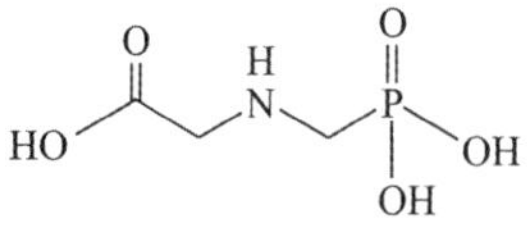
草甘膦（氨基膦酸类）

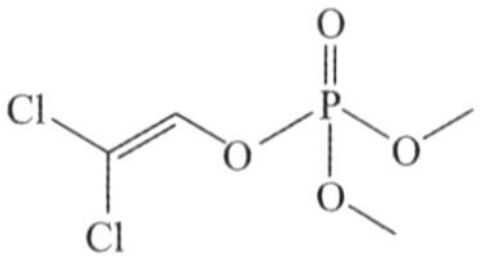
敌敌畏（磷酸酯类）

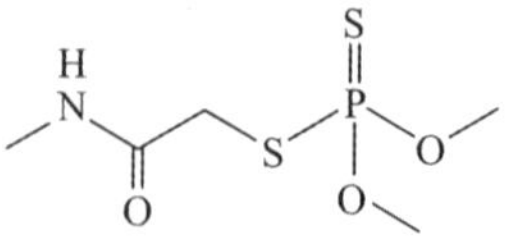
乐果（二硫代磷酸酯类）

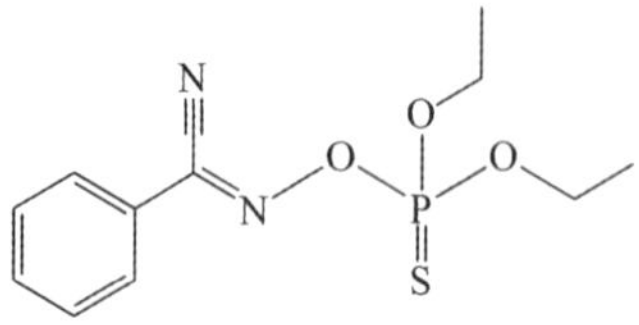
辛硫磷（硫代磷酸酯类）

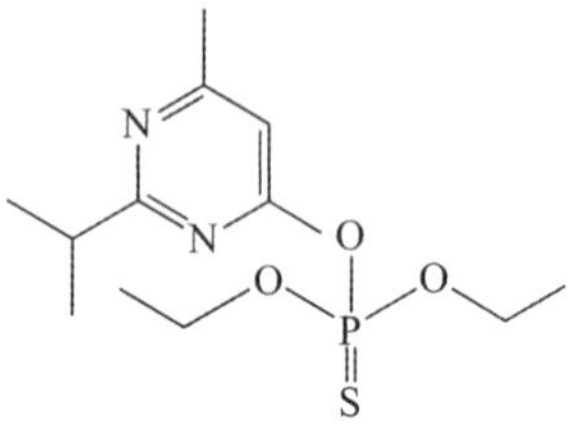
二嗪磷（含氮杂环磷酸酯类）

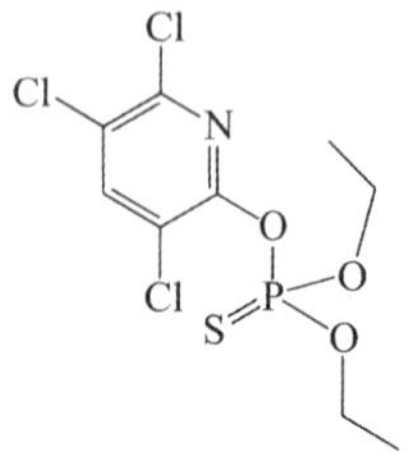
毒死蜱（含氮杂环磷酸酯类）

图 1-10　部分典型有机磷农药的结构式

近年来，利用光催化、电催化技术针对偏远乡村地区微污染水源开展的处理实验研究屡见报道，光催化和电催化氧化手段绿色环保，其装置可以很小，且投资及运行成本较低，被认为是最适合小远散地区有机微污染水处理的新选择[66]。考虑到电催化在运行过程中能量消耗大和产生电极底泥的问题，相较而言，光催化在成本方面更有优势一些，而且考虑到应急饮用水源虽可能位于偏远山区但全年日照往往较为充足，使用光催化氧化去除地下水中的有机磷类物质是最合适的。对一个光催化氧化体系而言，其能推广应用的前提是使用性价比优良的催化剂，因此，近年来人们针对水体中微量有机磷农药的光催化氧化体系，探究和开发了一些材料用作催化剂，并对其催化性能进行了评价，一些典型的催化剂在各自光催化氧化体系中对不同有机磷农药的去除效果总结见表 1-3。

从表 1-3 可以看出，目前针对水中有机磷光催化氧化使用比较多的催化剂主要有 2 类，一类是以二氧化钛（TiO_2）为基础开发出的一系列催化剂，另一类则是以石墨烯氮化碳（$g-C_3N_4$）为基础开发出的一系列催化剂。综合比较可以发现，在达到相同目标物去除率的前提下，在 $g-C_3N_4$ 基础上开发出的光催化剂比传统的 TiO_2 基催化剂有着更明显的优势，如投加量更小，实验条件更温和（可见光下就可以进行）。最重要的是，相较于金属氧化物

类的 TiO_2，制备 $g-C_3N_4$ 不需要消耗不可再生的矿产资源，其合成需要的尿素、三聚氰胺等前驱体均是可自然合成和提取的可再生材料，更加节能与环保。因此，在 $g-C_3N_4$ 基础上开发的光催化剂是目前光催化应用的理想选择。

表 1-3 部分光催化剂降解水中有机磷研究汇总

催化剂	目标物	催化剂投加量/$(g \cdot L^{-1})$	目标物浓度/$(mg \cdot L^{-1})$	实验条件	目标物去除率/%	总磷去除率/%
TiO_2/WO_3	马拉硫磷	1	12	紫外光，pH 7	82	12.7
$Cu-TiO_2$	马拉硫磷	1	10	紫外光，pH 6	90	18.4
$MWNTs/TiO_2$	氧乐果	0.6	75	紫外光，pH 3	60.7	20.6
Fe_2O_3/TiO_2	敌敌畏	0.2	0.1	紫外光，pH 7	72.9	47.7
TiO_2	敌百虫	2	4	模拟日光，pH 7	90	17.4
$Au-Pd-TiO_2$	马拉硫磷	1	5	紫外光，pH 5	98	12.1
$CS/g-C_3N_4$	毒死蜱	0.05	20	可见光，pH 5	89	14.3
$g-C_3N_4/Ag$	二嗪磷	0.1	10	可见光，pH 7	80	17.3
$g-C_3N_4$	辛硫磷	0.1	10	可见光，pH 7	81	15.3

从表 1-3 还可以发现，目前已经报道的针对有机磷的光催化去除手段对于有机磷本体的氧化去除效果普遍较好，但是对于有机磷被氧化解离后释放出的无机磷酸盐却没有较好的去除效果，总磷去除率相较于氧化前普遍低于 20%，这是由于体系中的催化剂材料对磷酸盐没有亲和性，最终结果就是大量的磷留在处理后的溶液中，可能导致磷排放量超标。表 1-3 中的唯一例外是 Fe_2O_3/TiO_2，由于铁氧化物本身对磷酸盐有一定的亲和性，所以该体系中的总磷去除率为 47.7%，明显高于其他体系。然而，其对于有机磷本身的氧化效率则要低一些，这是因为催化剂材料催化位点和磷酸盐的吸附位点形成竞争，已经吸附的磷酸盐占据了部分催化位点，导致催化氧化效率下降。基于这一点，目前很多研究已经不再考虑用同一材料完成催化降解和后续磷吸附，而是改用不同材料完成这两步。近期的研究发现，高铁酸盐（ferrate）在处理被有机磷污染的水体方面有着独特的优势，高价态的铁［Fe(Ⅵ)］具有强氧化性，可以破坏有机磷结构实现氧化解离，此外，Fe(Ⅵ) 的还原产物为新生态的二线水铁矿（2-line ferrihydrite），其对于磷

酸盐有着很强的原位混凝和协调吸附作用[67]。如果将其引入光催化氧化体系，不但可以弥补原有体系对降解后释放的无机磷去除效果差的短板，还可以利用 Fe(Ⅵ) 自身的氧化性减轻光催化降解的压力，延长催化剂使用的寿命，这在接下来的研究中是值得考虑的。

（6）水中抗生素类药物的去除方法

1）吸附技术

吸附法即通过向水体中投加各类吸附剂使抗生素向吸附剂界面富集，从而直接将其从水体中分离的方法，在实际处理过程中应用的吸附剂主要为活性炭和各类具有高比表面积的矿石。活性炭的孔隙结构十分发达，经活化处理之后的活性炭具有丰富的介孔和微孔结构，因而具有较强的吸附能力。Méndez-Díaz 等[68]研究了颗粒活性炭对纯水中 150 mg/L 的迪美唑、甲硝唑、罗硝唑和替硝唑 4 种抗生素的吸附性能，当活性炭投加量达到 1 g/L 时可使每种抗生素都实现 90% 的去除率；Putra 等[69]利用活性炭处理阿莫西林生产废水，发现增加活性炭投加量后阿莫西林最大去除率可达 95%，但无法实现完全去除。除活性炭外，各类更为廉价的矿石吸附剂用于处理抗生素也有相关的研究报道。武庭瑄等[70]使用高岭土和膨润土对水中的四环素进行吸附，膨润土的最大吸附容量为 38.4 mg/L，高于高岭土；Chen 等[71]考察了羟基磷灰石对于诺氟沙星和环丙沙星的吸附去除效能，在羟基磷灰石投加量为 20 g/L 的条件下吸附 20 min，目标物去除率仅有 50% 左右。可见，虽然吸附法处理抗生素时不会产生有毒的中间产物，但是其用于复杂水体时会存在激烈的吸附竞争现象，吸附速率下降，且水中抗生素并不能被完全去除。

2）膜技术

目前在水处理领域应用较广的膜分离技术包括微滤（MF）、超滤（UF）、纳滤（NF）和反渗透（RO）4 种，其对于不同种类抗生素的去除效能存在明显差异。Yoon 等[72]考察了超滤和纳滤对于多种抗生素的去除效果，发现大多数疏水性抗生素可以被超滤膜借助疏水作用直接吸附去除，而亲水性的小分子抗生素只能依赖纳滤膜的孔径筛分效应被拦截。Koyuncu 等[73]研究了纳滤膜对水中金霉素的去除过程，其最终去除率可达 80% 以上。毫无疑问，反渗透对于各类抗生素的去除效能是最好的。Watkinson 等[74]监测了澳大利亚一家污水厂经过反渗透处理的出水，发现各种抗生素的去除率均高于 96%。然而，膜分离法的本质与吸附法一样，是将抗生素从水中浓缩到了一个新相中，并没有破坏抗生素具有抗菌活性的结构，产生的浓缩污泥处理成本增加。而且，通过疏水作用吸附在膜上的抗生素会对膜造成严重污染，大大缩短膜的使用寿命。

3）高级氧化技术

高级氧化法是通过激发氧化剂产生氧化性更强的自由基来直接氧化破坏污染物，使其去除的处理方法，近年来被广泛用于处理含难降解污染物的废水，其针对抗生素的去除研究也多见报道。Arslan-Alaton 等[75]使用 Fenton 试剂处理了含有 400 mg/L 盘尼西林的模拟抗生素生产废水，结果表明使用 Fenton 试剂在全部去除抗生素的同时，还能分别实现废水 COD 56% 和 TOC 46%的去除率；Huber 等[76]采用逆流式臭氧曝气装置处理含有浓度低于 2 μg/L 的多种抗生素的实际市政污水，发现在臭氧投加量为 3.5 mg/L 时各类抗生素的去除率即可达 90%~99%；Elmolla 等[77]研究了 UV/H_2O_2/TiO_2 体系对于模拟废水中阿莫西林、氨苄西林和邻氯青霉素 3 种抗生素的降解效能，发现在 pH 5、1.0 g/L TiO_2 和 0.1 g/L H_2O_2 条件下紫外光照 30 min 内可实现 3 种抗生素的完全降解，且在 24 h 内可实现 40%以上的矿化率。高级氧化法可以直接破坏抗生素的分子结构，降低其抗菌活性，实现真正意义的降解去除，是目前抗生素废水处理的主流方法，被广泛研究与应用，水中抗生素的完全去除能够通过增加氧化剂的投加量得以实现。

（7）水中放射性物质的去除方法

1）萃取技术

根据锝在不同溶剂中的溶解度不同可实现锝的萃取，其示意图如图 1-11 所示。长久以来，锝在普雷克斯（Purex）流程——目前为止最有效、最成功的核燃料处理流程中的萃取行为是研究热点。刘金平等[78]对 Purex 流程 1A 工艺单元中锝的萃取行为进行了研究，发现相比于硝酸浓度变化对于锝萃取的影响，洗涤段其他放射性元素（如铀和钚等）和锝的共萃作用更重要。除了研究 Purex 流程中锝的萃取行为外，研究人员还积极开发新型萃取剂。Chotkowski 等[79]开发了一种含 PF_6^- 和 Tf_2N^- 的离子液体作为萃取剂萃取 TcO_4^-，发现离子液体的萃取性能取决于阳离子的脂肪链长度，阳离子脂肪链越长，离子液体萃取性能越弱。除此之外，也有研究人员在 1,2-二氯二苯甲烷中使用四（十二烷基）硝酸铵萃取 TcO_4^-。总的来说，液液萃取分离 TcO_4^- 操作简单、节省能源，但是存在在萃取过程中要消耗大量有机溶剂，甚至用到有毒、易挥发溶剂，以及产生的废液不易处理等问题，易造成二次污染。

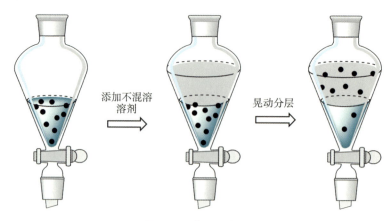

图 1-11 萃取示意图

2) 吸附技术

吸附技术也是一种常见的去除液体混合物的手段，主要利用固体吸附剂吸附目标污染物，达到去除污染物的目的。去除 TcO_4^-/ReO_4^- 的吸附方法主要有离子交换法和分子识别法。

离子交换是指让目标离子与离子交换剂中的离子进行交换，最常见的离子交换剂是离子交换树脂。近年来，随着离子交换技术的发展，离子交换法在核燃料后续处理中的应用受到了研究人员的广泛关注，目前对于离子交换法去除 TcO_4^- 的研究主要集中在开发和利用新型离子树脂上。王晓龙[80]考察了一种以 SiO_2-P 为基体的新型树脂 AR-01 对铼的吸附性能，静态试验结果表明，AR-01 的饱和吸附量为 111.1 mg/g，后续动态试验结果也表明 AR-01 对铼有良好的吸附性能。除了基于无机非金属的离子交换树脂外，研究人员还积极开发其他基于金属-有机框架的离子交换树脂。Sheng 等[81]合成了一种基于稳定的阳离子金属-有机框架的离子交换树脂 SCU-102 [$Ni_2(tipm)_3(NO_3)_4$]，结果表明，该材料对 TcO_4^- 的吸附能力达到了 291 mg/g，且能在过量 NO_3^- 和 SO_4^{2-} 存在的情况下实现定量吸附，具有良好的选择性。离子交换法去除 TcO_4^- 的优势在于操作简单，离子交换剂可重复利用率高，劣势是离子交换树脂对于进样原液水质要求较高，原液溶解性杂质多易堵塞树脂，此外，解吸过程对于解吸液的要求也较高。

分子识别作为超分子化学的重要领域，近年来的发展相当迅猛。分子识别就是指受体分子通过分子间作用力（非共价键）与特定配体分子相结合[82]。近十几年来，通过分子识别技术去除 TcO_4^-/ReO_4^- 取得了突破性进展。Nieto 等[83]将 Re 和 Mn 用作设计阴离子受体的几何结构元素，他们研究的是最简单的阳离子铼二胺络合物体系，这种络合物对包括 ReO_4^- 在内的阴离子都具有亲和力，后续表征表明，ReO_4^- 通过氢键与受体相互作用。除了以过渡金属有机框架作为受体外，还有研究人员以有机螯合大环作为受体。Zhu 等[84]报道了一种水解稳定且抗辐射的阳离子金属-有机骨架 SCU-101，该材料在 10 min 内对 $^{99}TcO_4^-$ 的去除率即可达到95%以上，即使 NO_3^- 过量 6000 倍也不会显著影响 TcO_4^- 的去除效果，后续表征表明，TcO_4^- 被困在一个非常密集的氢键网络（图 1-12）中，这才使得该材料有如此好的去除效果。尽管近些年来应用分子识别技术去除 TcO_4^- 取得了一些不错的成绩，但是应用该技术去除 TcO_4^- 仍存在如何保证材料的长期储存稳定性（是否会释放 ^{99}Tc）、缺少非常紧密地结合 TcO_4^-/ReO_4^- 的受体，以及该技术需要联用萃取工艺、缺少有效萃取剂等问题[85]。

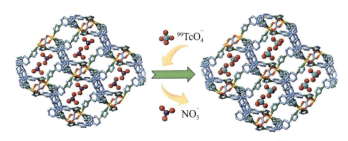

图 1-12　SCU-101 吸附去除 $^{99}TcO_4^-$ 示意图[84]

3）化学还原技术

还原法是指利用氧化还原反应将 TcO_4^-/ReO_4^- 还原成难溶性的 TcO_2/ReO_2，并通过后续过滤工艺去除 TcO_2/ReO_2，达到去除 TcO_4^-/ReO_4^- 的目的。化学还原技术包括生物还原、化学还原、光催化还原和辐射诱导还原。

生物还原就是指利用生物种群生长过程中的还原作用，将 TcO_4^-/ReO_4^- 还原为 TcO_2/ReO_2 并将其固定在土壤或其他介质中。Abdelouas 等[86]利用厌氧微生物（如金属和硫酸盐还原菌）在厌氧、富含有机物的地下环境中还原 TcO_4^-，发现厌氧微生物在其中起着重要作用，能显著降低 Tc 的浓度，达到 90%以上的去除率。Michalsen 等[87]将一种建筑填料［该建筑填料由美国橡树岭国家实验室的背景沉积物（质量分数为 11%）和未受污染的腐泥土与已被压碎的石灰石（质量分数为 89%）混合而成］加入色谱柱中，并加入乙醇，连续 20 个月向柱中灌注含 U 和 Tc 的地下水，发现与未加入乙醇的色谱柱相比，流经加入乙醇的色谱柱的水中的 U 和 Tc 的浓度在前 2 周内的下降速度明显快得多，并且该下降趋势在剩余实验时间内继续保持，最终能近似完全去除 U 和 Tc。利用生物还原去除放射性物质的优势在于环保、绿色，不会产生有毒有害物质，缺点是将放射性物质（如 Tc）从土壤中提取出来成本极高（利用萃取方法提取）。

化学还原是目前最为常见的一种还原方法，通过加入化学还原试剂达到去除 TcO_4^-/ReO_4^- 的目的。Liu 等[88]利用经淀粉稳定的零价纳米铁去除 ReO_4^-，在 ReO_4^- 的浓度为 10 mg/L 的情况下，8 h 内可去除水中约 96% 的 ReO_4^-，并通过后续表征证明还原产物为 ReO_2。除了利用经淀粉稳定的零价纳米铁外，还有学者利用由非生物硫化物转化的零价纳米铁去除 ReO_4^-，发现在 50 min 内即可达到 99% 以上的去除率[89]。除了零价纳米铁外，Fe（Ⅱ）也是常用的还原剂。Wang 等[90]将镍掺杂到 $Fe(OH)_2$ 中，将其转化为尖晶石矿物，并利用其去除废水中的 Cr（Ⅵ）和 ^{99}Tc（Ⅶ），发现在 $Fe(OH)_2$ 投加量为 5 g/L，溶液接近中性或碱性时，对于 Cr 和 ^{99}Tc 可分别达到 100% 和 90% 的去除率。相比其他去除方法，化学还原的优点在于去除效率高、速度快，缺点在于需要联用后续固液分离工艺将还原后的产物从水中去除。

光催化还原是指利用光催化材料在可见光的作用下产生光生电子 e^-，并利用光生电子直接或间接与 TcO_4^-/ReO_4^- 反应生成 TcO_2/ReO_2，从而将其还原去除[91]。一般常用的光催化材料为半导体材料，其中最为常见的便是 TiO_2。Deng 等[92]利用 TiO_2 在甲酸存在的情况下光催化还原 ReO_4^-，发现在初始溶液体积为 50 mL、Re 浓度为 5 mg/L、pH 值为 3 的条件下，60 min 即可达到 95% 以上的去除率。随后几年，Deng 对 TiO_2 进行改性，利用简单的水解方法制得无定形 $TiO_2/30\%$ g-C_3N_4（TCN-3），该材料在正常环境中即有出色的光催化还原去除 ReO_4^- 的能力，最高可有接近 90% 的去除率，此外，该材料在经过 8 次循环后仍可再生[93]。光催化还原去除 TcO_4^-/ReO_4^- 不会产生有毒有害物质、绿色清洁、能提供安全的生产环境，但该方法相对于其他方法的缺点是因受光照强度及光照时间的影响，处理效率不稳定，以及进水水质不好时出水质量难以保证[94]。

辐射诱导还原一般是指通过高能辐射照射水，使水分解产生水合电子（e_{aq}^-）和羟基自由基（·OH），让金属离子（如 ReO_4^-）与其中的 e_{aq}^- 发生还原反应，从而变成难溶性的物质被去除[95-96]。在众多射线中，γ 射线一直是研究热点。利用 γ 射线还原去除 TcO_4^-/ReO_4^- 的研究并不多见。尚云[97] 利用 γ 射线去除 ReO_4^-，发现在异丙醇存在的情况下，辐射 2 h 的去除效率可达 93.6%，并通过后续表征证明还原产物为 Re、ReO_2 和 ReO_3（图 1-13），这也是首次在 γ 射线还原去除 ReO_4^- 中观察到 Re 的出现。辐射诱导还原能量大、穿透力强，适用于处理含高浓度 ReO_4^- 的废水，但该方法的应用条件过于苛刻，难以实现。

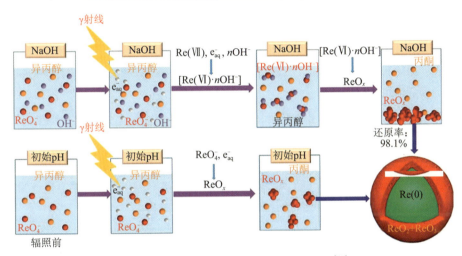

图 1-13　γ 射线还原去除 ReO_4^- 原理示意图[97]

　　尽管各种去除方法都存在一定的缺点，但化学还原因受环境条件限制少而受到研究人员的青睐。相比普通还原剂，当使用 $TiCl_3$ 作为还原-混凝剂时，$TiCl_3$ 既能将 TcO_4^-/ReO_4^- 还原为 TcO_2/ReO_2，又能通过混凝作用将还原后的产物沉淀，将上清液倒入干净的容器中即可快速实现固液分离。所以，使用 $TiCl_3$ 处理 TcO_4^-/ReO_4^- 具有其他还原剂所不具有的优势。

参考文献

[1] ZAMORA-LEDEZMA C, NEGRETE-BOLAGAY D, FIGUEROA F, et al. Heavy metal water pollution: a fresh look about hazards, novel and conventional remediation methods [J]. Environmental Technology & Innovation, 2021, 22: 101504.

[2] 钟浩. 水环境中重金属污染的现状及检测技术浅谈[J]. 皮革制作与环保科技, 2022, 3(22): 11-13.

[3] 魏思翔. 水体重金属污染的危害与防治对策[J]. 化学工程与装备, 2022(2): 240-242.

[4] 赵致维, 程玲, 曹丽. 以反复不完全性肠梗阻和贫血为主要表现的铅中毒1例[J]. 临床急诊杂志, 2022, 23(6): 448-450.

[5] 刘丹丹, 吉卉霞. 汞中毒对心血管疾病影响的研究进展[J]. 实用预防医学, 2023, 30(1): 125-129.

[6] 生态环境部办公厅. 关于印发《生态环境损害鉴定评估技术指南　土壤与地下水》的通知: 环办法规[2018] 46 号[A/OL]. (2018-12-20)[2018-12-20]. https://www.gov.cn/zhengce/zhengceku/2018-12/31/content_5438514.htm.

[7] 中华人民共和国国家质量监督检验检疫总局, 中国国家标准化管理委员会. 地下水质量标准: GB/T 14848—2017[S]. 北京: 中国标准出版社, 2017.

[8] 国家市场监督管理总局, 国家标准化管理委员会. 生活饮用水卫生标准: GB 5749—2022[S]. 北京: 中国标准出版社, 2022.

[9] 李喜林, 刘思初, 吴美林, 等. 羟基磷灰石同步去除地下水中氟、铁和锰性能[J]. 水资源与水工程学报, 2021, 32(6): 27-34.

[10] 王红太. 喀什噶尔河流域平原区地下水水质特征及其形成机理研究[D]. 乌鲁木齐: 新疆农业大学, 2022.

[11] Backer L C, Mcneel S V, Barber T, et al. Recreational exposure to microcystins during algal blooms in two California lakes[J]. Toxicon, 2010, 55(5):909-921.

[12] RASTOGI R P, SINHA R P, INCHAROENSAKDI A. The cyanotoxin-microcystins: current overview[J]. Reviews in Environmental Science and Bio/technology, 2014, 13(2): 215-249.

[13] CHEN Y T, ZHAO X, GUAN W, et al. Photoelectrocatalytic oxidation of metal-EDTA and recovery of metals by electrodeposition with a rotating cathode[J]. Chemical Engineering Journal, 2017, 324: 74-82.

[14] CHASHSCHIN V P, ARTUNINA G P, NORSETH T. Congenital defects, abortion and other health effects in nickel refinery workers[J]. Science of

the Total Environment, 1994, 148(2): 287-291.

[15] 郑子廷, 闫赛红, 查金苗. 有机磷类化合物大鼠急性毒性 QSAR 模型构建与毒性机制研究[J]. 生态毒理学报, 2022, 17(1): 150-159.

[16] 王殿琳, 朱照伟, 张海青, 等. 791 例有机磷农药中毒病例特征及预后影响因素分析[J]. 华南预防医学, 2022, 48(2): 227-229, 233.

[17] JOKANOVIĆ M. Neurotoxic effects of organophosphorus pesticides and possible association with neurodegenerative diseases in man: a review[J]. Toxicology, 2018, 410(34): 125-131.

[18] CHEBAB S, MEKIRCHA F, LEGHOUCHI E. Potential protective effect of pistacia lentiscus oil against chlorpyrifos-induced hormonal changes and oxidative damage in ovaries and thyroid of female rats[J]. Biomedicine & Pharmacotherapy, 2017, 96(6): 1310-1316.

[19] ZHENG X Y, HE L J, DUAN Y J, et al. Poly (ionic liquid) immobilized magnetic nanoparticles as new adsorbent for extraction and enrichment of organophosphorus pesticides from tea drinks[J]. Journal of Chromatography A, 2014, 1358(212): 39-45.

[20] Li D D, Wang P F, Wang C, et al. Combined toxicity of organophosphate flame retardants and cadmium to *Corbicula fluminea* in aquatic sediments[J]. Environmental Pollution, 2018, 243(74): 645-653.

[21] 叶计朋, 邹世春, 张干, 等. 典型抗生素类药物在珠江三角洲水体中的污染特征[J]. 生态环境, 2007, 16(2): 384-388.

[22] 封梦娟, 张芹, 宋宁慧, 等. 长江南京段水源水中抗生素的赋存特征与风险评估[J]. 环境科学, 2019, 40(12): 5286-5293.

[23] ZHANG Q Q, YING G G, PAN C G, et al. Comprehensive evaluation of antibiotics emission and fate in the river basins of China: source analysis, multimedia modeling, and linkage to bacterial resistance[J]. Environmental Science & Technology, 2015, 49(11): 6772-6782.

[24] 汤薪瑶. 制药废水处理厂中头孢类抗生素残留与去除工艺研究[D]. 北京: 清华大学, 2014.

[25] WANG X X, CHEN L, WANG L, et al. Synthesis of novel nanomaterials and their application in efficient removal of radionuclides[J]. Science China Chemistry, 2019, 62(8): 933-967.

[26] World Health Organization. Guidelines for drinking-water quality [R]. 4th ed. Geneva：WHO, 2011：102-103.

[27] United States Environmental Protection Agency. Planning for an emergency drinking water supply [R]. Washington DC：USEPA, 2011：7-8.

[28] National Research Council. Guidelines for chemical warfare agents in military field drinking water [S]. Washington DC：National Research Council, 1995：79-80.

[29] 候悦, 蒋兴锦, 卓鉴波, 等. 军队战时饮用水卫生标准[J]. 解放军预防医学杂志, 1994, 12(2)：90-93.

[30] 中华人民共和国农业部, 中国国家标准化管理委员会. 饲料毒理学评价 亚急性毒性试验：GB/T 23179—2008[S]. 北京：中国标准出版社, 2009.

[31] 中华人民共和国国家卫生和计划生育委员会. 食品安全国家标准 急性经口毒性试验：GB 15193.3—2014[S]. 北京：中国标准出版社, 2015.

[32] BOUNEGRU A V, APETREI C. Carbonaceous nanomaterials employed in the development of electrochemical sensors based on screen-printing technique：a review[J]. Catalysts, 2020, 10(6)：680.

[33] WASANA H M S, PERERA G D R K, DE GUNAWARDENA P S, et al. The impact of aluminum, fluoride, and aluminum-fluoride complexes in drinking water on chronic kidney disease[J]. Environmental Science and Pollution Research, 2015, 22(14)：11001-11009.

[34] HONG S U, MALAISAMY R, BRUENING M L. Separation of fluoride from other monovalent anions using multilayer polyelectrolyte nanofiltration membranes[J]. Langmuir, 2007, 23(4)：1716-1722.

[35] 黄颖, 周康根. 铝负载螯合树脂的筛选及其氟吸附性能研究[J]. 湖南师范大学自然科学学报, 2020, 43(4)：63-68.

[36] MAHANDRA H, WU C Q, GHAHREMAN A. Leaching characteristics and stability assessment of sequestered arsenic in flue dust based glass [J]. Chemosphere, 2021, 276(174)：130173.

[37] LIU C H, CHUANG Y H, CHEN T Y, et al. Mechanism of arsenic adsorption on magnetite nanoparticles from water：thermodynamic and spectroscopic studies[J]. Environmental Science & Technology, 2015, 49(13)：7726-

7734.

[38] YU Y Q, ZHOU Z, DING Z X, et al. Simultaneous arsenic and fluoride removal using ｛201｝ TiO_2-ZrO_2: fabrication, characterization, and mechanism[J]. Journal of Hazardous Materials, 2019, 377(151): 267-273.

[39] 王占金, 贾瑞宝, 于衍真, 等. 气浮/超滤组合工艺处理微污染高藻原水[J]. 中国给水排水, 2010, 26(11): 133-135, 138.

[40] 贾伟建, 张克峰, 王永磊, 等. 混凝-气浮处理低浊高藻水库水的试验研究[J]. 山东建筑大学学报, 2015, 30(1): 41-46.

[41] HANUMANTH RAO N R, YAP R, WHITTAKER M, et al. The role of algal organic matter in the separation of algae and cyanobacteria using the novel "posi"-dissolved air flotation process[J]. Water Research, 2018, 130: 20-30.

[42] WU X G, JOYCE E M, MASON T J. The effects of ultrasound on cyanobacteria[J]. Harmful Algae, 2011, 10(6): 738-743.

[43] 张金玺, 陈添翼, 王宇, 等. 活性炭对铜绿微囊藻的去除[J]. 区域治理, 2019, 268(42): 140-143.

[44] XIANG S, HAN Y T, JIANG C, et al. Composite biologically active filter (BAF) with zeolite, granular activated carbon, and suspended biological carrier for treating algae-laden raw water[J]. Journal of Water Process Engineering, 2021, 42: 102188.

[45] 贾云婷. 磁性 MOFs 纳米材料的制备及除藻特性研究[D]. 石家庄:河北科技大学, 2019.

[46] ZHENG H L, JIANG Z Z, ZHU J R, et al. Study on structural characterization and algae-removing efficiency of polymeric aluminum ferric sulfate (PAFS)[J]. Desalination and Water Treatment, 2013, 51(28): 5674-5681.

[47] QI J, LAN H, LIU R, et al. Efficient microcystis aeruginosa removal by moderate photocatalysis-enhanced coagulation with magnetic Zn-doped Fe_3O_4 particles[J]. Water Research, 2020, 171: 115448.

[48] 孙龙生, 沈勇, 杨祎擎, 等. 放养不同数量白鲢对罗氏沼虾池塘蓝藻水华及水质的影响[J]. 水产养殖, 2019, 40(10): 48-52.

[49] GUO L G, WANG Q, XIE P, et al. A non-classical biomanipulation experi-

ment in Gonghu bay of lake Taihu: control of microcystis blooms using silver and bighead carp[J]. Aquaculture Research, 2015, 46(9): 2211-2224.

[50] ZHAO W, ZHENG Z, ZHANG J L, et al. Evaluation of the use of eucalyptus to control algae bloom and improve water quality[J]. Science of the Total Environment, 2019, 667: 412-418.

[51] HUA Q, LIU Y G, YAN Z L, et al. Allelopathic effect of the rice straw aqueous extract on the growth of microcystis aeruginosa[J]. Ecotoxicology and Environmental Safety, 2018, 148: 953-959.

[52] 卢露, 马金玲, 牛晓君, 等. 铜绿微囊藻溶藻菌 EA-1 的分离鉴定及溶藻特性[J]. 中国环境科学, 2021, 41(11): 5372-5381.

[53] MU R M, FAN Z Q, PEI H Y, et al. Isolation and algae-lysing characteristics of the algicidal bacterium B5[J]. Journal of Environmental Sciences, 2007, 19(11): 1336-1340.

[54] CAMPINAS M, ROSA M J. Evaluation of cyanobacterial cells removal and lysis by ultrafiltration[J]. Separation and Purification Technology, 2010, 70 (3): 345-353.

[55] LIU Y, LI X, YANG Y, et al. Fouling control of PAC/UF process for treating algal-rich water[J]. Desalination, 2015, 355: 75-82.

[56] POORBABA M, SOLEIMANI M. Single and competitive adsorption of V-EDTA and Ni-EDTA complexes onto activated carbon: response surface optimization, kinetic, equilibrium, and thermodynamic studies[J]. Desalination and Water Treatment, 2021, 212: 185-203.

[57] 袁媛, 刘自成, 李杰, 等. 新型生物质基复合水凝胶球珠高效吸附去除 Ni-EDTA 络合物的特性与机制[J]. 离子交换与吸附, 2021, 37(1): 1-13.

[58] YANG X, WANG J, CHENG C. Preparation of new spongy adsorbent for removal of EDTA-Cu(Ⅱ) and EDTA-Ni(Ⅱ) from water[J]. Chinese Chemical Letters, 2013, 24(5): 383-385.

[59] KOŁODYŃSKA D, HUBICKA H. Polyacrylate anion exchangers in sorption of heavy metal ions with non-biodegradable complexing agents[J]. Chemical Engineering Journal, 2009, 150(2): 308-315.

[60] WANG L, LUO Z J, WEI J, et al. Treatment of simulated electroplating wastewater containing Ni(Ⅱ)-EDTA by fenton oxidation combined with

recycled ferrite process under ambient temperature[J]. Environmental Science and Pollution Research, 2019, 26(29): 29736-29747.

[61] XIE W M, ZHOU F P, BI X L, et al. Decomposition of nickel(Ⅱ)-ethylenediaminetetraacetic acid by Fenton-like reaction over oxygen vacancies-based Cu-doped Fe_3O_4 @ $\gamma-Al_2O_3$ catalyst: a synergy of oxidation and adsorption[J]. Chemosphere, 2019, 221: 563-572.

[62] LI L H, HUANG Z P, FAN X X, et al. Preparation and characterization of a Pd modified Ti/SnO_2-Sb anode and its electrochemical degradation of Ni-EDTA[J]. Electrochimica Acta, 2017, 231: 354-362.

[63] ZHAO X, GUO L B, HU C Z, et al. Simultaneous destruction of nickel (Ⅱ)-EDTA with TiO_2/Ti film anode and electrodeposition of nickel ions on the cathode[J]. Applied Catalysis B: Environmental, 2014, 144: 478-485.

[64] SALAMA P, BERK D. Photocatalytic oxidation of Ni-EDTA in a well-mixed reactor[J]. Industrial & Engineering Chemistry Research, 2005, 44(18): 7071-7077.

[65] DU D, WANG J, WANG L M, et al. Integrated lateral flow test strip with electrochemical sensor for quantification of phosphorylated cholinesterase: biomarker of exposure to organophosphorus agents[J]. Analytical Chemistry, 2012, 84(3): 1380-1385.

[66] LIN J L, HU H, GAO N Y, et al. Fabrication of Go@ MiL-101(Fe) for enhanced visible-light photocatalysis degradation of organophosphorus contaminant[J]. Journal of Water Process Engineering, 2020, 33(7): 101010.

[67] LU J S, CUI Z G, DENG X Y, et al. Rapid degradation of dimethoate and simultaneous removal of total phosphorus by acid-activated Fe(Ⅵ) under simulated sunlight[J]. Chemosphere, 2020, 258(78): 127265.

[68] MÉNDEZ-DÍAZ J D, PRADOS-JOYA G, RIVERA-UTRILLA J, et al. Kinetic study of the adsorption of nitroimidazole antibiotics on activated carbons in aqueous phase [J]. Journal of Colloid & Interface Science, 2010, 345(2): 481-490.

[69] PUTRA E K, PRANOWO R, SUNARSO J, et al. Performance of activated carbon and bentonite for adsorption of amoxicillin from wastewater: mechanisms, isotherms and kinetics[J]. Water Research, 2009, 43(9): 2419-

2430.

[70] 武庭瑄, 周敏, 万建新, 等. 膨润土和高岭土对四环素吸附的影响[J]. 农业环境科学学报, 2009, 28(5): 914-918.

[71] CHEN Y J, LAN T, DUAN L C, et al. Adsorptive removal and adsorption kinetics of fluoroquinolone by nano-hydroxyapatite[J]. Plos One, 2015, 10(12): e0145025.

[72] YOON Y, WESTERHOFF P, SNYDER S A, et al. Nanofiltration and ultra-filtration of endocrine disrupting compounds, pharmaceuticals and personal care products[J]. Journal of Membrane Science, 2006, 270(1): 88-100.

[73] KOYUNCU I, ARIKAN O A, WIESNER M R, et al. Removal of hormones and antibiotics by nanofiltration membranes[J]. Journal of Membrane Science, 2008, 309(1): 94-101.

[74] WATKINSON A J, MURBY E J, COSTANZO S D. Removal of antibiotics in conventional and advanced wastewater treatment: implications for environmental discharge and wastewater recycling[J]. Water Research, 2007, 41(18): 4164-4176.

[75] ARSLAN-ALATON I, DOGRUEL S. Pre-treatment of penicillin formulation effluent by advanced oxidation processes[J]. Journal of Hazardous Materials, 2004, 112(1): 105-113.

[76] HUBER M M, GÖBEL A, JOSS A, et al. Oxidation of pharmaceuticals during ozonation of municipal wastewater effluents: a pilot study[J]. Environmental Science & Technology, 2005, 39(11): 4290.

[77] ELMOLLA E S, CHAUDHURI M. Photocatalytic degradation of amoxicillin, ampicillin and cloxacillin antibiotics in aqueous solution using UV/TiO$_2$ and UV/H$_2$O$_2$/TiO$_2$ photocatalysis[J]. Desalination, 2010, 252(1): 46-52.

[78] 刘金平, 王辉, 何辉, 等. Purex 流程 1A 工艺单元锝萃取行为研究[J]. 原子能科学技术, 2020, 54(3): 394-401.

[79] CHOTKOWSKI M, POŁOMSKI D. Extraction of pertechnetates from HNO$_3$ solutions into ionic liquids[J]. Journal of Radioanalytical and Nuclear Chemistry, 2017, 314(1): 87-92.

[80] 王晓龙. AR-01 树脂对铼及锝的吸附分离行为和辐照接枝法合成离子交换树脂的研究[D]. 上海: 上海交通大学, 2014.

[81] SHENG D P, ZHU L, DAI X, et al. Successful decontamination of $^{99}TcO_4^-$ in groundwater at legacy nuclear sites by a cationic metal-organic framework with hydrophobic pockets[J]. Angewandte Chemie International Edition, 2019, 58(15): 4968-4972.

[82] 喻国灿. 基于柱芳烃主客体分子识别的超分子自组装及其相关应用[D]. 杭州:浙江大学, 2015.

[83] NIETO S, PÉREZ J, RIERA L, et al. Non-covalent interactions between anions and a cationic rhenium diamine complex: structural characterization of the supramolecular adducts[J]. New Journal of Chemistry, 2006,30(6): 838-841.

[84] ZHU L, SHENG D P, XU C, et al. Identifying the recognition site for selective trapping of $^{99}TcO_4^-$ in a hydrolytically stable and radiation resistant cationic metal-organic framework[J]. Journal of the American Chemical Society, 2017, 139(42): 14873-14876.

[85] KATAYEV E A, KOLESNIKOV G V, SESSLER J L. Molecular recognition of pertechnetate and perrhenate[J]. Chemical Society Reviews, 2009, 38(6):1572-1586.

[86] ABDELOUAS A, GRAMBOW B, FATTAHI M, et al. Microbial reduction of ^{99}Tc in organic matter-rich soils[J]. Science of the Total Environment, 2005, 336(1): 255-268.

[87] MICHALSEN M M, GOODMAN B A, KELLY S D, et al. Uranium and technetium bio-immobilization in intermediate-scale physical models of an *in situ* bio-barrier[J]. Environmental Science & Technology, 2006, 40(22): 7048-7053.

[88] LIU H F, QIAN T W, ZHAO D Y. Reductive immobilization of perrhenate in soil and groundwater using starch-stabilized ZVI nanoparticles[J]. Chinese Science Bulletin, 2013, 58(2): 275-281.

[89] FAN D M, ANITORI R P, TEBO B M, et al. Reductive sequestration of pertechnetate ($^{99}TcO_4^-$) by nano zerovalent iron (nZVI) transformed by abiotic sulfide[J]. Environmental Science & Technology, 2013, 47(10): 5302-5310.

[90] WANG G H, UM W Y, KIM D-S, et al. ^{99}Tc immobilization from off-gas

waste streams using nickel-doped iron spinel[J]. Journal of Hazardous Materials, 2019, 364: 69-77.

[91] 王亚军, 姜丽娟, 冯长根. Cr(Ⅵ)光催化还原[J]. 化学进展, 2013, 25(12): 1999-2010.

[92] DENG H, LI Z J, WANG X C, et al. Efficient photocatalytic reduction of aqueous perrhenate and Ⅶ pertechnetate[J]. Environmental Science & Technology, 2019,53(18):10917-10925.

[93] DENG H, WANG X C, WANG L, et al. Enhanced photocatalytic reduction of aqueous Re(Ⅶ) in ambient air by amorphous $TiO_2/g-C_3N_4$ photocatalysts: implications for Tc(Ⅶ) elimination[J]. Chemical Engineering Journal, 2020,401:125977.

[94] LI T, PARK H G, CHOI S-H. γ-irradiation-induced preparation of Ag and Au nanoparticles and their characterizations[J]. Materials Chemistry and Physics, 2007, 105(2): 325-330.

[95] 黄贤黎. γ辐照条件下水的辐射分解研究[D]. 南昌: 东华理工大学, 2014.

[96] SHANG Y, XIAO J X, WENG H Q, et al. Efficient separation of Re(Ⅶ) by radiation-induced reduction from aqueous solution[J]. Chemical Engineering Journal, 2018, 341: 317-326.

[97] 尚云. γ辐照/光化学法分离水溶液中铼及其机理的研究[D]. 合肥: 中国科学技术大学, 2018.

第2章 基于电化学的水中重金属离子快速检测技术

近年来，纳米材料被广泛应用于修饰电极，并在重金属离子检测方面取得了长足的发展。石墨烯尤为突出，其卓越的电化学性能使其在电化学分析领域被广泛使用。具体而言，石墨烯拥有超大的比表面积、出色的导电性及卓越的稳定性。此外，在石墨烯结构中引入碳原子缺陷或掺杂杂原子会导致其局部电荷重新分布，优化碳骨架内的电荷状态，产生丰富的潜在活性中心，从而提高其电化学反应活性[1]。据我们所知，石墨烯和杂原子掺杂石墨烯作为电极修饰材料已被广泛研究，但对缺陷石墨烯的研究则较少。为此，本章介绍采用简单热解法制备缺陷石墨烯。迄今为止，各种金属纳米材料已被广泛应用于与石墨烯基材料复合来修饰电极，这种复合不仅保持了每种材料的固有性能，而且产生了一种新的协同效应，可以有效地改善其电化学性能。Nafion 是一种性能优异的阳离子交换剂，它只与阳离子选择性交换，排斥中性分子和阴离子。此外，Nafion 膜具有化学惰性，耐腐蚀，因此是电极修饰的理想材料[2]。

本章将介绍一种新型 DG/Nafion/Au/SPE 电化学传感器，研究 Cd^{2+} 和 Pb^{2+} 在水溶液中的溶出伏安行为（图 2-1），确定 Cd^{2+} 和 Pb^{2+} 浓度与溶出峰值之间的线性回归关系，并在此基础上建立一种灵敏度高、检出限低的重金属检测方法，该方法简便、响应快、稳定，为现场在线快速检测重金属离子提供了可能。

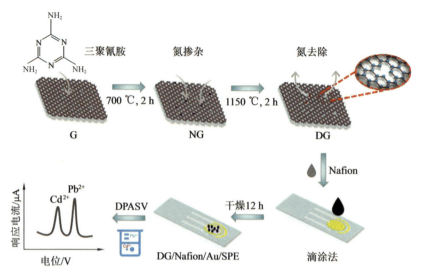

图 2-1　DG/Nafion/Au/SPE 的制备步骤及其作为 Cd^{2+} 和 Pb^{2+} 敏感检测电极材料的应用

2.1　新型电化学电极修饰材料

2.1.1　碳纳米材料修饰丝网印刷电极

碳纳米材料包括石墨烯（GR）、氧化石墨烯（GO）、碳纳米管（CNTs）、碳纳米纤维（CNFs）、碳纳米角（CNHs）和碳纳米颗粒（CNPs）等，已广泛应用于电化学传感器的制造[3]。其中，石墨烯和碳纳米管是最常见的用于重金属离子电化学检测的碳纳米材料，如图 2-2 所示。

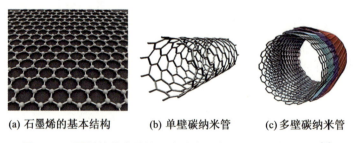

(a) 石墨烯的基本结构　　(b) 单壁碳纳米管　　(c) 多壁碳纳米管

图 2-2　石墨烯的基本结构、单壁碳纳米管和多壁碳纳米管[4]

（1）石墨烯

石墨烯具有优良的导电性、大的比表面积、宽的电化学窗口和电化学稳定性，基于石墨烯的丝网印刷传感器已成功开发用于重金属离子的电化学检测[5]。Teng 等[6]采用丝网印刷技术，通过橡胶刮刀将石墨烯导电浆料均匀涂覆于丝网印刷电极的碳工作电极表面，成功制备出丝网印刷石墨烯修饰电极（SGPE），并将其应用于水稻中镉离子（Cd^{2+}）的电化学检测，如图 2-3 所示。电化学结果表明，SGPE 的电化学性能明显优于未进行电化学预处理的 SPE，用差分脉冲阳极溶出伏安法（DPASV）检测 Cd(Ⅱ) 得到的检出限为 10^{-7} mol/L，满足水稻中对 Cd(Ⅱ) 的检测要求，且该方法与电感耦合等离子体质谱（ICP-MS）的检测结果吻合得较好。Hou 等[7]使用还原氧化石墨烯（rGO）和 L-半胱氨酸（LC）修饰丝网印刷电极，并进一步采用原位电镀铋膜制备了 Bi/LC-rGO/DSPE，用于测定装饰材料中的 Cd(Ⅱ) 和 Pb(Ⅱ)。结果表明，Bi/LC-rGO/DSPE 具有良好的灵敏度、选择性和稳定性，且成本低，易于生产。优化检测参数后，Bi/LC-rGO/DSPE 检测 Cd(Ⅱ) 和 Pb(Ⅱ) 的线性范围为 1.0~30.0 μg/L，检出限（LOD）分别为 0.10 μg/L 和 0.08 μg/L，满足装饰材料中对 Cd(Ⅱ) 和 Pb(Ⅱ) 的检测要求。在实测样品中，Cd(Ⅱ) 和 Pb(Ⅱ) 的回收率在 95.86%~106.64% 之间。

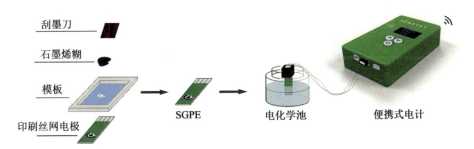

图 2-3　丝网印刷法制备 SGPE 的方案

　　虽然石墨烯具有优异的电化学性能，但依然存在一些因素可能改变其电化学行为，例如，石墨烯中含有金属杂质，其会影响电子转移速率；石墨烯具有吸水性，若在溶液中发生聚集，则会影响重金属离子的电化学检测。

（2）碳纳米管

　　碳纳米管是由石墨片沿手性矢量方向卷绕而成的无缝、中空的微管，是一种理想的电极修饰材料[8]。根据石墨片层的不同，碳纳米管又可分为单壁碳纳米管（SWCNTs）和多壁碳纳米管（MWCNTs）。Liu 等[9]将

SWCNTs 水溶液与 Nafion 溶液混合，将其悬浮液滴涂在涂有离子液体（IL）的 SPE 上进行固化，并进一步采用原位电镀铋膜得到 Bi/SWCNTs-Nafion/IL/SPE，通过方波阳极溶出伏安法（SWASV）测量痕量 Pb(Ⅱ)，如图 2-4 所示。在 1.0~100.0 μg/L 范围内，该传感器的检出限为 0.1 μg/L。最后，在检测实际土壤样品中的 Pb(Ⅱ) 时，平均回收率为 95.12%。Bao[10] 等提出了一种新型的掺杂了铋纳米颗粒与氧化石墨烯-多壁碳纳米管（BiNPs@GO-MWCNTs）的聚苯胺（PANI）骨架复合电极，复合电极是在丝网印刷电极上制备而成的，该传感器对 Hg(Ⅱ) 和 Cu(Ⅱ) 的检测范围分别为 0.01 nmol/L~5 mmol/L 和 0.5 nmol/L~5 mmol/L，检出限分别为 0.01 nmol/L 和 0.5 nmol/L。此外，在复杂的重金属离子溶液中，该传感器对 Hg(Ⅱ) 和 Cu(Ⅱ) 具有良好的选择性和重复性。所构建的电极体系具有优于同类方法的检测性能，并增加了可检测的重金属离子类型。因此，该装置可作为复杂环境中多种重金属离子检测的有效传感器。

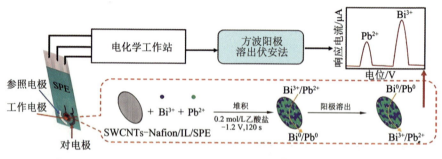

图 2-4　Bi/SWCNTs-Nafion/IL/SPE 电化学检测 Pb(Ⅱ) 示意图

　　碳纳米管合成困难，并且大小和形状不均匀的碳环形成的结构中会产生缺陷，对电子输运有重要的影响[11]。在修饰过的电极表面 CNT 分布不均会导致电导率降低，影响重金属的电化学检测。

　　（3）其他碳纳米材料

　　碳纳米角、碳纳米纤维等具有独特的内部和间隙纳米孔结构、良好的生物相容性和高导电性，也被广泛用作电化学传感器的修饰材料[12-13]。Yao 等[14] 将单壁碳纳米角（SWCNHs）悬浮液滴涂在清洁的 SPE 表面，制备了单壁碳纳米角膜修饰电极（SPE/SWCNHs）。在最佳条件下，使用 SPE/SWCNHs 检测 Cd(Ⅱ) 和 Pb(Ⅱ) 的线性范围为 1.0~60.0 μg/L，检出限分别为 0.2 μg/L 和 0.4 μg/L。实验证明，该电化学传感器对水中中低浓度

（μg/L 级别）的 Cd(Ⅱ) 和 Pb(Ⅱ) 具有良好的实用性，在环境监测和食品分析中对痕量金属离子的测定具有广阔的应用前景。Fakude 等[15]将生物素化的 Cd(Ⅱ) 适配体固定在活性炭纳米纤维（CNFs）上，同时用链霉亲和素修饰丝网印刷电极，制备了一种适配体传感器（Apt-Strept-CNFs-SPE）。实验发现，该传感器对 Cd(Ⅱ) 的检出限为 0.11 μg/L，低于 WHO 允许的检出限，线性范围为 2~100 μg/L，且对其他干扰物质具有一定的容错性，此外，在实测水样中 Cd(Ⅱ) 的回收率是 102.9%~106.5%，表明该方法对 Cd(Ⅱ) 的检测准确性较高。表 2-1 列出了一些其他碳纳米材料修饰丝网印刷电极检测重金属离子的应用。

合成分离良好的碳纳米角和碳纳米纤维是非常困难的。碳纳米角和碳纳米纤维在水中易于聚集，阻碍了其进一步功能化，也削弱了它们的固有特性[16]，影响水源中重金属离子的检测。

表 2-1　其他碳纳米材料修饰丝网印刷电极检测重金属离子

纳米材料	修饰方法	检测方法	分析物	线性范围/ $(\mu g \cdot L^{-1})$	检出限（LOD）/ $(\mu g \cdot L^{-1})$	参考文献
CNFs	添加碳墨	DPASV	Pb^{2+}	10.8~150.0	3.2	[17]
			Cd^{2+}	10.7~150.0	3.2	
MHCS	滴涂法	SWASV	Cd^{2+}	2.0~200.0	1.63	[18]
			Pb^{2+}	2.0~200.0	1.37	

2.1.2　金属纳米材料修饰丝网印刷电极

金属纳米材料因其优异的导电性和较大的比表面积被广泛应用于丝网印刷电极的修饰，并成功地应用于对重金属离子的检测。这些金属纳米材料修饰的电化学传感器对重金属离子具有良好的选择性、灵敏度和线性范围[19]。金属纳米材料修饰电极通常通过图 2-5 中所示的 3 种方法来实现，即油墨与修饰剂的混合、金属前驱体的电化学沉积、预成型纳米材料的滴铸，其中金属前驱体的电化学沉积和预成型纳米材料的滴铸是指电极制备后在其表面进行修饰。在所有这些金属纳米材料中，最常用的是金（Au）纳米材料、银（Ag）纳米材料和铋（Bi）纳米材料。

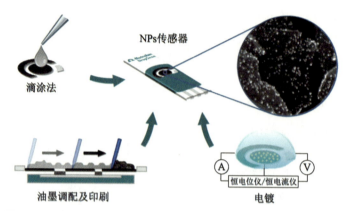

图 2-5　用金属纳米材料修饰 SPE 采用的 3 种主要方法的示意图[20]

（1）金纳米材料

金纳米材料因具有良好的生物相容性、优异的导电性、粒径均匀、合成方法简便等特点而被广泛研究。在过去的几十年里，金纳米材料修饰丝网印刷电化学传感器检测重金属取得了很大的进展[21]。一般来说，Au 纳米材料用于在 SPE 表面进行修饰。Tu 等[22]将 Au 纳米粒子电沉积在丝网印刷电极的工作电极上制备了 AuNPs-SPE，通过线性扫描伏安法（LSV）检测 Cr(Ⅵ)，得到线性扫描伏安图，如图 2-6a 所示。在 20～200 μg/L 范围内，Cr(Ⅵ) 的浓度与对应的峰值电流呈线性关系，如图 2-6b 所示，检出限为 5.4 μg/L。该电化学传感器对 Cr(Ⅵ) 具有良好的灵敏度、重复性和选择性，且被成功用于分析实际水样。Hwang 等[23]通过 Au 纳米颗粒和壳聚糖在 SPE 表面的共电沉积，制备了一种新型壳聚糖-Au 纳米颗粒复合涂层碳基丝网印刷电极传感器（chitosan-AuNPs composite-coated carbon-based SPE sensor），采用方波阳极溶出伏安法（SWASV）对垃圾渗滤液中的 Hg(Ⅱ) 进行了检测，在 10～100 μg/L（50～500 nmol/L）浓度范围内具有良好的线性响应，检出限为 1.69 μg/L，显著低于美国国家环境保护局规定的安全限。该传感器已成功应用于实际垃圾渗滤液样品中 Hg(Ⅱ) 的直接测定，回收率为 98%～108%。

金纳米材料易于在电极表面沉积，并能降低过电位，因此成为极具吸引力的电极修饰材料。然而，AuNP 的高成本限制了其作为电极修饰材料的应用。

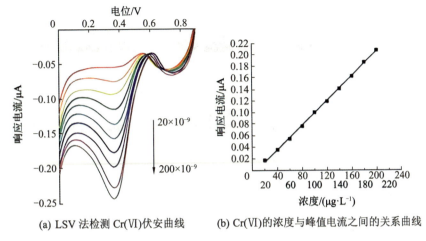

(a) LSV 法检测 Cr(Ⅵ)伏安曲线　　(b) Cr(Ⅵ)的浓度与峰值电流之间的关系曲线

图 2-6　利用 AuNPs-SPE 检测 Cr(Ⅵ)

（2）银纳米材料

银纳米材料以其优异的导电性、大的比表面积和制备简便等特点引起了人们的关注。在过去的几十年里，银纳米材料被广泛地用于修饰检测重金属的丝网印刷电化学传感器。Torres-Rivero 等[24] 将 Ag 纳米颗粒溶液滴涂在 SPE 表面并进行烘干，制备了纳米银修饰的丝网印刷电极（Ag-NPs-SPE），用差分脉冲阳极溶出伏安法（DPASV）检测水中痕量 As(Ⅴ)，并比较了两种不同类型的 Ag 纳米颗粒（Ag 纳米晶种和 Ag 纳米棱镜）修饰 SPE 的电化学性能，结果表明，Ag 纳米晶种修饰电极具有更好的分析响应特性，线性范围和检出限分别为 1.9~25.1 μg/L 和 0.6 μg/L，该电极具有良好的灵敏度和重现性。实际水样分析证实了 Ag-NPs-SPE 准确测定自来水中微量 As(Ⅴ) 的可行性。Saenchoopa 等[25] 用固定银纳米线（AgNWs）、羟丙基甲基纤维素（HPMC）、壳聚糖（CS）和脲酶（Urease）的复合材料修饰丝网印刷电极（SPE）的表面，制备了一种用于检测水中 Hg(Ⅱ) 的一次性电化学生物传感器（AgNWs/HPMC/CS/Urease/SPE），如图 2-7 所示。在最佳条件下，该传感器在检测 Hg(Ⅱ) 方面表现出优异的性能，线性范围为 5~25 μmol/L。检出限和定量限（LOQ）分别为 3.94 μmol/L 和 6.50 μmol/L。此外，该一次性便携式生物传感器在检测商业饮用水样品中的 Hg(Ⅱ) 时，标准回收率范围是 101.62%~105.26%。

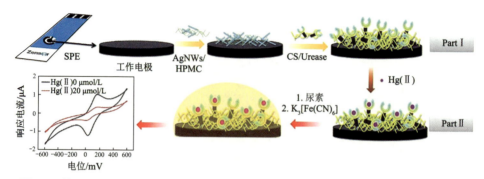

图 2-7 基于 AgNWs/HPMC/CS/Urease 修饰丝网印刷电极制备检测 Hg(Ⅱ) 的生物传感器示意图

(3) 铋纳米材料

铋是一种低毒金属材料，在过去的几十年里，其在电化学重金属传感器的制造中受到了广泛的关注，利用 Bi 纳米材料在 SPE 表面进行修饰来实现重金属的传感是目前最常用的方法之一[26]。Palisoc 等[27]通过滴涂法制备了铋纳米粒子/Nafion 修饰的丝网印刷电极（Bi-NPs/Nafion/SPE），采用阳极溶出伏安法（ASV）测定 Pb(Ⅱ) 和 Cd(Ⅱ)。实验结果表明，该传感器对 Pb(Ⅱ) 和 Cd(Ⅱ) 的检出限分别为 280 μg/mL 和 40.34 μg/L，在 Pb(Ⅱ) 为 $(4\sim10)\times10^{-9}$ 和 Cd(Ⅱ) 为 300~900 μg/L 范围内具有良好的线性，如图 2-8 所示。Ghazali[28]等采用水热法合成铋纳米片（Bi-NS），并用于 3-氨基丙基三乙氧基硅烷（APTES）修饰 SPE，制备出了 BiNS/APTES/SPE。研究发现，在最佳条件下，BiNS/APTES/SPE 对 0.1 mol/L 乙酸缓冲溶液（pH 4.6）中的 Pb(Ⅱ) 和 Cd(Ⅱ) 具有良好的分析性能，LOD 分别为 2.3 μg/L 和 4.1 μg/L。之后，BiNS/APTES/SPE 被成功地应用于 SWASV 法测定实际水样中的 Pb(Ⅱ) 和 Cd(Ⅱ)。BiNS/APTES/SPE 具有良好的灵敏度和特异性，可以作为一种快速、便携式的重金属检测系统用于实际水样的检测。

铋膜电化学窗口窄且易于氧化，铋纳米材料的电化学分析性能优于铋膜。但是，铋纳米材料修饰电极在电解液中浸泡较长时间易发生分解，会导致其电化学性能降低。

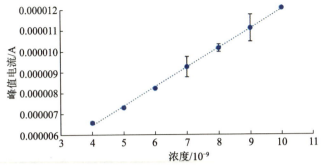

(a) (4~10)×10⁻⁹浓度范围内Pb(Ⅱ)的阳极溶出伏安图

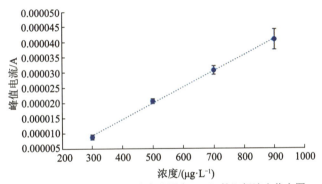

(b) 300~900 μg/L浓度范围内Cd(Ⅱ)的阳极溶出伏安图

图 2-8　Pb(Ⅱ) 和 Cd(Ⅱ) 的阳极溶出伏安图

金属纳米材料修饰丝网印刷电极为重金属离子检测提供了广阔的空间。表 2-2 列出了一些金属纳米材料修饰 SPE 对重金属离子的检测性能。

表 2-2　金属纳米材料修饰丝网印刷电极检测重金属离子

纳米材料	修饰方法	检测方法	分析物	线性范围	检出限（LOD）	参考文献
Sb-NPs	滴涂法	DPASV	Pb^{2+}	1.1~128.3 μg/L	0.3 μg/L	[29]
			Cd^{2+}	9.1~132.7 μg/L	2.7 μg/L	
Sb-Film	电沉积	SWASV	Pb^{2+}	24.0~319.1 μg/L	1.5 μg/L	[30]
G/Sn/GCS	滴涂法	SWASV	Cd^{2+}	10~100 nmol/L	0.63 nmol/L	[31]
			Pb^{2+}	10~100 nmol/L	0.60 nmol/L	
			Cu^{2+}	10~100 nmol/L	0.52 nmol/L	

注：NPs，nanoparticles，纳米颗粒；G，graphene，石墨烯；GCS，glassy carbon sheet，玻碳片。

2.1.3　金属氧化物纳米材料修饰丝网印刷电极

近年来，金属氧化物纳米材料在电化学检测中得到了广泛的研究。通过不同的合成方法可获得不同尺寸、稳定性和形态的金属氧化物纳米材料，这些差异使得它们表现出不同的电学和光化学性质，从而应用于不同的方面。各种金属氧化物，主要是过渡金属氧化物，已成功用于电极的修饰，以检测不同的分析物，包括重金属。

（1）铁氧化物纳米材料

不同形式的氧化铁（$MnFe_2O_4$、Fe_2O_3 和 Fe_3O_4）是最常见的用于检测重金属的金属氧化物。铁在 $MnFe_2O_4$ 和 Fe_2O_3 中以 Fe^{3+} 形式存在，在 Fe_3O_4 中以 Fe^{2+} 和 Fe^{3+} 形式存在并且存在 Fe^{2+} 和 Fe^{3+} 之间的电子跳跃现象，因此，Fe_3O_4 在室温下具有较高的电导率。铁氧化物纳米材料与其他功能材料联用修饰 SPE 已成为电化学分析的有效工具。Gao 等[32]制造了一种用 Fe_3O_4 纳米颗粒（Fe_3O_4NPs）修饰的电化学传感器，用于检测 As(Ⅲ)。为了提高灵敏度，他们使用了具有高黏度、优良导电性和宽电化学窗口的室温离子液体（RTIL）来增强溶出响应。为了制备该电极，首先将 Fe_3O_4NPs 与 RTIL 混合，得到 Fe_3O_4NPs-RTIL 复合材料，然后将其滴注在 SPE 表面（SPE/Fe_3O_4NPs-RTIL）。在 XPS 图中，与不修饰的 SPE 相比，SPE/Fe_3O_4NPs-RTIL 表面吸附了更多的 As(Ⅲ)，证实了 Fe_3O_4NPs 对 As(Ⅲ) 具有富集效应。在优化条件下，采用 SPE/Fe_3O_4NPs-RTIL 复合材料，利用 SWASV 方法检测 As(Ⅲ) 的线性范围是 1.0~10.0 μg/L，LOD 低至 0.8 μg/L。此外，开发的传感器可以成功地应用于真实地下水样品中 As(Ⅲ) 的分析。Li 等[33]制备了一种便携式电化学传感器，使用 Fe_3O_4NPs 和 AuNPs 的复合材料（Fe_3O_4-AuNPs）作为检测 As(Ⅲ) 的修饰剂。将 Fe_3O_4-AuNPs 的混合溶液滴涂到 SPE 表面。As(Ⅲ) 通过 Fe^{2+}/Fe^{3+} 循环充分吸附在 Fe_3O_4-AuNPs 表面，如图 2-9 所示。通过结合 AuNPs 优异的催化活性和 Fe_3O_4NPs 良好的吸附能力，Fe_3O_4-AuNPs 复合修饰 SPE（SPE/Fe_3O_4-AuNPs）对 As(Ⅲ) 表现出优异的溶出特性。在中性条件下，该传感器的灵敏度为 9.43 μA/(μg·L)，检出限为 0.0215 μg/L，远低于 WHO 制定的饮用水标准（10 μg/L）。此外，该传感器还成功应用于水库水样中 As(Ⅲ) 的检测。

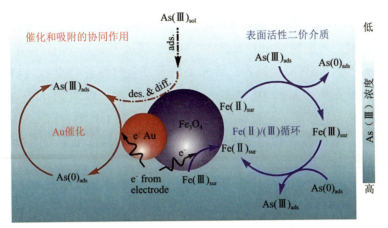

图中展示了 As(Ⅲ)（可溶性三价砷）→As(0)（零价砷沉淀）的转化过程，核心是通过 Au 催化还原和 Fe_3O_4 吸附-氧化循环的协同作用，最终实现砷的高效去除。反应分为两大部分：① 左侧（Au 催化区），Au 催化剂主导电子传递，直接还原 As(Ⅲ) 为 As(0)。② 右侧 [Fe(Ⅱ)/(Ⅲ) 循环区]，Fe_3O_4 通过铁价态循环（$Fe^{2+} \leftrightarrow Fe^{3+}$）提供活性介质，辅助 As(Ⅲ) 的吸附与氧化还原。电子来源：电极（如电化学系统）提供外部电子驱动反应。

图 2-9　用于对 Fe^{2+}/Fe^{3+} 循环的 As(Ⅲ) 敏感检测的 SPE/Fe_3O_4-AuNPs 制备示意图

（2）其他金属氧化物纳米材料

Co_3O_4 纳米粒子具有高的反应活性、优异的稳定性和优良的电催化活性，是用途最广泛的过渡金属氧化物之一。Yogeeshwari 等[34]合成了 Co_3O_4 纳米颗粒和石墨碳复合材料（Co_3O_4-NPs@ graphitic carbon），并通过超声波混合制成油墨喷淋在丝网印刷电极的刻字区域，制备了 Co_3O_4-NPs@ graphitic carbon 修饰的 SPE。用电化学阻抗光谱测量 Co_3O_4-NPs@ graphitic carbon 修饰的 SPE，发现该传感器表面电荷转移电阻的脉冲降低，说明与未修饰的 SPE 相比，其导电性更强、电子转移速度更快。从阻抗结果可以看出，Co_3O_4 纳米粒子的几何构造和石墨碳的协同作用提高了该传感器的电化学性能。石墨碳的存在保证了 Co_3O_4 纳米粒子在石墨碳基体中分布均匀，且由于其导电性强，电荷转移率显著提高，这是提高电化学传感器性能的重要因素。采用 DPASV 法测定 Co_3O_4-NPs@ graphitic carbon 修饰的 SPE 在乙酸缓冲液中对 Pb(Ⅱ) 和 Cd(Ⅱ) 的电化学性能，结果表明，该电化学传感器具有较宽的线性范围（0~120 μg/L），对 Pb(Ⅱ) 和 Cd(Ⅱ) 的检出限分别为 3.2 μg/L 和 3.5 μg/L，远低于世界卫生组织规定的阈值。Okpara 等[35]

利用橙皮提取物（OE）、柠檬皮提取物（LE）分别将 Zn 和 Cu 前驱盐还原成 ZnO 和 Cu_2O 金属氧化物纳米颗粒，并用制备的金属氧化物纳米粒子和聚苯胺（PANI）共混物对 SPE 表面进行修饰，以放大碳基丝网印刷电极的电化学响应。采用 SWASV 技术，研究了纳米复合材料修饰电极（LE/ZnO/Cu_2O-NPs/PANI/SPE 和 OE/ZnO/Cu_2O-NPs/PANI/SPE）对水中 Cd（Ⅱ）和 Hg（Ⅱ）的分析性能。研究结果显示，对于水中的 Cd（Ⅱ），LE/ZnO/Cu_2O-NPs/PANI/SPE 的检测范围为 2.2～12.0 μmol/L，其检出限为 3.04 μg/L；而对于 Hg（Ⅱ），该材料的检测范围为 2.95～11.8 μmol/L，检出限为 5.08 μg/L。对于水中的 Cd（Ⅱ），OE/ZnO/Cu_2O-NPs/PANI/SPE 的检出限为 1.08 μg/L，检测范围为 0.17～1.5 μmol/L；对于 Hg（Ⅱ），其检出限为 2.72 μg/L，检测范围为 0.12～1.2 μmol/L。在其他金属离子存在的情况下，也未观察到 OE/ZnO/Cu_2O-NPs/PANI/SPE 对 Cd（Ⅱ）和 Hg（Ⅱ）的阳极溶出电流显著下降。该传感器以其优异的灵敏度、选择性、稳定性和低成本，在监测重金属污染方面具有重要的应用价值。一些金属氧化物修饰 SPE 检测水中重金属的相关报道见表 2-3。

表 2-3　金属氧化物纳米材料修饰丝网印刷电极检测重金属

纳米材料	修饰方法	检测方法	分析物	线性范围	检出限（LOD）	参考文献
Cr_2O_3-NPs	滴涂法	SWASV	Zn^{2+}	0.4～0.8 mg/L	0.35 mg/L	[36]
			Cd^{2+}	0.08～0.8 mg/L	25.0 μg/L	
			Pb^{2+}	0.01～0.8 mg/L	25.0 μg/L	
			Cu^{2+}	0.01～0.8 mg/L	25.0 μg/L	
Bi_2O_3-NPs/CS	滴涂法	SWASV	Cd^{2+}	0.5～40 μg/L	0.5 μg/L	[37]
			Pb^{2+}	0.5～40 μg/L	0.05 μg/L	
ZnO-NRs/GR	滴涂法	ASV	Cd^{2+}	10～200 μg/L	0.6 μg/L	[38]
			Pb^{2+}	10～200 μg/L	0.8 μg/L	
Fe_3O_4-NPs/IL	滴涂法	DPASV	Cd^{2+}	0.5～40 μg/L	0.05 μg/L	[39]

注：CS, chitosan, 壳聚糖；NRs, nanorods, 纳米棒；GR, graphene, 石墨烯；IL, ionic liquid, 离子液体。

在电极表面进行修饰后，金属氧化物与目标重金属离子在电沉积及随后的溶出步骤中会呈现出一种竞争态势。由于其他共存金属离子的潜在干扰，采用金属氧化物修饰的 SPE 对特定目标金属离子的精确检测仍然是一项艰巨的挑战。

2.2　缺陷石墨烯修饰丝网印刷金电极检测水中 Cd^{2+} 和 Pb^{2+}

2.2.1　缺陷石墨烯及修饰电极的制备及表征

（1）电极材料的制备

缺陷石墨烯的制备采用热处理法：先将石墨烯与三聚氰胺以 1∶2 的质量比混合；然后以 5 ℃/min 的速率进行加热，在 700 ℃下加热 2 h，得到氮掺杂石墨烯；继续在 1150 ℃下加热 2 h，得到缺陷石墨烯。整个加热过程在氮气气氛中进行。

（2）电极材料的表征

1）缺陷石墨烯性质的表征

如图 2-10 所示，石墨烯与缺陷石墨烯的形貌差异较大，石墨烯体积较小，表面相对平坦，而缺陷石墨烯表面褶皱较多，说明缺陷石墨烯可以吸附更多的反应物。

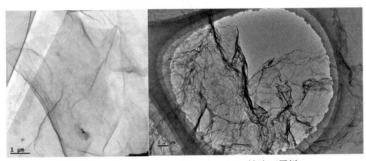

(a) 石墨烯　　　　　　　　　　　(b) 缺陷石墨烯

图 2-10　石墨烯和缺陷石墨烯的 TEM 图

通过 XPS 图确定了石墨烯、氮掺杂石墨烯和缺陷石墨烯的元素组成和价态，如图 2-11 所示，可以看到氮掺杂石墨烯中只出现了 N 1s 峰，说明氮掺杂成功，而在缺陷石墨烯中氮已完全去除，说明缺陷石墨烯制备成功。

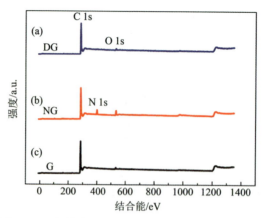

图2-11 石墨烯（G）、氮掺杂石墨烯（NG）和缺陷石墨烯（DG）的 XPS 图

Raman 光谱图清楚地显示了石墨烯、氮掺杂石墨烯和缺陷石墨烯样品之间 D 和 G 波段强度的变化，如图2-12 所示。对于石墨烯，D 波段强度略高于 G 波段，I_D/I_G 为 1.05，表明碳结构具有较好的规律性，缺陷相对较少。在氮掺杂石墨烯中氮原子的掺杂破坏了石墨烯薄片的六边形结构，引入了一些缺陷位点，导致 D 波段强度增加。去除石墨烯中的掺杂氮原子导致缺陷进一步增加，I_D/I_G 的值从 1.11 增加到 1.31，表明在缺陷石墨烯中形成了更大范围的碳原子缺陷位点。

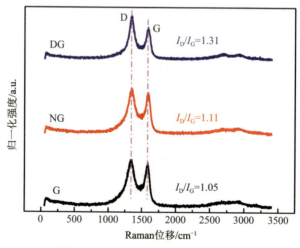

图2-12 石墨烯、氮掺杂石墨烯和缺陷石墨烯的 Raman 光谱图

如图2-13 所示，通过 EPR 测量进一步证实，与石墨烯相比，缺陷石墨烯表现出更强的 EPR 信号，g 值为 2.0037，是由芳香环中碳原子上未配对的电子引起的，这与上述表征的结果一致。

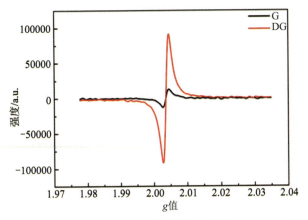

图 2-13　石墨烯和缺陷石墨烯的电子顺磁共振（EPR）谱图

2）修饰电极电化学性质的表征

采用循环伏安法和阻抗法检测了未修饰电极和修饰电极的电化学性能。如图 2-14a 所示，在未修饰电极条件下获得了一对 $[Fe(CN)_6]^{3-/4-}$ 的准可逆氧化还原峰，峰值间距为 350 mV。当用 G/Nafion 修饰工作电极表面时，峰值电流略有增加，峰值间距减小到 150 mV。NG/Nafion 修饰电极后氧化还原峰值电流略有增加。与其他修饰电极相比，DG/Nafion/Au/SPE 的峰值间距减小到 80 mV，氧化还原峰值电流显著增加。这些结果表明，3 种石墨烯材料的修饰增大了传感界面与反应物离子的接触面积，从而有效提高了 SPE 的导电性能，其中，缺陷石墨烯在加快电荷转移方面最有效。通过运用阻抗法，对修饰电极的电荷转移电阻进行了深入探究。在阻抗谱图（图 2-14b）中，可以观察到两个显著的特征区域：高频区呈半圆形，直接关联于电荷转移电阻；而低频区则呈线性形态，这反映了扩散过程的特性。进一步分析图 2-14b，发现未经修饰的电极在高频区半圆形部分的直径明显较大，意味着其电荷转移电阻显著高于经过石墨烯基材料修饰的电极。在所有石墨烯基材料修饰的电极中，缺陷石墨烯修饰的电极展现出了最小的电荷转移电阻。阻抗法检测结果清晰地表明，与未修饰电极相比，石墨烯基材料修饰能显著降低电荷转移电阻，而缺陷石墨烯在这一方面表现得尤为突出，具有最低的电荷转移电阻。石墨烯基材料的应用能够有效降低电荷转移电阻，进而提升电极的导电性能。特别地，当对比不同类型的石墨烯修饰电极时，缺陷石墨烯展现出了更为优越的电子转移动力学特性，其表现甚至优于氮掺杂石墨烯及纯石墨烯。

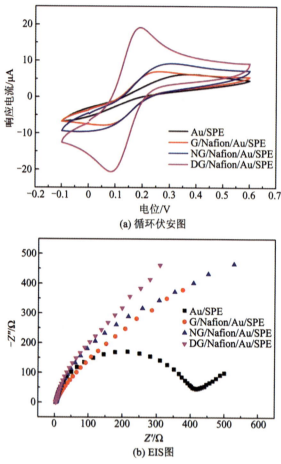

(a) 循环伏安图

(b) EIS图

图 2-14　Au/SPE、G/Nafion/Au/SPE、NG/Nafion/Au/SPE 和 DG/Nafion/Au/SPE 在含 5 mmol/L [Fe(CN)$_6$]$^{3-/4-}$和 0.1 mol/L KCl 溶液中的循环伏安图和 EIS 图

　　为了评价石墨烯基纳米材料修饰丝网印刷金电极检测重金属离子的能力，初步研究了 Cd^{2+}（1 μmol/L）和 Pb^{2+}（1 μmol/L）在不同电极上的电化学响应。如图 2-15 所示，在未修饰电极上观察到 2 种金属离子具有较低的峰值电流，这是由于此时 Cd^{2+}或 Pb^{2+}仅在电极表面发生电化学结合，导致富集效率低，溶出伏安电流弱。G/Nafion/Au/SPE、NG/Nafion/Au/SPE 和 DG/Nafion/Au/SPE 得到了比未修饰电极更强的峰值电流，这是因为石墨烯的比表面积大，电荷转移效率高，吸附能力强，电催化性能优异。其中，DG/Nafion/Au/SPE 展现出了最高的峰值电流强度，这表明石墨烯表面存在的大量碳原子缺陷起到了关键作用，显著提升了该修饰电极对重金属离子

的吸附能力。另外，Nafion 膜对阳离子具有选择性透过特性，这进一步促进了重金属离子的富集，也是溶出伏安法中电流强度增大的一个重要原因。

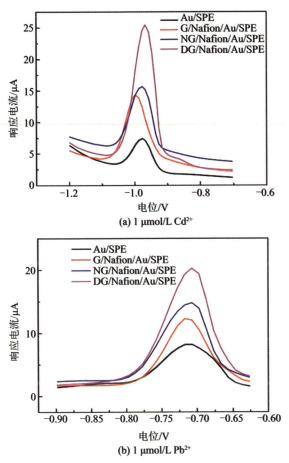

图 2-15　在含 1 μmol/L Cd²⁺ 和 1 μmol/L Pb²⁺ 的 0.2 mol/L 醋酸–醋酸钠缓冲溶液（pH 5.0）中 Au/SPE、G/Nafion/Au/SPE、NG/Nafion/Au/SPE 和 DG/Nafion/Au/SPE 差分脉冲阳极溶出伏安图

2.2.2　实验条件的优化

实验条件对修饰电极检测水中重金属离子有着显著的影响，为了最大化 DG/Nafion/Au/SPE 在检测水中 Cd²⁺ 和 Pb²⁺时的灵敏度，我们对多个实验条件进行了优化，包括对修饰材料滴涂量、缓冲溶液 pH 值、沉积电位及沉积时间的优化。

（1）修饰材料滴涂量的优化

实验采用 DG 和 Nafion 的混合溶液制备不同厚度的修饰电极，分别对 1 μmol/L Cd²⁺ 和 1 μmol/L Pb²⁺ 进行检测。如图 2-16a 所示，修饰膜的厚度对 Cd²⁺ 和 Pb²⁺ 的检测灵敏度有显著影响，随着滴涂量的增加，复合膜上活性位点增多，但当修饰膜厚度超过一定范围时，溶出峰值电流反而减小。随着 DG/Nafion 的滴涂量从 2 μL 逐渐增加到 9 μL，Cd²⁺ 和 Pb²⁺ 的最大溶出峰值电流均出现在滴涂量为 6 μL 时；当滴涂量进一步增加到 6 μL 以上时，溶出峰值电流迅速下降。这是由于当滴涂量过大时，修饰膜的厚度阻碍了工作电极表面电荷的交换，以及 Cd²⁺ 和 Pb²⁺ 在电极表面的扩散，从而降低了修饰电极的导电性，进而降低了峰值电流值。因此，选择 6 μL 作为最优滴涂量。

（2）缓冲溶液 pH 值的优化

缓冲溶液的 pH 值会影响水中重金属离子的水解程度及修饰电极的表面电化学过程，进而影响电化学响应信号。我们研究了缓冲溶液 pH 值在 4.5~6.0 范围内对峰值电流的影响。从图 2-16b 中可以看出，当 pH 值从 4.5 增加到 5.0 时，Cd²⁺ 和 Pb²⁺ 的峰值电流都有所增加；在 pH 5.0 时峰值电流最大；当 pH>5.0 时，溶出峰值电流反而减小。这是因为较小的 pH 值增强了重金属的电离，过小的 pH 值会导致溶液中的氢离子增加，使得重金属离子在富集过程中非常容易导致氢析出，产生的氢泡黏附在工作电极表面，使得工作电极上有效活性位点减少，重金属离子在工作电极上的富集减少，从而缩小了重金属离子溶出峰的面积、降低了其灵敏度；pH 值过大则会导致重金属离子水解，即待测溶液中重金属离子浓度降低，还会影响 Cd²⁺ 和 Pb²⁺ 在修饰电极表面的解吸，使重金属离子溶出过程受阻，进而导致溶出峰值电流明显降低。因此，选择 pH 5.0 为最优条件。

（3）沉积电位的优化

沉积电位是溶出伏安法的重要影响因素，直接决定了重金属离子在工作电极上的富集量，从而影响检测的灵敏度和选择性。如图 2-16c 所示，当沉积电位由 −2.2 V 变为 −1.0 V 时，峰值电流出现在 −1.8 V。沉积电位的负移有利于 Cd²⁺ 和 Pb²⁺ 的还原，导致峰值电流显著增加。随着沉积电位越负，峰值电流逐渐减小，这是因为沉积电位越负，工作电极表面的析氢反应越明显，析出的氢泡会占据工作电极表面，严重影响重金属离子在工作电极表面的吸附，从而使峰值电流降低。在接下来的研究中，选择 −1.8 V 作为最优沉积电位。

（4）沉积时间的优化

沉积时间对实验的灵敏度和检出限也有显著影响。在相同的沉积电位条件下，沉积时间越长，重金属离子在工作电极上的富集程度越高。在此实验中，沉积时间从 60 s 逐渐增加到 200 s，同时记录 Cd^{2+} 和 Pb^{2+} 的溶出峰值电流，并与沉积时间进行比较。如图 2-16d 所示，随着沉积时间的增加，电流信号强度逐渐增大，在 180 s 时达到最大值。这表明，随着沉积时间的增加，电极表面的反应物数量增加，从而使溶出峰值电流增大。随着沉积时间的进一步延长，重金属离子的电流信号响应逐渐减小。这种现象的发生可能是由于大量重金属离子的沉积，导致修饰电极上活性位点饱和，不同离子之间发生竞争反应使得一些重金属离子的电流信号响应降低，从而降低了对重金属离子检测的灵敏度和检出限。因此，综合考虑检测灵敏度和检测时间，选择 180 s 作为最优沉积时间。

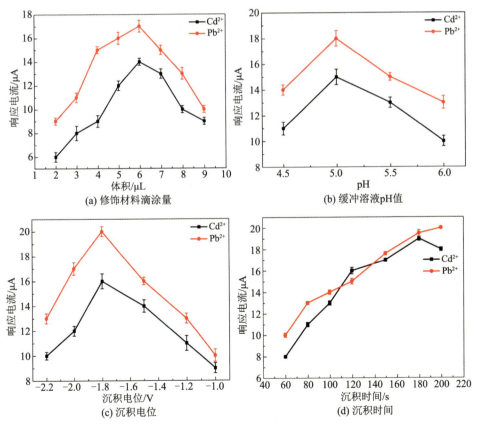

图 2-16　修饰材料滴涂量、缓冲溶液 pH 值、沉积电位、沉积时间对 DG/Nafion/Au/SPE 溶出电流信号响应的影响

2.2.3　DG/Nafion/Au/SPE 检测 Cd²⁺和 Pb²⁺

在最优实验条件（DG/Nafion 滴涂量为 6 μL，醋酸-醋酸钠缓冲溶液的 pH 值为 5.0，沉积电位为-1.8 V，沉积时间为 180 s）下，使用 DG/Nafion/Au/SPE 对水中不同浓度的 Cd²⁺和 Pb²⁺进行单独和同步检测，并且记录不同浓度下所测得的 DPASV 曲线。基于溶出伏安法建立重金属离子浓度与溶出峰值电流的定量线性模型：以标准溶液浓度梯度为横坐标，对应溶出伏安响应值（经基线校正）为纵坐标。基于该模型对实际水样中未知浓度的重金属离子进行检测。

（1）DG/Nafion/Au/SPE 单独检测 Cd²⁺和 Pb²⁺

在上述最优条件下，采用差分脉冲阳极溶出伏安法测得了 DG/Nafion/Au/SPE 对不同浓度 Cd²⁺和 Pb²⁺的响应曲线（图 2-17、图 2-18），可以看出，重金属离子的电流信号强度随着目标分析物浓度的增加呈线性增强趋势。Cd²⁺和 Pb²⁺的线性范围分别为 0.02~2.0 μmol/L 和 0.04~2.0 μmol/L。Cd²⁺和 Pb²⁺的线性回归方程分别为 $y = 7.6473x + 8.63763$（置信度 $R^2 = 0.9924$）和 $y = 11.0286x + 8.0371$（置信度 $R^2 = 0.9951$），其中 x（μmol/L）为重金属离子浓度，y（μA）为不同浓度下的溶出峰值电流。在信噪比为 3（$S/N = 3$）的条件下，Cd²⁺和 Pb²⁺的检出限分别为 0.008 μmol/L 和 0.002 μmol/L，均低于《生活饮用水卫生标准》中的限值（Cd²⁺，0.005 mg/L，约 0.044 μmol/L；Pb²⁺，0.01 mg/L，约 0.048 μmol/L）。此外，制备的该修饰电极的传感器的分析性能与表 2-4 所列文献中的相当，甚至更好。在图 2-18a 中，在修饰电极上观察到溶出峰值电位的正移。这可能是由于沉积的重金属离子不是单层存在，而是倾向于形成小团簇，导致吸附和解吸速率略有变化，并引起峰值电位漂移。

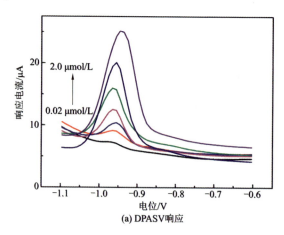

(a) DPASV响应

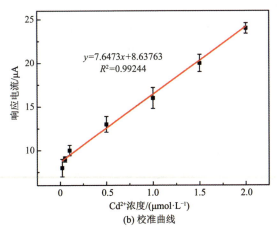

(b) 校准曲线

图 2-17　DG/Nafion/Au/SPE 对 Cd²⁺在 0.02~2.0 μmol/L 浓度范围内的 DPASV 响应及其对应的校准曲线

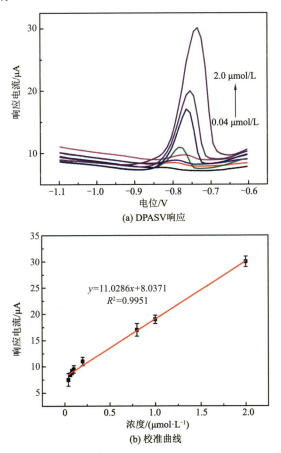

图 2-18　DG/Nafion/Au/SPE 对 Pb²⁺在 0.04~2.0 μmol/L 浓度范围内的 DPASV 响应及其对应的校准曲线

表 2-4   以往文献中 Cd^{2+} 和 Pb^{2+} 的理论检出限比较

电极	检测方法	线性范围/ ($\mu mol \cdot L^{-1}$)		检出限/ ($\mu mol \cdot L^{-1}$)	
		Cd^{2+}	Pb^{2+}	Cd^{2+}	Pb^{2+}
Bi/SNPG/GCE	DPASV	0.05~2.0	0.05~2.0	0.02	0.008
Co_3O_4/GCE	SWASV	0.1~5.0	0.01~4.0	0.05	0.004
CS/NGO/GCE	DPASV	0.01~0.1	—	0.003	—
CUiO-66/Bi/GCE	SWASV	0.09~0.47	0.05~0.24	0.01	0.005
$CoFe_2O_4$-CoFe/GCE	DPASV	0.04~3.5	0.02~1.5	0.004	0.001
DG/Nafion/Au/SPE	DPASV	0.02~2.0	0.04~2.0	0.008	0.002

（2）DG/Nafion/Au/SPE 同步检测 Cd^{2+} 和 Pb^{2+}

由于在实际水样中，多种重金属离子共存且相互干扰，因而对目标重金属离子的灵敏检测一直是一个很大的挑战。本实验在优化条件下，通过同步提升多种重金属离子的浓度水平，在 $-1.2 \sim -0.5$ V 电位范围内采用 DG/Nafion/Au/SPE 同步检测 Cd^{2+} 和 Pb^{2+}。如图 2-19 所示，当 Cd^{2+} 的浓度处于 0.02~3.0 $\mu mol/L$ 范围内，且 Pb^{2+} 的浓度在 0.04~3.0 $\mu mol/L$ 范围内时，随着这两种重金属离子浓度的逐渐增大，相应的峰值电流也随之呈现出增大的趋势。Cd^{2+} 和 Pb^{2+} 的线性回归方程分别为 $y = 3.3394x + 4.1121$（置信度 $R^2 = 0.9374$），$y = 5.3409x + 12.7749$（置信度 $R^2 = 0.9684$）。当信噪比为 3 ($S/N=3$) 时，Cd^{2+} 和 Pb^{2+} 的检出限分别为 0.008 $\mu mol/L$ 和 0.005 $\mu mol/L$。与单独检测重金属离子相比，同步检测结果的线性范围更窄，斜率更小，这可能是由于不同重金属离子之间的相互作用，如竞争沉积和金属间化合物的形成，可能会影响溶出过程中不同重金属离子的测定。因此，同步检测重金属离子具有比较高的灵敏度，所研发的电化学传感器对真实环境中水中重金属离子的监测展现出较高的敏感性和准确性，表明该传感器在重金属离子监测领域拥有广泛的应用前景。

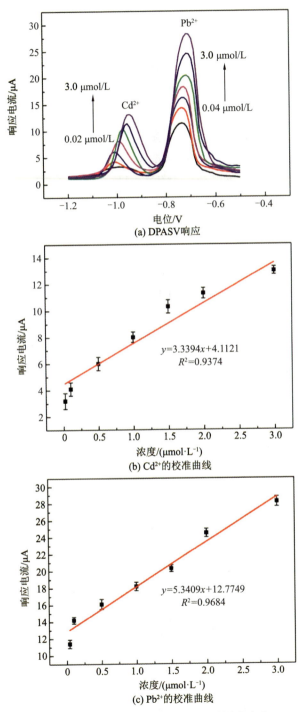

图 2-19　DG/Nafion/Au/SPE 在 0.2 mol/L 醋酸–醋酸钠缓冲溶液（pH 5.0）中对不同浓度 Cd²⁺ 和 Pb²⁺ 的 DPASV 响应及其对应的校准曲线

2.2.4 DG/Nafion/Au/SPE 对 Cd²⁺和 Pb²⁺的选择性和重现性

真实环境中其他离子的存在会干扰检测结果。为了评价该电化学方法同时检测 Cd^{2+} 和 Pb^{2+} 的抗干扰能力，在 Cd^{2+} 和 Pb^{2+} 溶液中加入了不同的干扰离子 K^+、Ca^{2+}、Na^+、Mg^{2+}、Mn^{2+}、Fe^{3+}、Zn^{2+}、NH_4^+ 和 Bi^{3+}。干扰离子的浓度都比目标分析物高 10 倍。结果显示，引入非目标离子不影响同步检测 Cd^{2+} 和 Pb^{2+}，在 $-1.2\sim-0.5$ V 电位范围内无明显干扰峰。这说明在不同浓度外源离子的存在下，该电化学方法对同步分析 Cd^{2+} 和 Pb^{2+} 具有良好的选择性。

分别采用同一 DG/Nafion/Au/SPE 修饰电极在相同的条件下对相同浓度的 Cd^{2+} 和 Pb^{2+} 进行 10 次重复实验，图 2-20 是 10 次重复实验的检测结果。通过对实验结果进行标准偏差的计算，得出 Cd^{2+} 和 Pb^{2+} 的标准偏差分别为 3.1%和 5.8%。这一数据有力地证明了 DG/Nafion/Au/SPE 电化学传感器在检测过程中具有良好的重现性。

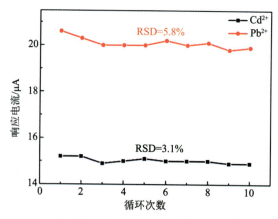

图 2-20　DG/Nafion/Au/SPE 对 1 μmol/L Cd²⁺和 Pb²⁺检测 10 次的重现性

2.2.5 DG/Nafion/Au/SPE 对实际水样的检测

为了评估该电化学方法的可行性，采用 DG/Nafion/Au/SPE 传感器对实际水样（包括河水、自来水）中 Cd^{2+} 和 Pb^{2+} 的浓度进行检测。所有样品经 0.2 μm 膜过滤后进行检测，所有水样均未检测到 Cd^{2+} 和 Pb^{2+}，说明该水样中 Cd^{2+} 和 Pb^{2+} 的浓度低于本方法的检出限。通过在实际水样溶液中加入 0.04 μmol/L Cd^{2+} 和 0.04 μmol/L Pb^{2+} 标准溶液进行标准回收率评价，得到的结果如表 2-5 所示。Cd^{2+} 和 Pb^{2+} 的加标回收率分别为 95%~97.5%、

$97.5\% \sim 102.5\%$，最大相对标准偏差为 2.1%。说明该电化学方法准确度高、可行性强，适用于实际水样中 Cd^{2+} 和 Pb^{2+} 的同步检测。

表 2-5　DG/Nafion/Au/SPE 在不同实际水样中的分析结果（$n=10$）

分析物	样品	初始检出量/（μmol·L⁻¹）	加入 0.04 μmol/L 对应重金属离子		
			检出量/（μmol·L⁻¹）	回收率/%	相对标准偏差（RSD）/%
Cd²⁺	自来水	没有检出	0.038	95	1.4
	嘉陵江水	没有检出	0.039	97.5	2.1
Pb²⁺	自来水	没有检出	0.41	102.5	1.7
	嘉陵江水	没有检出	0.39	97.5	1.6

2.2.6　DG/Nafion/Au/SPE 在野外环境中的使用效能

为了评估该方法在野外环境中的使用效能，进一步将该修饰电极应用在课题组研发的便携式重金属检测仪上，并对青海省格尔木地区和西藏阿里地区的生活饮用水水源区域的水样进行检测。水样经 0.2 μm 膜过滤后，配制成 pH 5.0 的 0.2 mol/L 醋酸-醋酸钠缓冲溶液，然后在本实验所得出的最优检测条件下对该水样中的 Cd^{2+} 和 Pb^{2+} 进行检测，检测结果如表 2-6 所示。可以看出，该方法可实现对野外环境水体中 Cd^{2+} 和 Pb^{2+} 的快速、准确检测。

表 2-6　对 2 个地区生活饮用水中重金属离子的检测结果（$n=10$）

采样时间	采样位置	海拔/m	温度/℃	采样点位	检测目标	实验室分析结果	修饰电极检测结果			
							初始检测结果	加标（加入 0.04 μmol/L Cd²⁺ 和 Pb²⁺）检测结果/（μmol·L⁻¹）	回收率/%	耗时
2021 年 9 月	西藏阿里地区	4500	7	9	Cd²⁺	未发现超标	没有检出	0.038	95	均不超过 300 s
					Pb²⁺	未发现超标	没有检出	0.041	102.5	
2022 年 7 月	青海省格尔木地区	3000	16	8	Cd²	未发现超标	没有检出	0.037	92.5	
					Pb²⁺	未发现超标	没有检出	0.041	102.5	

2.3 FeCo–SAC 修饰丝网印刷电极检测水中 Cu²⁺ 和 Hg²⁺

2.3.1 FeCo-SAC 及修饰电极的表征

尽管缺陷石墨烯修饰丝网印刷金电极对 Cd²⁺ 和 Pb²⁺ 有良好的检测性能，但是对水中氧化还原电位较高的重金属离子（如 Cu²⁺、Hg²⁺）的检测效果不理想，无法得到明显的溶出峰值电流，如图 2-21 所示。为了能检测更大浓度范围的重金属离子，同时避免使用价格昂贵的金电极，需进一步开发电化学性能更好的纳米材料修饰丝网印刷电极。

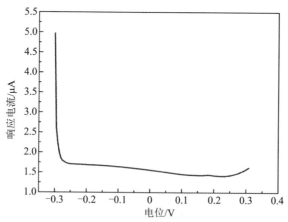

图 2-21 DG/Nafion/Au/SPE 在 0.2 mol/L 醋酸–醋酸钠缓冲溶液（pH 5.0）中对 1.0 mg/L Cu²⁺ 和 0.001 mg/L Hg²⁺ 的 DPASV 响应

单原子电催化剂是指单个原子孤立地分散在载体上的催化剂，具有比表面积大、导电性强、原子利用率高及活性位点分布均匀且明确等优点。其中碳负载型单原子电催化剂，尤其是金属–氮掺杂碳材料具有高导电性和独特的金属配体相互作用。基于此，本实验通过甲酰胺与金属盐的缩合和碳化，并经过 900 ℃ 的高温热解制备了甲酰胺转化氮–碳配位的铁钴单原子电催化剂（FeCo-SAC）。FeCo-SAC 与 Nafion 复合涂覆在丝网印刷电极表面（FeCo-SAC/Nafion/SPE），可以对水中重金属离子进行高灵敏度检测。

采用 TEM、FT-IR、XPS 及 Raman 等多种测试手段对合成的 FeCo-SAC 材料进行全面分析，同时，还通过循环伏安和阻抗测试对修饰后的电极进行电化学性能评估，以深入了解该材料的电化学特性。采用 SWASV 法，通过对比溶出峰值电流，对修饰前后的电极进行比较，确定修饰电极的检测性能。针对检测信号的影响因素，确定出最优实验条件；并在该条件下在丝网印刷电极上进行 Cu^{2+} 和 Hg^{2+} 的单独和同步检测。最后对电极的选择性和稳定性进行研究，并将该修饰电极应用于实际水样。该方法操作简单、检出限低、灵敏度高，具有十分广阔的应用前景。

（1）电极材料的制备

铁钴双金属单原子催化剂（FeCo-SAC，FeCo single-atom catalyst）采用溶剂热法合成。首先将 0.087 g $Co(NO_3)_2 \cdot 6H_2O$、0.07 g $C_6H_8FeNO_7$ 和 0.408 g $ZnCl_2$ 加入 30 mL 甲酰胺中，超声 0.5 h 得到均匀溶液。然后将其转移到 50 mL 不锈钢反应釜中，在 180 ℃ 下保持 12 h 后自然冷却，黑色沉淀用去离子水洗涤 3 次，在 60 ℃ 的烘箱中连续干燥 6 h，得到黑色固体粉末，记为 f（ZnFeCo）。最后将制备的 f（ZnFeCo）在氮气气氛下加热至 900 ℃，保持 2 h，随后自然冷却至室温，得到的黑色粉末为 FeCo-SAC。

（2）电极材料的表征

对 FeCo-SAC 材料进行 TEM、XPS、FT-IR 及 Raman 的详细表征。从图 2-22 所示的 FeCo-SAC 的 TEM 图中可以看出，该材料中无显著的金属离子团聚现象，说明金属元素在材料中分布均匀。图 2-23 所示的 XPS 图确认了 FeCo-SAC 主要由 C、O、N、Fe、Co 5 种元素构成，且这些元素占材料的比例较大。图 2-24 中的 FT-IR 光谱图验证了 FeCo-SAC 中存在的主要官能团

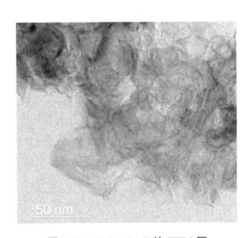

图 2-22　FeCo-SAC 的 TEM 图

为 C—N 键（位于约 1475 cm^{-1} 处）和 C≡N（位于约 1810 cm^{-1} 处）。图 2-25 的 Raman 光谱图揭示了 FeCo-SAC 具有显著的 D 带（位于 1370 cm^{-1} 处）和 G 带（位于 1544 cm^{-1} 处），这 2 个特征带的存在证明了在碳化过程中，FeCo-SAC 的配体成功转化为无定形碳结构，表明材料成功制备。

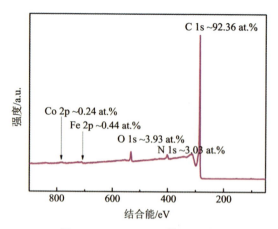

图 2-23　FeCo-SAC 的 XPS 图

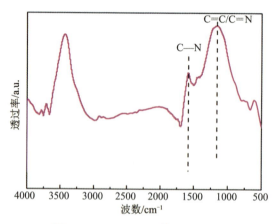

图 2-24　FeCo-SAC 的 FT-IR 图

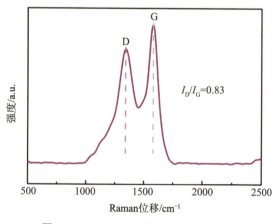

图 2-25　FeCo-SAC 的 Raman 光谱图

采用循环伏安法和电化学阻抗法在 0.1 mol/L KCl 和 5.0 mmol/L [Fe(CN)$_6$]$^{3-/4-}$ 的混合溶液中测试了 FeCo-SAC/Nafion/SPE 的电化学性能。在 −0.4~0.4 V 的范围内用 50 mV/s 的扫描速率得到了 3 种不同电极的循环伏安图。如图 2-26 所示，在未修饰 SPE 条件下获得了一对 [Fe(CN)$_6$]$^{3-/4-}$ 的半可逆氧化还原峰。当电极涂覆 Zn-SAC/Nafion 和 FeCo-SAC/Nafion 时，电极的峰值电流增大，说明单原子电催化剂具有良好的导电性能，其中双金属单原子电催化剂 FeCo-SAC 的导电性优于单金属单原子电催化剂 Zn-SAC。从电化学阻抗图也可以看出，FeCo-SAC/Nafion 和 Zn-SAC/Nafion 在高频区的圆弧半径明显减小，FeCo-SAC/Nafion/SPE 的电荷转移阻抗值更小，说明单原子电催化剂可有效减小电阻，该结果与循环伏安法结果一致，证明 FeCo-SAC 比 Zn-SAC 具有更好的电荷转移能力。

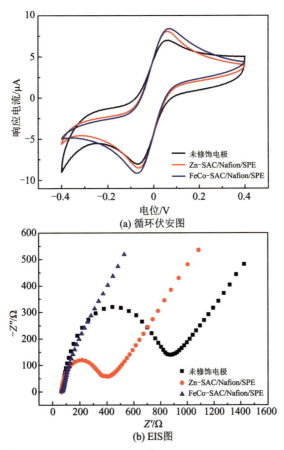

(a) 循环伏安图

(b) EIS图

图 2-26　未修饰电极、Zn-SAC/Nafion/SPE 和 FeCo-SAC/Nafion/SPE 在含 5.0 mmol/L [Fe(CN)$_6$]$^{3-/4-}$ 和 0.1 mol/L KCl 溶液中的循环伏安图和 EIS 图

对修饰前后的 SPE 进行检测信号的测试。测试条件为单原子电催化剂 FeCo-SAC 滴涂量 5 μL、醋酸-醋酸钠缓冲液 pH 4.5、沉积电位-1 V、沉积时间 100 s，使用未修饰 SPE、Zn-SAC/Nafion/SPE 和 FeCo-SAC/Nafion/SPE 分别在含有 1 mg/L Cu^{2+} 和 0.001 mg/L Hg^{2+} 溶液中进行检测，得到不同的 SWASV 曲线，通过比较曲线的峰值电流强度，评估修饰电极的检测能力。如图 2-27 所示，可以看出未修饰的电极没有明显的信号峰，而使用单原子电催化剂修饰后，待测离子 Cu^{2+} 和 Hg^{2+} 的峰值电流强度明显提高，其中双金属单原子电催化剂 FeCo-SAC 表现出更高的电流强度。

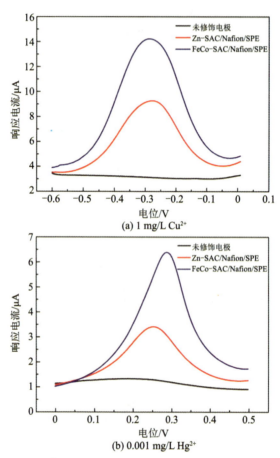

图 2-27　在含 1 mg/L Cu^{2+} 和 0.001 mg/L Hg^{2+} 的 0.2 mol/L 醋酸-醋酸钠缓冲溶液（pH=5.0）中未修饰电极、Zn-SAC/Nafion/SPE 和 FeCo-SAC/Nafion/SPE 的差分脉冲阳极溶出伏安图

2.3.2　实验条件的优化

为了使 FeCo-SAC/Nafion/SPE 检测 Cu^{2+} 和 Hg^{2+} 的灵敏度达到最大，下面对 FeCo-SAC 的滴涂量、缓冲溶液的 pH 值、沉积电位和沉积时间进行优化。

（1）修饰材料滴涂量的优化

选择 pH 5.5 的醋酸–醋酸钠缓冲溶液，沉积时间为 100 s，沉积电位为 -1.0 V，1.0 mg/L Cu^{2+} 和 0.001 mg/L Hg^{2+} 作为待测液。在 SPE 的工作电极表面分别滴涂 2，3，4，5，6 μL 的 FeCo-SAC，对待测液进行检测，得到不同浓度下对应的 SWASV 曲线。如图 2-28a 所示，随着 FeCo-SAC 滴涂量的增加，Cu^{2+} 和 Hg^{2+} 在修饰电极上的 SWASV 响应增强，在 5 μL 时达到最大值。这是由于 FeCo-SAC 具有良好的导电性，但随着滴涂量的增加，膜厚度也会增加，因而导电性降低。因此，选择用 5 μL 3 mg/mL FeCo-SAC 修饰电极表面。

（2）缓冲溶液 pH 值的优化

选择 pH 为 4.0，4.5，5.0，5.5 的醋酸–醋酸钠缓冲溶液，沉积电位为 -1.0 V，沉积时间为 100 s，分别检测 1.0 mg/L Cu^{2+} 和 0.001 mg/L Hg^{2+}。从图 2-28b 中可以看出，当 pH 值从 4.0 升高至 5.0 时，两种离子的峰值电流显著增大。然而，当 pH 值超过 5.0 之后，峰值电流却开始呈现下降趋势。在较低的 pH 环境下，溶液中 H^+ 浓度较高，这些 H^+ 在电极表面容易接受电子生成氢气，这一过程与 Cu^{2+} 在电极上的还原反应形成了竞争，从而抑制了目标离子的氧化反应，导致峰值电流较小。同时，过高的 pH 可能会引起 Cu^{2+} 和 Hg^{2+} 的水解沉淀，降低重金属离子浓度，从而影响检测的准确性。因此，在后续检测中选择 pH 5.0 作为检测条件。

（3）沉积电位的优化

选择 pH 5.0 的醋酸–醋酸钠缓冲液，沉积电位分别为 -1.2，-1.0，-0.8，-0.6 V，沉积时间为 100 s，分别检测 1.0 mg/L Cu^{2+} 和 0.001 mg/L Hg^{2+}。如图 2-28c 所示，对于 Cu^{2+} 和 Hg^{2+}，当沉积电位从 -0.6 V 负移至 -1.0 V 时，峰值电流增大，表明沉积电位负向移动，会促进重金属离子的还原，导致峰值电流明显增大；当沉积电位从 -1.0 V 负移至 -1.2 V 时，峰值电流响应减小。这是由于氢的析出阻碍了重金属离子沉积到电极表面，产生的氢气会破坏电极表面的金属，降低电极的峰值电流。因此，在接下来的研究中，选择-1.0 V 作为最优沉积电位。

（4）沉积时间的优化

选择 pH 5.0 的醋酸-醋酸钠缓冲溶液，沉积电位为-1.0 V，沉积时间分别为 60，80，100，120 s，分别检测 1.0 mg/L Cu^{2+} 和 0.001 mg/L Hg^{2+}。从图 2-28d 中可以看出，Cu^{2+} 和 Hg^{2+} 的峰值电流随着时间的增加有明显上升的趋势。随着沉积时间的延长，电极表面的分析物数量增加。当沉积时间进一步延长时，金属离子的电流响应略有变化。这种现象的发生可能是由于大量金属离子积累，修饰电极上的活性位点饱和，过长的沉积时间无法积累更多的重金属离子。为了满足快速检测和稳定性的需要，选择 100 s 作为最优沉积时间。

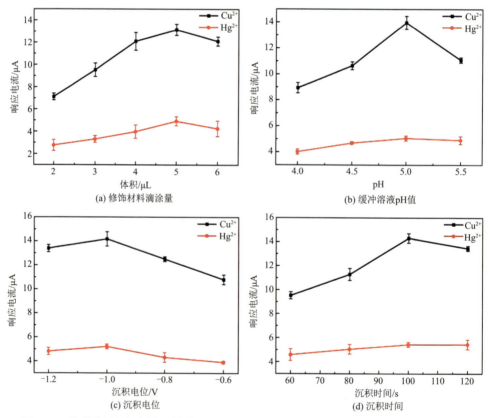

图 2-28 修饰材料滴涂量、缓冲溶液 pH 值、沉积电位、沉积时间对 FeCo-SAC/Nafion/SPE 溶出电流响应的影响

2.3.3 FeCo–SAC/Nafion/SPE 检测 Cu²⁺和 Hg²⁺

在最优实验条件（FeCo-SAC/Nafion 滴涂量为 5 μL，醋酸-醋酸钠缓冲溶液的 pH 值为 5.0，沉积电位为-1.0 V，沉积时间为 100 s）下，使用 FeCo-SAC/Nafion/SPE 对水中不同浓度的 Cu²⁺和 Hg²⁺进行单独和同步检测，并且记录不同浓度下所测得的 SWASV 曲线。基于溶出伏安法建立重金属离子浓度与溶出峰值电流的定量线性模型：以标准溶液浓度梯度为横坐标，对应溶出伏安响应值（经基线校正）为纵坐标。基于该模型对实际水样中未知浓度的重金属离子进行检测。

（1）修饰电极单独检测 Cu²⁺和 Hg²⁺

图 2-29 为 FeCo-SAC/Nafion/SPE 检测不同浓度的 Cu²⁺和 Hg²⁺得到的 SWASV 曲线图，其中 Cu²⁺的浓度变化范围为 0.01~2.0 mg/L，Hg²⁺的浓度变化范围为 0.2~10.0 μg/L。随着这两种重金属离子浓度的逐渐增大，它们对应的氧化峰值电流信号强度也不断增强。Cu²⁺的线性回归方程为 $y = 9.1847x + 7.1746$（置信度 $R^2 = 0.9723$），Hg²⁺的线性回归方程为 $y = 791.0047x + 3.6556$（置信度 $R^2 = 0.9132$）。其中，x（mg/L）为目标离子浓度，y（μA）为不同浓度对应的峰值电流。在信噪比为 3（$S/N = 3$）时，Cu²⁺和 Hg²⁺的检出限分别为 0.0054 mg/L 和 0.15 μg/L，均低于《生活饮用水卫生标准》限值（Cu²⁺，1.0 mg/L；Hg²⁺，0.001 mg/L）。

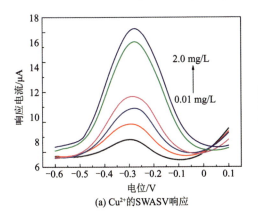

(a) Cu²⁺的SWASV响应

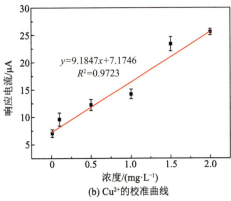

(b) Cu²⁺的校准曲线

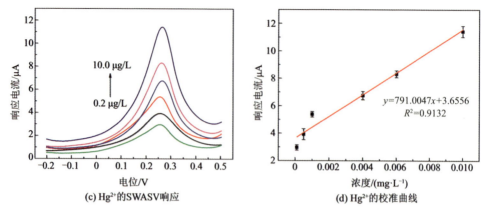

图 2-29　FeCo−SAC/Nafion/SPE 对 Cu^{2+} 和 Hg^{2+} 分别在 0. 01 ~ 2. 0 mg/L 和 0. 2 ~ 10. 0 μg/L 浓度范围内的 SWASV 响应及其对应的校准曲线

（2）　修饰电极同步检测 Cu^{2+} 和 Hg^{2+}

实际水样中各种重金属离子往往共存，这为目标重金属离子的高灵敏度和高精度检测带来了挑战。本研究在优化条件（FeCo-SAC/Nafion 滴涂量为 5 μL，醋酸−醋酸钠缓冲溶液的 pH 值为 5.0，沉积电位为−1.0 V，沉积时间为 100 s）下，通过同步提高不同重金属离子的浓度，在−0.7 V~0.5 V 电位范围内同时测定 Cu^{2+} 和 Hg^{2+}。Cu^{2+} 和 Hg^{2+} 的浓度范围分别为 0. 01 ~ 1. 0 mg/L 和 0. 2~8. 0 μg/L，以 FeCo-SAC/Nafion/SPE 同时对溶液中存在的 Cu^{2+} 和 Hg^{2+} 进行 SWASV 检测，得到对应于不同浓度 Cu^{2+} 和 Hg^{2+} 的溶出伏安曲线。如图 2-30 所示，两种重金属离子的校准曲线清晰地呈现出响应电流与其浓度之间具有良好的线性相关性。Cu^{2+} 和 Hg^{2+} 的线性回归方程分别为 $y = 5.2535x+5.6049$（置信度 $R^2 = 0.9211$）、$y = 142.4780x+3.0756$（置信度 $R^2 = 0.9604$）。其中，x（mg/L）为目标离子浓度，y（μA）为不同浓度对应的峰值电流。在信噪比为 3（$S/N=3$）时，Cu^{2+} 和 Hg^{2+} 的检出限分别为 0. 0076 mg/L 和 0. 18 μg/L，表明该方法具有良好的应用前景。

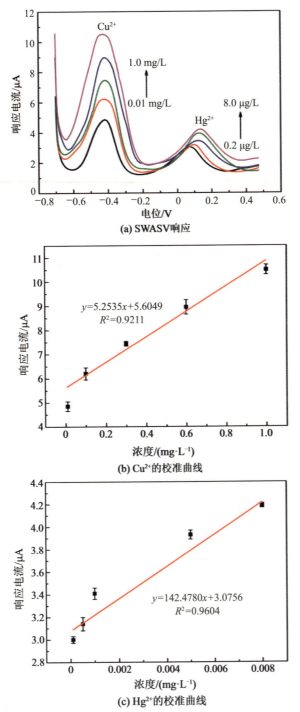

图 2-30 FeCo-SAC/Nafion/SPE 在 0.2 mol/L 醋酸–醋酸钠缓冲溶液（pH 5.0）中对不同浓度 Cu^{2+} 和 Hg^{2+} 的 SWASV 响应及其对应的校准曲线

2.3.4　FeCo-SAC/Nafion/SPE 与 DG/Nafion/Au/SPE 的性能比较

基于之前的系列实验结果，进一步采用 FeCo-SAC/Nafion/SPE，通过 DPASV 技术，分别对水中的 Cd^{2+} 和 Pb^{2+} 进行检测。实验在 pH 值为 5.0 的缓冲溶液中进行，设定沉积电位为 -1.0 V，沉积时间为 100 s。在此过程中，绘制不同浓度下重金属离子的 DPASV 响应曲线，并分析其与浓度之间的线性关系，如图 2-31 所示。图中显示，Cd^{2+} 和 Pb^{2+} 的浓度均控制在 0.01 ~ 2.0 μmol/L 的范围内。可以观察到，随着这两种重金属离子浓度的逐步增大，它们对应的氧化峰值电流信号强度也呈现出连续增强的趋势。

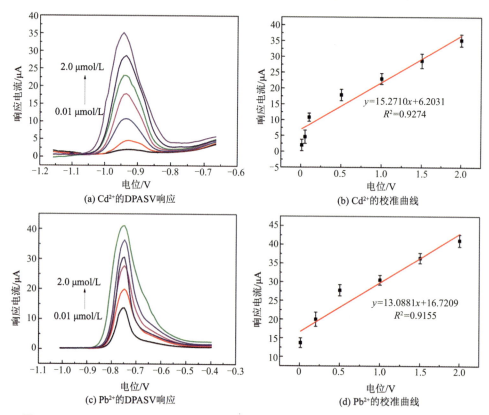

图 2-31　FeCo-SAC/Nafion/SPE 在 0.2 mol/L 醋酸-醋酸钠缓冲溶液（pH 5.0）中对不同浓度 Cd^{2+} 和 Pb^{2+} 的 DPASV 响应及其对应的校准曲线

Cd^{2+} 的线性回归方程为 $y = 15.2710x + 6.2031$（置信度 $R^2 = 0.9274$），Pb^{2+} 的线性回归方程为 $y = 13.0881x + 16.7209$（置信度 $R^2 = 0.9155$）。其中，x（mg/L）为目标离子浓度，y（μA）为不同浓度对应的峰值电流。

在信噪比为 3（$S/N = 3$）时，Cd^{2+} 和 Pb^{2+} 的检出限分别为 0. 0068 μmol/L 和 0. 0035 μmol/L。

从图中可以明显看出，FeCo-SAC/Nafion/SPE 对于水中 Cd^{2+} 和 Pb^{2+} 的检测展现出了卓越的能力。与 DG/Nafion/Au/SPE 相比，FeCo-SAC/Nafion/SPE 修饰电极不仅产生的检测波形更为清晰，而且其响应电流与浓度之间的线性关系也更为优越，这表明它具有更好的检测效果和更高的分析准确性。值得注意的是，尽管 FeCo-SAC/Nafion/SPE 的检出限和检测范围与 DG/Nafion/Au/SPE 相当，但在成本效益方面，FeCo-SAC/Nafion/SPE 显然更具优势。这是因为与采用缺陷石墨烯修饰且价格昂贵的丝网印刷金电极相比，FeCo-SAC/Nafion/SPE 的制备成本更低，同时保持了良好的检测性能。表 2-6 比较了 FeCo-SAC/Nafion/SPE 与以往文献中的修饰电极检测重金属离子的电化学性能。

表 2-6　不同修饰电极对 Cd^{2+}、Pb^{2+}、Cu^{2+} 和 Hg^{2+} 的理论检出限比较

电极	检测方法	分析物	检测范围	检出限
$COF_{BTLP-1/3D}$-KSC	DPASV	Cd^{2+}	0. 0374 ~ 18. 0 μmol/L	0. 012 μmol/L
		Pb^{2+}	0. 0360 ~ 18. 0 μmol/L	0. 0118 μmol/L
		Cu^{2+}	0. 0564 ~ 18. 0 μmol/L	0. 0186 μmol/L
		Hg^{2+}	0. 0649 ~ 18. 0 μmol/L	0. 0214 μmol/L
NH_2-MIL-53(Al)/PPy 涂层金电极	DPASV	Pb^{2+}	1 ~ 400 μg/L	0. 315 μg/L
		Cu^{2+}	1 ~ 400 μg/L	0. 244 μg/L
$Ru/CeO_2/GCE$	SWASV	Hg^{2+}	0. 2 ~ 1. 8 μmol/L	0. 019 μmol/L
修饰型 NPBiE 传感器	SWASV	Cd^{2+}	$(5 ~ 40) \times 10^{-9}$	$1. 3 \times 10^{-9}$
		Pb^{2+}	$(5 ~ 40) \times 10^{-9}$	$1. 5 \times 10^{-9}$
ZIF-67/EG 传感器	SWASV	Cd^{2+}	0. 5 ~ 3. 0 μmol/L	0. 00113 μmol/L
		Pb^{2+}	0. 5 ~ 3. 0 μmol/L	0. 0011 μmol/L
		Cu^{2+}	0. 5 ~ 3. 0 μmol/L	0. 00223 μmol/L
		Hg^{2+}	0. 5 ~ 3. 0 μmol/L	0. 00128 μmol/L
FeCo-SAC/Nafion/SPE	DPASV	Cd^{2+}	0. 01 ~ 2. 0 μmol/L	0. 0068 μmol/L
		Pb^{2+}	0. 01 ~ 2. 0 μmol/L	0. 0035 μmol/L
	SWASV	Cu^{2+}	0. 01 ~ 2. 0 mg/L	0. 0054 mg/L
		Hg^{2+}	0. 0002 ~ 0. 01 mg/L	0. 00015 mg/L

2.3.5 FeCo-SAC/Nafion/SPE 的选择性和重现性

为了评价该检测方法在同步检测多种重金属离子时的抗干扰能力，我们在 Cu^{2+} 和 Hg^{2+} 溶液中加入不同的干扰离子，包括 Cd^{2+}、Pb^{2+}、K^+、Ag^+、Ca^{2+}、Na^+、Fe^{3+}、Co^{2+}、Mg^{2+}、Mn^{2+} 和 Bi^{3+}。干扰金属离子的浓度都比目标分析物的浓度高 10 倍。结果显示，引入非目标离子不影响 Cu^{2+}、Hg^{2+} 的同步测定，在 -0.7~0.5 V 电位范围内未出现明显的干扰峰，这表明所建立的电化学方法在高浓度不同外源离子存在的情况下对同步分析 Cu^{2+} 和 Hg^{2+} 具有良好的选择性。

通过重复测定 1.0 mg/L Cu^{2+} 和 0.001 mg/L Hg^{2+}，考察了该修饰电极的重现性。如图 2-32 所示，峰值电流相对标准偏差（RSD）分别为 2.7% 和 1.4%（$n = 10$），说明该电极具有良好的重现性。

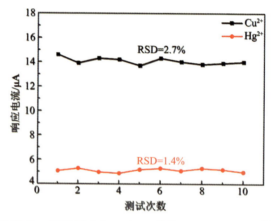

图 2-32 FeCo-SAC/Nafion/SPE 对 1.0 mg/L Cu^{2+} 和 0.001 mg/L Hg^{2+} 检测 10 次的重现性

2.3.6 FeCo-SAC/Nafion/SPE 对实际水样的检测

本实验采集了长江重庆段和重庆市自来水水样，通过对水样中 Cu^{2+} 和 Hg^{2+} 的检测，验证该方法的可行性。所有水样经 0.2 μm 膜过滤后进行检测。对过滤后的水样检测 Cu^{2+} 和 Hg^{2+}，未观察到任何显著的响应信号。这一现象表明，这些水样中 Cu^{2+} 和 Hg^{2+} 的浓度极低，可能低于该方法的检出限。因此，将不同浓度的 Cu^{2+} 和 Hg^{2+} 添加到这些水样中进行加标回收率评价，结果如表 2-7 所示。通过对比加入和检测得到的浓度，可以看出 FeCo-SAC/Nafion/SPE 对两种水样都有较好的回收率，平均加样回收率为 97% ~

100.5%，表明该方法对在实际水样中检测 Cu^{2+} 和 Hg^{2+} 具有较好的准确性。

表 2-7　实际水样中加标回收率分析结果（$n = 10$）

分析物	样品	初始检出量/ $(mg \cdot L^{-1})$	向样品中加入 1.0 mg/L Cu^{2+} 和 0.001 mg/L Hg^{2+}		
			检出量/ $(mg \cdot L^{-1})$	回收率/%	RSD/%
Cu^{2+}	长江重庆段	没有检出	1.005	100.5	1.5
	重庆市自来水	没有检出	0.98	98	2.1
Hg^{2+}	长江重庆段	没有检出	0.00099	99	1.7
	重庆市自来水	没有检出	0.00097	97	1.9

2.3.7　FeCo-SAC/Nafion/SPE 在野外环境中的使用效能

为了评估该方法在野外环境中的使用效能，进一步将该修饰电极应用在课题组研发的便携式重金属检测仪上，并对青海省格尔木地区和西藏阿里地区的生活饮用水水源区域的水样进行检测。水样经 0.2 μm 膜过滤后，配制成 0.2 mol/L 醋酸-醋酸钠缓冲溶液（pH 5.0），然后在本实验所得出的最优检测条件下对该水样中的 Cu^{2+} 和 Hg^{2+} 进行检测，检测结果如表 2-8 所示。可以看出，该方法对野外环境水源中 Cu^{2+} 的分析结果与实验室分析结果基本相当，且对 Hg^{2+} 的加标检测的回收率较高，该方法可实现对野外环境水源中 Cu^{2+} 和 Hg^{2+} 的快速、准确检测。

表 2-8　对 2 个地区生活饮用水中重金属离子的检测结果（$n = 10$）

采样时间	采样位置	海拔/m	温度/℃	采样点位	检测目标	实验室分析结果/ $(mg \cdot L^{-1})$	修饰电极检测结果		
							初始检测结果/ $(mg \cdot L^{-1})$	加标（加入 1.0 mg/L Cu^{2+} 和 0.001 mg/L Hg^{2+}）检测结果/ $(mg \cdot L^{-1})$	回收率/%	耗时
2021 年 9 月	西藏阿里地区	4500	7	9	Cu^{2+}	未发现超标	没有检出	0.98	98	均不超过 300 s
					Hg^{2+}	未发现超标	没有检出	0.00099	99	
2022 年 7 月	青海省格尔木地区	3000	16	8	Cu^{2+}	1.785	1.43	—		
					Hg^{2+}	未发现超标	没有检出	0.0010	100	

参考文献

［1］ EL-RAHEEM H A B D, HELIM R, HASSAN R Y A, et al. Electrochemical methods for the detection of heavy metal ions: From sensors to biosensors［J］. Microchemical Journal, 2024,207:112086.

［2］ MUNSUR A Z A, GOO B-H, KIM Y, et al. Nafion-based proton-exchange membranes built on cross-linked semi-interpenetrating polymer networks between poly (acrylic acid) and poly (vinyl alcohol)［J］. Applied Materials & Interfaces, 2021, 13(24): 28188–28200.

［3］ BOUNEGRU A V, APETREI C. Carbonaceous nanomaterials employed in the development of electrochemical sensors based on screen-printing technique: a review［J］. Catalysts, 2020, 10(6): 680.

［4］ CHO G, AZZOUZI S, ZUCCHI G, et al. Electrical and electrochemical sensors based on carbon nanotubes for the monitoring of chemicals in water: a review［J］. Sensors, 2022, 22(1): 218.

［5］ ROWLEY-NEALE S J, BROWNSON D A C, SMITH G, et al. Graphene oxide bulk-modified screen-printed electrodes provide beneficial electroanalytical sensing capabilities［J］. Biosensors, 2020,10(3):27.

［6］ TENG Y J, ZHANG Y C, ZHOU K, et al. Screen graphene-printed electrode for trace cadmium detection in rice samples combing with portable potentiostat［J］. International Journal of Electrochemical Science, 2018, 13(7): 6347–6357.

［7］ HOU X P, XIONG B H, WANG Y, et al. Determination of trace lead and cadmium in decorative material using disposable screen-printed electrode electrically modified with reduced graphene oxide/L-cysteine/Bi-film［J］. Sensors, 2020, 20(5): 1322.

［8］ GUPTA NI, GUPTA S M, SHARMA S K. Carbon nanotubes: synthesis, properties and engineering applications［J］. Carbon Letters, 2019, 29(5): 419–447.

［9］ LIU N, ZHAO G, LIU G. Sensitive stripping voltammetric determination of Pb(Ⅱ) in soil using a Bi/single-walled carbon nanotubes-Nafion/ionic liquid nanocomposite modified screen-printed electrode[J]. International Journal of Electrochemical Science, 2020, 15(8): 7868-7882.

[10] BAO Q W, LI G, YANG Z C, et al. Electrochemical performance of a three-layer electrode based on Bi nanoparticles, multi-walled carbon nanotube composites for simultaneous Hg(Ⅱ) and Cu(Ⅱ) detection[J]. Chinese Chemical Letters, 2020, 31(10): 2752-2756.

[11] ALGHARAGHOLY L A. Defects in carbon nanotubes and their impact on the electronic transport properties[J]. Journal of Electronic Materials, 2019, 48(4): 2301-2306.

[12] LIU X X, YING Y B, PING J F. Structure, synthesis, and sensing applications of single-walled carbon nanohorns[J]. Biosensors and Bioelectronics, 2020, 167: 112495.

[13] WANG Z Q, WU S S, WANG J, et al. Carbon nanofiber-based functional nanomaterials for sensor applications[J]. Nanomaterials, 2019, 9(7): 1045.

[14] YAO Y, WU H, PING J F. Simultaneous determination of Cd(Ⅱ) and Pb(Ⅱ) ions in honey and milk samples using a single-walled carbon nanohorns modified screen-printed electrochemical sensor[J]. Food Chemistry, 2019, 274(15): 8-15.

[15] FAKUDE C T, AROTIBA O A, ARDUINI F, et al. Flexible polyester screen-printed electrode modified with carbon nanofibers for the electrochemical aptasensing of cadmium(Ⅱ)[J]. Electroanalysis, 2020, 32(12): 2650-2658.

[16] BAIG N, SAJID M, SALEH T A. Recent trends in nanomaterial-modified electrodes for electroanalytical applications[J]. Trends in Analytical Chemistry, 2019, 111: 47-61.

[17] PUY-LLOVERA J, PÉREZ-RÀFOLS C, SERRANO N, et al. Selenocystine modified screen-printed electrode as an alternative sensor for the voltammetric determination of metal ions[J]. Talanta, 2017, 175: 501-506.

[18] NIU X H, ZHANG H W, YU M H, et al. Combination of microporous hollow carbon spheres and Nafion for the individual metal-free stripping detection of Pb^{2+} and Cd^{2+}[J]. Analytical Sciences, 2016, 32(9): 943-949.

[19] SAWAN S, MAALOUF R, ERRACHID A, et al. Metal and metal oxide nanoparticles in the voltammetric detection ofheavy metals: a review[J]. Trends in Analytical Chemistry, 2020, 131: 116014.

[20] ANTUÑA-JIMÉNEZ D, GONZÁLEZ-GARCÍA M B, HERNÁNDEZ-SANTOS D, et al. Screen-printed electrodes modified with metal nanoparticles for small molecule sensing[J]. Biosensors, 2020, 10(2): 9.

[21] XIAO T, HUANG J S, WANG D W, et al. Au and Au-based nanomaterials: synthesis and recent progress in electrochemical sensor applications[J]. Talanta, 2020, 206: 120210.

[22] TU W, GAN Y, LIANG T, et al. A miniaturized electrochemical system for highsensitive determination of chromium(Ⅵ) by screen-printedcarbon electrode with gold nanoparticles modification[J]. Sensors and Actuators B: Chemical, 2018, 272: 582-588.

[23] HWANG J-H, FOX D, STANBERRY J, et al. Direct mercury detection in landfill leachate using a novel AuNP-biopolymer carbon screen-printed electrode sensor[J]. Micromachines, 2021, 12(6): 649.

[24] TORRES-RIVERO K, PÉREZ-RÀFOLS C, BASTOS-ARRIETA J, et al. Direct As(Ⅴ) determination using screen-printed electrodes modified with silver nanoparticles[J]. Nanomaterials, 2020, 10(7): 1280.

[25] SAENCHOOPA A, KLANGPHUKHIEW S, SOMSUB R, et al. A disposable electrochemical biosensor based on screen-printed carbon electrodes modified with silver nanowires/HPMC/chitosan/urease for the detection of mercury(Ⅱ) in water[J]. Biosensors, 2021,11(10):351.

[26] BULEDI J A, AMIN S, HAIDER S I, et al. A review on detection of heavy metals from aqueous media using nanomaterial-based sensors[J]. Environmental Science and Pollution Research, 2021, 28(42): 58994-59002.

[27] PALISOC S, SOW V A, NATIVIDAD M. Fabrication of a bismuth nanoparticle/Nafion modified screen-printed graphene electrode for in situ environmental monitoring[J]. Analytical Methods, 2019, 11(12): 1591-1603.

[28] GHAZALI N N, MOHAMAD NOR N, ABDUL RAZAK K, et al. Hydrothermal synthesis of bismuth nanosheetsfor modified APTES-functionalized screen-printed carbon electrode in lead and cadmium detection[J]. Journal

of Nanoparticle Research, 2020, 22(7): 1-11.

[29] TAPIA M A, PÉREZ-RÀFOLS C, PAŠTIKA J, et al. Antimony nanomaterials modified screen-printed electrodes for the voltammetric determination of metal ions[J]. Electrochimica Acta, 2022, 425: 140690.

[30] FINŠGAR M, MAJER D, MAVER U, et al. Reusability of SPE and Sb-modified SPE sensorsfor trace Pb(Ⅱ) determination[J]. Sensors, 2018, 18(11): 3976.

[31] LEE P M, CHEN Z, LI L, et al. Reduced graphene oxide decorated with tin nanoparticles through electrodeposition for simultaneous determination of trace heavy metals[J]. Electrochimica Acta, 2015, 174: 207-214.

[32] GAO C, YU X Y, XIONG S Q, et al. Electrochemical detection of arsenic (Ⅲ) completely free from noblemetal: Fe_3O_4 microspheres-room temperature ionic liquidcomposite showing better performance than gold[J]. Analytical Chemistry, 2013,85(5):2673-2680.

[33] LI S S, ZHOU W Y, JIANG M, et al. Surface Fe(Ⅱ)/Fe(Ⅲ) cycle promoted ultra-highly sensitive electrochemicalsensing of arsenic (Ⅲ) with dumbbell-like Au/Fe_3O_4 nanoparticles[J]. Analytical Chemistry, 2018, 90(7):4569-4577.

[34] YOGEESHWARI R T, KRISHNA R H, ADARAKATTI P S, et al. Ultra-trace detection of toxic heavy metal ions using graphitic carbon functionalized Co_3O_4 modified screen-printed electrode[J]. Carbon Letters, 2022, 32: 191-191.

[35] OKPARA E C, FAYEMI O E. Comparative study of spectroscopic and cyclic voltammetry properties of CuONPs from citrus peel extracts[J]. Materials Research Express, 2019,6(10):105056.

[36] KOUDELKOVA Z, SYROVY T, AMBROZOVA P, et al. Determination of zinc, cadmium, lead, copper and silver using a carbon paste electrode and a screen printed electrode modified with chromium(Ⅲ) oxide[J]. Sensors, 2017, 17(8): 1842.

[37] CUI H, LI Q D. Multi-walled carbon nanotubes modified screen-printed electrode coated bismuth oxide nanoparticle for rapid detection of Cd(Ⅱ) and Pb(Ⅱ)[J]. International Journal of Electrochemical Science, 2019,

14(7): 6154-6167.

[38] YUKIRD J, KONGSITTIKUL P, QIN J Q, et al. ZnO@ graphene nanocomposite modified electrode for sensitive and simultaneous detection of Cd(Ⅱ) and Pb(Ⅱ)[J]. Synthetic Metals, 2018, 245: 251-259.

[39] ROWLEY-NEALE S J, BROWNSON D A C, SMITH G, et al. Graphene oxide bulk-modified screen-printed electrodes provide beneficial electroanalytical sensing capabilities[J]. Biosensors, 2020, 10(3): 27.

第 3 章　水中快速脱氟技术及其应用

　　选择性脱氟树脂是去除水中过量氟离子的有效方式之一，良好的反洗再生性能是其最大的优势。目前市售的大部分脱氟树脂都是通过在阳离子交换树脂上预先络合多价金属阳离子制成的，其除氟主要是依据软硬酸碱（hard-soft-acid-base，HSAB）理论[1]。络合态的金属阳离子是氟的结合位点，具有强水合特性的氟离子非常易于同更"硬"的多价金属离子结合，而树脂本体其实只是起到分散、支撑的作用。可以作为树脂上金属位点的金属很多，包括 Al(Ⅲ)、Fe(Ⅲ)、La(Ⅲ)、Ce(Ⅳ)、Ti(Ⅳ) 及 Zr(Ⅳ)，它们对于氟离子均具有很强的亲和性。而在这些金属中，性价比最高的是 Al(Ⅲ)，其也是目前除氟树脂负载金属的首选。

　　除了金属位点外，树脂的除氟性能还与其自身所能提供的螯合基团相关。目前，商品化阳离子螯合树脂的结合基团主要包括单磷酸-磺酸基、亚氨基二乙酸基及氨基磷酸基，将这些基团预先接枝在高分子聚合物骨架上即可制得可螯合金属阳离子的树脂。一般来说，可以充当树脂骨架结构的材料有很多，其中应用最广泛的是聚丙烯酸和聚苯乙烯，这些常见的聚合物具有良好的化学稳定性，能够确保树脂具有足够的强度。但是，它们在自然环境中是不可降解的，这使得废弃后的树脂处理起来比较麻烦，并且它们的合成过程也不够环保。

　　壳聚糖作为一种纯天然生物质，具有来源可再生、无毒无害、易于生物降解等特点。以壳聚糖为单体结合而成的树脂材料不仅具有与原高分子类似的机械强度与化学稳定性，而且弥补了传统材料不可生物降解的短板。由于壳聚糖结构中含有氨基和羟基，因此多价金属离子可以直接螯合在交联壳聚糖上，从而制成除氟树脂[2]。然而，由于受糖苷环空间位阻的限制，交联壳聚糖上金属阳离子的负载量往往低于大多数市售螯合树脂，要想有所改善，就需要接枝更多的螯合基团，一般可以通过席夫碱反应将其接枝在壳聚糖上的氨基处。

本章利用改进的乳液聚合法合成一种绿色环保的除氟树脂——铝螯合交联 N-亚甲基磷酸化壳聚糖（Al-CPCM）树脂，并对树脂材料进行表征，通过水化学实验发现其对水中 F⁻ 具有良好的去除效能，接着探究其除氟机理并展开连续流吸附柱实验评估其实际应用潜力。

3.1 功能脱氟树脂的合成及表征

3.1.1 树脂的合成

铝螯合交联 N-亚甲基磷酸化壳聚糖（Al-CPCM）树脂的合成示意图如图 3-1 所示。具体操作步骤如下：将 5 g 壳聚糖粉末溶解在 90 mL 体积分数为 2%的醋酸溶液中，溶解过程中使用机械搅拌机连续搅拌以防止溶液过于黏稠而挂壁；待粉末全部溶解，呈均一胶状溶液后，在保持搅拌的情况下加入 10 mL 浓度为 3 mol/L 的磷酸二甲酯溶液；在室温下连续搅拌 1 h 后，将水浴锅温度设置到 70 ℃，待升温结束，加入 5 mL 甲醛溶液进行预交联；保温并保持搅拌 30 min 之后，倒入 150 mL 液体石蜡作乳液分散相、10 mL 乙酸乙酯作造孔剂、4 mL 吐温 80 作乳化剂以促进乳液聚合成球，此时可见体系中出现无数微小壳聚糖液滴悬浮；20 min 后，加入 5 mL 交联剂环氧氯丙烷，并迅速使用滴定管逐滴加入 1 mol/L NaOH 溶液，直到体系 pH 值稳定在 10 左右；保温 2 h 后，可见乳液中出现大量金黄色小粒状树脂球，使用石油醚和去离子水反复冲洗至洗涤液呈中性且液体表面无油花，所得产物即为交联 N-亚甲基磷酸化壳聚糖树脂，记作 CPCM 树脂。类似地，使用去离子水代替合成过程中的磷酸二甲酯，使用相同的工艺流程得到的树脂产物即为普通的交联壳聚糖树脂，记作 CCM 树脂，用于对比实验。最终需要的铝螯合交联 N-亚甲基磷酸化壳聚糖树脂则是将 CPCM 浸泡在饱和 $Al_2(SO_4)_3$ 溶液中 12 h，然后洗涤至中性后得到的。

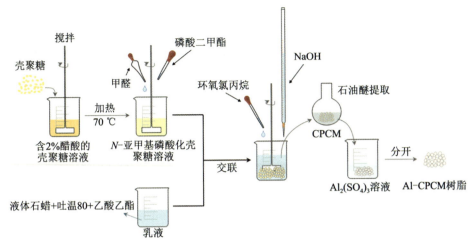

图 3-1 铝螯合交联 *N*−亚甲基磷酸化壳聚糖（Al-CPCM）树脂的合成示意图

Al-CPCM 树脂合成过程中各步骤中的生成物及分子结构变化如图 3-2 所示。在壳聚糖溶液中加入甲醛和磷酸二甲酯后，壳聚糖上的氨基可与甲醛形成席夫碱结构（—NHCHO）[3]，从而为磷酸二甲酯提供脱水接枝的位点，以生成 *N*−亚甲基磷酸化壳聚糖（P1）。可以发现，在该中间体的结构中，除了壳聚糖上的羟基外，再没有其他位点可以与交联剂环氧氯丙烷反应。因此，在向乳液中加入环氧氯丙烷后，就可以得到交联 *N*−亚甲基磷酸二甲酯化壳聚糖（P2）。随着混合体系碱度的增加，交联聚合物逐渐变硬，同时聚合物上的磷酸酯水解成 P3，在洗涤除去溶剂后得到的产物便是交联 *N*−亚甲基磷酸化壳聚糖微球（CPCM）。CPCM 像其他氨甲基磷酸树脂一样与多价金属离子发生螯合，因此，将其浸泡在硫酸铝溶液中就可以得到 Al-CPCM 树脂（P4）。为了进行比较，实验中还合成了普通的交联壳聚糖（CCM）树脂，即 P5。但与 CPCM 合成不同的是，纯的壳聚糖含有游离氨基，其会和环氧氯丙烷反应，为了避免这一情况发生，合成过程中通常使用过量甲醛，使其形成席夫碱以保护氨基，交联后再利用酸洗将其脱去，得到 CCM。

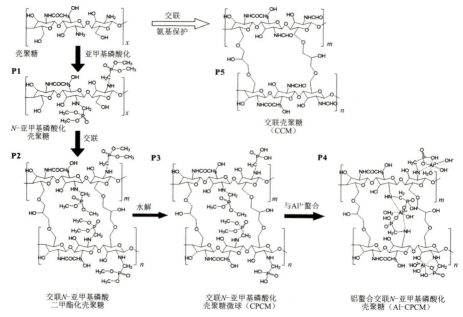

图3-2 Al-CPCM 树脂合成过程中各步骤中的生成物及分子结构变化示意图

3.1.2 树脂的表征分析

(1) 溶胀特性

计算所得的 3 种合成树脂材料 CCM、CPCM、Al-CPCM 的平衡溶胀比（equilibrium swelling ratio，ESR）及平衡含水率（equilibrium moisture content，EMC）如表 3-1 所示。可以看出，这些树脂颗粒均表现出了良好的溶胀特性与较高的含水率。相比于没有经过磷酸化改性的普通壳聚糖微球 CCM，CPCM 树脂的 ESR 值及 EMC 值明显增大，这说明磷酸基团的引入大大地提升了树脂的亲水性，而当与 Al^{3+} 螯合生成 Al-CPCM 树脂后，其含水率则明显降低，这意味着螯合过程会导致亲水性下降。其实，这对于强电负性的 F$^-$ 的吸附过程是有益的，一般来说，Cl$^-$、F$^-$ 等单原子卤离子水合现象比较严重，外层包裹的水分子对于其与吸附剂的相互作用具有阻碍作用，因此应该尽可能降低界面处的亲水性[4]。

表 3-1 3 种合成树脂材料的平衡溶胀比及平衡含水率

树脂	平衡溶胀比/%	平衡含水率/%
CCM	42.85	30.28
CPCM	257.4	72.33
Al-CPCM	20.51	17.21

（2）微观形貌

使用前及使用后的 Al-CPCM 树脂微球的扫描电镜（SEM）图如图 3-3a、b 所示。可以看出，使用乳液反相聚合法制备的树脂成球性良好，树脂颗粒为规则的球形，其粒径均小于 1 mm，将放大倍数增大到 1 μm 维度进行观察，可以发现树脂的表面其实比较粗糙且存在很多明显的空隙结构。仅从形貌上看，使用前和使用后的 Al-CPCM 树脂并没有明显的差异。随后，使用 SEM 自带的 X 射线能谱（EDS）对两个样品进行进一步表征，其结果分别如图 3-3c、d 所示。经过对比元素组成可以发现，两个样品上均含有一定比例的 Al，其原子百分比分别为 8.21% 和 8.66%，相差不大。这说明经过浸泡处理，Al^{3+} 已经成功地结合在了 CPCM 上，且氟的吸附过程并不会造成 Al 的脱落损失。相比之下，吸附前和吸附后样品的 F 原子百分比则有明显差异，其值从吸附前的 0.22% 提高至吸附后的 1.66%，这说明树脂对于水中氟的确具有一定的结合能力。

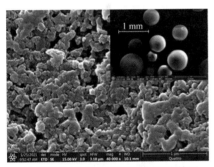

(a) 使用前Al-CPCM树脂的扫描电镜图

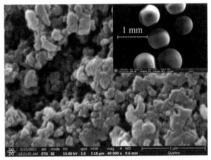

(b) 使用后Al-CPCM树脂的扫描电镜图

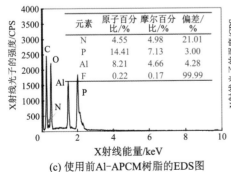

元素	原子百分比/%	摩尔百分比/%	偏差/%
N	4.55	4.98	21.01
P	14.41	7.13	3.00
Al	8.21	4.66	4.28
F	0.22	0.17	99.99

(c) 使用前Al-APCM树脂的EDS图

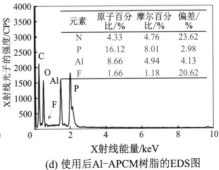

元素	原子百分比/%	摩尔百分比/%	偏差/%
N	4.33	4.76	23.62
P	16.12	8.01	2.98
Al	8.66	4.94	4.13
F	1.66	1.18	20.62

(d) 使用后Al-APCM树脂的EDS图

图 3-3　使用前及使用后的 Al-CPCM 树脂的扫描电镜图及 EDS 图分析结果

（3）BET 分析

图 3-4 所示为 CPCM 和 Al-CPCM 两种树脂的氮气吸附-脱附等温线（基于 BET 理论）及结果参数。可以看出，两个样品的吸附-脱附曲线均呈现出了典型的Ⅳ型等温线特征，其回滞环为 H2 型，这意味着合成的树脂孔结构为无序的多层次孔道，且孔径大小不一，大孔、中孔和微孔均有。CPCM 树脂的 BET 比表面积（SBET）为 15.08 m²/g、孔体积为 0.23 cm³/g、平均孔径为 58.68 nm；与之相比，Al-CPCM 树脂的比表面积有所增大，为 36.74 m²/g，孔体积和平均孔径则有所减小，分别为 0.18 cm³/g 和 19.39 nm，这可能是由 Al³⁺ 的螯合导致的。从图 3-2 中的 P4 可以看出，Al³⁺ 不仅可以同 CPCM 表面的磷酸基团络合，还可以进入其网状结构中与两侧的两个亚甲基磷酸基团同时结合，这样便会形成孔道内的位阻[5-6]，减小树脂孔径尺寸与体积。

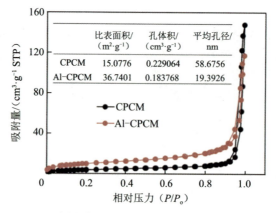

图 3-4　CPCM 及 Al-CPCM 树脂的氮气吸附-脱附等温线（基于 BET 理论）及结果参数

（4）红外光谱分析

图 3-5 所示为 3 种合成树脂 CCM、CPCM、Al-CPCM 的傅里叶变换红外光谱（FTIR）图，其反映了 Al-CPCM 合成中官能团的变化情况。可以看出，经磷酸化交联处理后得到的 CPCM 树脂保留了许多与 CCM 相同的主要红外吸收特征，主要的峰归属如下：位于 3500 cm⁻¹ 到 3200 cm⁻¹ 范围内的宽峰是由树脂上羟基及氨基的 O—H 键与 N—H 键的伸缩振动导致的[7]；位于 2930 cm⁻¹ 到 2850 cm⁻¹ 范围内的峰与树脂上的 N—CH₂—及—CH₃ 中的 C—H 键振动相关；1155 cm⁻¹ 处的振动峰与壳聚糖本身的糖苷结构（C—O—C）相关；1073 cm⁻¹ 和 1037 cm⁻¹ 处的峰是壳聚糖自身羟基中 C—O 键的伸缩振

动峰；从 1631 cm^{-1}到 1261 cm^{-1}一系列的吸收谱带则反映了不同酰胺基团（Amide Ⅰ，Ⅱ，Ⅲ）的伸缩和变形振动。在 CCM 的红外光谱图中，还发现了一个呈悬垂形态的醛基（—CHO）特征吸收峰位于 1715 cm^{-1}，这个特征吸收峰是由亚甲基磷酸化反应形成的，在 CPCM 及 Al-CPCM 的红外光谱图中没有发现。同时，由于亚酰胺结构（—NH—CH$_2$—）的形成也阻碍了 N—H 的振动，导致 3200 cm^{-1}处的响应减弱，并使得 1629 cm^{-1}处的 C—N 弯曲振动峰略微增强。此外，在 CPCM 的红外光谱图中，原本 C—O 的伸缩振动峰被位于 1062 cm^{-1}和 972 cm^{-1}处的两个新峰重叠覆盖，前者是接枝的磷酸基团 P—O 键的对称伸缩振动峰，后者是磷酸基团三重简并的不对称伸缩振动峰。另外，还有一个 P—O 键的弯曲振动峰位于 520 cm^{-1}处。这些新吸收谱带的出现都说明 N-亚甲基磷酸基团已经成功接枝在壳聚糖结构上。

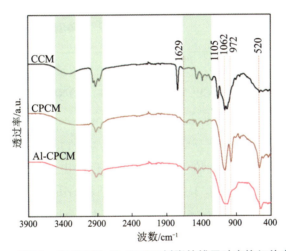

图 3-5　CCM、CPCM 及 Al-CPCM 树脂的傅里叶变换红外光谱图

在 Al-CPCM 的红外光谱图中，与 CPCM 相比，位于 972 cm^{-1}处的磷酸基团三重简并峰强度变弱，这说明磷酸基团中的 P—O 伸缩振动受到抑制，间接表明了 P—O—Al 键的形成。而在 1105 cm^{-1}处出现了一个新的肩峰，这可能是由络合态 Al^{3+}与表面羟基的 Al—O 键的伸缩振动导致的。此外，壳聚糖自身的羟基和亚氨基的 O—H 键和 N—H 键的振动峰变得更弱、更宽，这则表明 Al^{3+}可能与它们之间存在配位现象[8]。

（5）XRD 分析

图 3-6 所示为 3 种树脂 CCM、CPCM、Al-CPCM 的 XRD 衍射谱图。根据这 3 种样品所呈现的无定形衍射峰特征及其峰位置信息，可确认它们均具

有壳聚糖的特征。在衍射角 20°和 12°附近的宽峰表明壳聚糖分子内存在由氢键所致的 I 型和 II 型低结晶[9]。位于 12°的肩峰强度降低，说明树脂合成过程中的亚甲基磷酸化反应和 Al^{3+} 络合可能会破坏分子内氢键，导致结晶度下降。在 Al-CPCM 的衍射谱图中，在衍射角 20°附近的宽峰相比于 CPCM 向更大 2θ 角方向发生了明显的位移，这可能是由于交联壳聚糖相邻分子之间因 Al^{3+} 的螯合增大了层间距[10]。

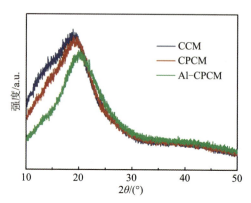

图 3-6　CCM、CPCM 及 Al-CPCM 树脂的 XRD 衍射谱图

（6）TGA 分析

3 种树脂 CCM、CPCM、Al-CPCM 的 TGA 质量损失及损失率曲线如图 3-7 所示。从图 3-7b 所示的质量损失率可以看出，所有样品随温度升高造成的质量损失可大致分为 3 个阶段：第一阶段的质量损失发生在 150 ℃ 以下，这主要是来源于树脂吸收水分的蒸发。比较三者在这一段的质量降低情况可以得出，CPCM 树脂的含水量远高于 CCM 和 Al-CPCM，这与溶胀实验的结果是一致的。第二阶段的质量损失发生在 200~400 ℃，这是由交联壳聚糖的层间链接及网格结构的破坏造成的。第三阶段的质量损失发生在温度高于 400 ℃ 时，在这个阶段，壳聚糖分子本身发生分解并逐渐碳化，质量进一步减少[11]。根据 Al 的形态变化及 Al-CPCM 树脂样品在测试后的形态变化推测，Al-CPCM 树脂的残余固体中应包含 Al_2O_3。Al_2O_3 的含量可以通过比较 Al-CPCM 与 CPCM 的质量损失百分比差异来计算得出。最终计算得到的 Al 的重量百分比为 8.29%，这与之前 EDS 的分析结果高度接近。

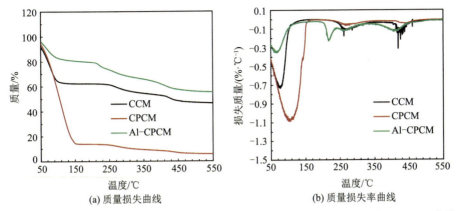

图 3-7　CCM、CPCM 及 Al-CPCM 树脂的质量损失（TGA）及其损失率（DTG）曲线

3.2　功能脱氟树脂的效能评价

3.2.1　脱氟效能及其影响因素

（1）树脂投加量的影响

Al-CPCM 树脂对水中 F^- 的吸附效能随树脂投加量的变化如图 3-8 所示。结果表明，F^- 的去除率随着树脂投加量的增加而增加，这是因为更多的吸附剂提供了更多的吸附活性位点。值得注意的是，当树脂投加量达到 3 g/L 后，再增加投加量，F^- 的去除率并不会明显增加，像是已经达到了平衡。可以推断出 3 g/L 的树脂投加量是实现高效氟去除性能的最优选择，既能保证较高的去除率，又能避免不必要的资源浪费。

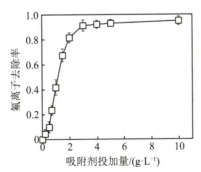

图 3-8　吸附剂投加量对水中 F^- 去除率的影响（实验条件：树脂投加量为 0.25～10 g 湿树脂/L；初始 pH 值为 7；初始 F^- 浓度为 20 mg/L；温度为 20 ℃；摇床转速为 220 r/min；接触时间为 24 h；背景溶液为 0.04 mmol/L NaCl）

（2）初始 pH 值的影响

溶液初始 pH 值对 Al-CPCM 树脂吸附水中 F⁻ 效能的影响如图 3-9a 所示。可以明显看出，当溶液 pH 值在 3~10 时，树脂对水中 F⁻ 的平均去除率均在 85% 以上，并且 Al³⁺ 的溶出浓度也能始终维持 30 mg/L 以下的低水平。可以观察到，当溶液 pH 值为 4 和 5 时，树脂对 F⁻ 的去除效能相比于其他 pH 值有了略微提高，这可能与 Al-CPCM 中亚氨基发生质子化有关，根据电中和原理，质子化后的基团由于带有正电荷，更易于吸附带负电荷的 F⁻。然而遗憾的是，当 pH 值超过 10 或者低于 3 时，树脂对 F⁻ 的吸附效能都会出现显著的下降现象，这一现象主要归因于铝的两性特性：过高的酸度或碱度都会导致树脂上络合的 Al³⁺ 发生解离，进而使得 F⁻ 丧失其结合位点[12]。而且络合 Al³⁺ 是 F⁻ 唯一的有效吸附位点，因为 CPCM 本身对水中 F⁻ 在酸性条件下质子化时有些许吸附，在中性或者碱性条件下是没有吸附能力的，这一点从图 3.9b 也可以看出来。

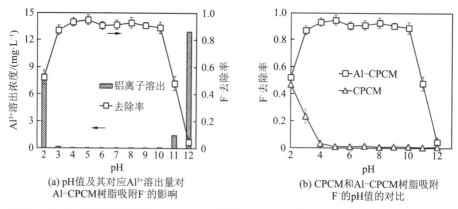

(a) pH值及其对应Al³⁺溶出量对
Al-CPCM树脂吸附F⁻的影响

(b) CPCM和Al-CPCM树脂吸附
F⁻的pH值的对比

图 3-9 初始 pH 值对树脂吸附水中 F⁻ 效能的影响（实验条件：树脂投加量为 3 g 湿树脂/L；初始 pH 值为 7；初始 F⁻ 浓度为 20 mg/L；温度为 20 ℃；摇床转速为 220 r/min；接触时间为 24 h；背景溶液为 0.04 mol/L NaCl）

（3）共存阴离子的影响

图 3-10 所示为在共存阴离子对 Al-CPCM 树脂吸附水中 F⁻ 的影响。可以看出，氯化物、硫酸盐及硝酸盐的存在对 F⁻ 的去除率几乎没有任何抑制作用，即便是它们在溶液中的浓度远高于 F⁻ 的浓度。然而，当水中存在碳酸盐和磷酸盐时，F⁻ 的去除率会明显下降，且随着碳酸盐和磷酸盐浓度的升高，它们对 F⁻ 吸附于树脂上的抑制作用愈发显著。很明显，在加入共存阴离子后体系 pH 值已被调节到 7，但这个抑制作用不应归因于变化的碱度，

可能是由竞争性吸附导致的。F⁻可以直接与 Al-CPCM 树脂上的螯合态 Al³⁺形成内层配合物，因而其吸附过程不受外层吸附的氯化物、硫酸盐及硝酸盐等常见物质的干扰。然而，由于磷酸盐和碳酸盐与 Al³⁺的结合同样也是形成内层配合物，因此它们必然同 F⁻形成吸附竞争关系，从而产生抑制作用。

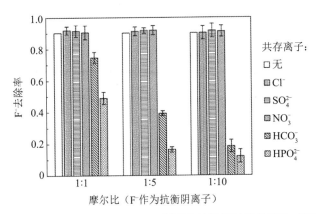

图 3-10　共存阴离子对水中 F⁻在 Al-CPCM 树脂上的吸附过程的影响（实验条件：树脂投加量为 3 g 湿树脂/L；初始 pH 值为 7；初始 F⁻浓度为 20 mg/L；温度为 20 ℃；摇床转速为 220 r/min；接触时间为 24 h）

3.2.2　吸附动力学

根据拟一级动力学模型（PFO）、拟二级动力学模型（PSO）及 Elovich 模型对水中 F⁻在 Al-CPCM 树脂上的吸附动力学进行拟合分析，结果如图 3-11 所示。可以看出，F⁻在 Al-CPCM 树脂上的吸附过程在前 40 min 进行得很迅速，这是由于树脂上螯合态 Al³⁺提供了过量的结合位点。相比于 PFO 和 Elovich 动力学模型，PSO 动力学模型对于吸附过程的拟合度最高，R^2 为 0.998，明显高于 PFO 动力学模型的 0.984 及 Elovich 动力学模型的 0.965，并且其 Q_e 的计算值也与水化学实验的结果更加吻合。这个结果表明，PSO 动力学模型可以更好地描述 F⁻在 Al-CPCM 树脂上的吸附过程，这可能意味着吸附质和吸附剂之间存在电荷共享或转移，表明树脂对氟化物的去除机制可能主要受表面络合配位作用的控制，进一步证实了该吸附过程属于化学吸附的范畴。此外，PSO 动力学模型拟合结果的 R^2 大于 0.98，表明粒子的内扩散作用也是不容忽视的。由于实际水化学实验结果与 Elovich 动力学模型不符，因此说明在 F⁻吸附过程中体系的活化能变化并不显著[13]。

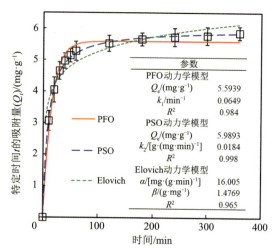

图3-11　F⁻在 Al−CPCM 树脂上的吸附动力学参数及拟合曲线（实验条件：树脂投加量为 3 g 湿树脂/L；初始 pH 值为 7；初始 F⁻浓度为 20 mg/L；温度为 20 ℃；摇床转速为 220 r/min；接触时间为 24 h；背景溶液为 0.04 mol/L NaCl）

3.2.3　吸附等温线与热力学

图 3-12a~c 所示为利用 Langmuir、Freundlich 和 Hill 等温线模型在不同温度下对 F⁻吸附实验数据的拟合结果，拟合的相关参数列在表 3-2 中。可以明显地看出，Langmuir 模型及作为其改进形式的 Hill 模型的拟合结果都能很好地描述 F⁻的吸附过程，在 15，30，45 ℃这 3 个温度下拟合结果的 R^2 值都很高，在 0.991 到 0.995 范围内。在 30 ℃下，对 Al−CPCM 树脂根据 Langmuir 模型计算出的 F⁻最大吸附量达到了 15.067 mg/g，这个结果是比较令人满意的。Langmuir 模型的良好拟合进一步支持了 F⁻以单层吸附的方式特异性地结合到树脂上均匀分布的位点上的假设，而非 Freundlich 等温线模型所描述的多层静电吸附机制。此外，Hill 模型的拟合结果显示在各个温度下的 n_F 值都接近于 1，这表明作为背景离子的 Cl⁻几乎没有与氟化物发生吸附竞争，这在之前的共存阴离子的影响实验中是已经被证实的。

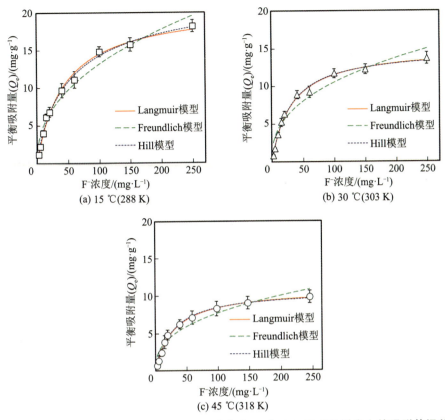

图 3-12　当温度为 15 ℃、30 ℃及 45 ℃时水中 F⁻在 Al-CPCM 树脂上的吸附等温线
（实验条件：树脂投加量为 3 g 湿树脂/L；初始 pH 值为 7；初始 F⁻浓度为 20 mg/L；温度为 20 ℃；摇床转速为 220 r/min；接触时间为 24 h；背景溶液为 0.04 mol/L NaCl）

表 3-2　3 个温度下的吸附等温线拟合参数

	288 K	303 K	318 K
Langmuir 模型			
$Q_m/$（mg·g⁻¹）	20.841±0.663	15.067±0.414	10.891±0.242
$k_L/$（L·mg⁻¹）	0.026±0.002	0.033±0.003	0.034±0.002
R^2	0.993	0.992	0.994
Freundlich 模型			
$k_F/$（mg^{1-1/n}·L^{1/n}·g⁻¹）	1.799±0.316	1.775±0.378	1.314±0.284
$1/n$	2.312±0.198	2.586±0.307	2.614±0.318
R^2	0.965	0.926	0.921

续表

	288 K	303 K	318 K
Hill 模型			
k_H/ (mg · L^{-1})	33.649±1.931	32.353±7.621	34.059±6.584
Q_m/ (mg · g^{-1})	23.158±5.314	14.862±0.831	10.578±0.433
n_F	1.153±0.103	0.947±0.096	0.942±0.073
R^2	0.995	0.991	0.995

注：Q_m 为饱和吸附量；k_L 为 Langmuir 吸附平衡常数；k_F 为 Freundlich 吸附平衡常数；k_H 为 Hill 吸附平衡常数；n_F 为正协同反应的程度。

依据不同温度下的等温线数据得出的热力学分析结果如表 3-3 所示。ΔG° 为负值、ΔH° 为负值及 ΔS° 为正值的结果表明，F$^-$ 在 Al-CPCM 树脂上的吸附过程是一个自发的、放热的并且是熵增加的过程。从数值变化趋势看，ΔG° 随着温度的升高而减小，这说明相对较低的温度更有利于 F$^-$ 在 Al-CPCM 树脂上的吸附；同时，F$^-$ 浓度在 2.5~20 mg/L 范围内时，$|\Delta H^\circ|$ 随着吸附质浓度的增加而减小，由此表明，随着 F$^-$ 平衡浓度的增加，物理吸附作用越来越占主导地位；此外，总体上逐渐减小的 ΔS° 值揭示了固-液界面的随机性逐渐增强，也反映了 F$^-$ 与 Al-CPCM 树脂结合的活性位点间的相互作用具有不可逆性[14-15]。

表 3-3　F$^-$在 Al-CPCM 树脂上的吸附热力学参数

F$^-$ 的平衡浓度/ (mg · L^{-1})	ΔH°/ (kJ · mol^{-1})	ΔS°/ [J · (mol · K)$^{-1}$]	ΔG°/(kJ · mol^{-1})		
			293 K	303 K	313 K
2.5	−13.55	93.5	−13.4654	−14.6442	−16.2712
5	−13.46	93.2	−13.3418	−14.8023	−16.1364
10	−12.52	89.7	−13.1997	−14.8736	−15.8901
15	−11.86	87.7	−13.3318	−14.8071	−15.9614
20	−9.04	77.4	−13.1698	−14.5593	−15.4917
40	−11.13	81.2	−12.1483	−13.6727	−14.5846
60	−11.32	79.2	−11.4934	−12.7540	−13.8725
100	−14.76	88.3	−10.6374	−12.0563	−13.2865
150	−14.16	83.5	−9.8710	−11.1506	−12.3755
250	−15.69	85.2	−8.8461	−10.1456	−11.4031

3.2.4　树脂的解吸与再生

F⁻在 Al-CPCM 树脂上连续吸附—解吸—再吸附循环实验的结果如图 3-13 所示。考虑到本研究中络合态的 Al^{3+} 会在高酸度或碱度环境中发生破络，推测采用高浓度的酸性硫酸铝溶液作为解吸剂能够有效实现 F⁻ 的解吸，并且同步完成新的 Al^{3+} 络合，这和大多数商用脱氟树脂的再生过程一样[16]。从每一轮实验的结果可以看出，树脂在下一轮吸附实验中的吸附容量基本等于前一轮吸附后的解吸量。唯一例外的是第一轮，与第一轮 6.01 mg/g 的 F⁻吸附容量相比，第二轮中 F⁻ 的吸附容量为 5.75 mg/g，相比于之前下降了 4.32%。这可能是因为树脂中存在部分 Al^{3+} 之外的不可逆永久位点，F⁻ 在这类位点上的结合过于牢固而难以被取代。尽管如此，在接下来的连续 5 轮吸附—解吸循环过程中，树脂的 F⁻ 吸附容量都不再发生明显下降现象，其值基本稳定在 5.68 mg/g 左右。这些结果表明，Al-CPCM 树脂几乎可以完全再生且具有优异的重复使用性[17]。

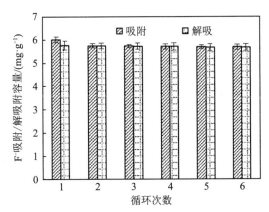

图 3-13　水中 F⁻ 在 Al-CPCM 树脂上的多次吸附—解吸—再吸附循环实验结果（实验条件：树脂投加量为 3 g 湿树脂/L；初始 pH 值为 7；初始 F⁻ 浓度为 20 mg/L；温度为 20 ℃；摇床转速为 220 r/min；接触时间为 24 h；背景溶液为 0.04 mol/L NaCl。解吸条件：1 mol/L $Al_2(SO_4)_3$，浸泡 6 h）

3.3　树脂脱氟机理的探究

F⁻ 在 Al-CPCM 树脂上的可能的吸附机制如图 3-14 所示。根据之前的各种表征，以及通过吸附水化学实验所得的动力学数据、吸附等温线与热力学的结果，我们发现 Al-CPCM 树脂与 F^- 的结合方式更倾向于基于化学吸附的离子交换过程[18]。从图 3-14 左侧的树脂孔道结构示意图可以看出，除了在微酸性条件下质子化的亚氨基对于 F^- 存在轻微的静电吸引外，F^- 在树脂上的结合位点主要是多种形式的螯合态 Al^{3+}。在吸附过程中，F^- 将取代 Al-CPCM 中螯合态 Al^{3+} 的表面羟基，结合生成更稳定的 Al—F 结构，这可以通过吸附后树脂样品的 XPS 图的分析结果予以证实。如 Al 2p 高分辨 XPS 图所示，吸附前的 Al-CPCM 样品存在一个 Al—O 峰，说明树脂中存在螯合态的 P—O—Al 结构，间接证明了 Al^{3+} 被成功负载，与此同时，吸附前样品的 F 1s 谱图并无任何信号；而从吸附后的样品 Al 2p 谱图中可以发现，原本位于 75.5 eV 的峰发生了向更高结合能方向的移动，并且半峰宽变得更大。对其进行分峰处理可知，其发生峰位移的原因是在比原有 Al—O 结合能更高的 76.3 eV 处生成了一个新峰，通过查阅文献确认其应为 Al—F 键。Al—F 键的生成同样可以从吸附后样品的 F 1s 谱图中看出，相比于吸附前，Al-CPCM 在吸附 F^- 后 F 1s 谱图 688 eV 处出现了一个明显的信号峰，这应为新生成的 Al—F 键的信号峰，同 Al 2p 谱图的分析结果一致。

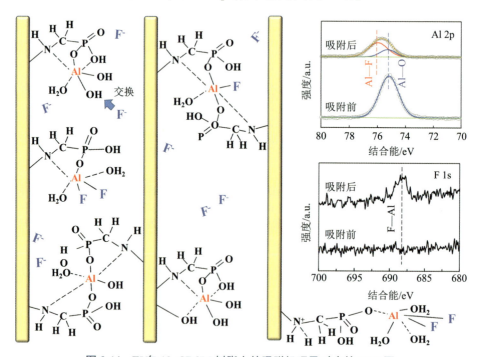

图 3-14 F^- 在 Al-CPCM 树脂上的吸附机理及对应的 XPS 图

Al–CPCM 树脂吸附 F⁻ 的机理为羟基取代的离子交换过程，这一结论同样可以由 *in-situ* ATR–FTIR 光谱的分析结果得出。如图 3-15b 所示，在 pH = 7 条件下的吸附过程中，在 1105 cm⁻¹ 处出现了一个强度逐渐增加的负吸收峰，经文献比对可知，该位置应为螯合态 Al^{3+} 的表面羟基（Al—OH）的伸缩振动峰，该位置出现逐渐增强的负吸收峰意味着 Al^{3+} 的表面羟基逐渐减少，这与吸附过程 F⁻ 取代表面羟基的结论是不矛盾的。此外，*in-situ* ATR–FTIR 光谱更进一步解释了 pH 值对树脂脱氟过程的影响机制。从图 3-15a 和图 3-15c 可以看出，除 1105 cm⁻¹ 处的负吸收峰外，在体系处于更强的酸性（pH = 3）和碱性环境（pH = 11）时，在 1020 cm⁻¹ 处还额外出现了一个明显的负吸收峰，但其强度变化幅度不大。通过文献比对可以发现，该吸收峰应为树脂上的 P—O—Al 螯合键形成的[19]，负吸收峰的出现说明其含量减少，揭示在过酸或者过碱条件下螯合态 Al^{3+} 发生破络，F⁻ 因此丧失结合位点，这与之前探究 pH 值对吸附效能影响的水化学实验的结果是一致的。

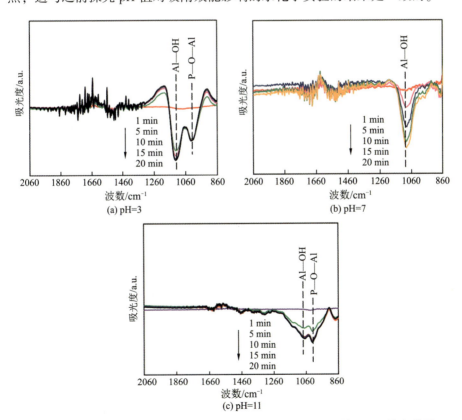

图 3-15　不同 pH 条件下 F⁻ 在 Al–CPCM 树脂上的吸附过程的原位红外光谱图

3.4 树脂应用潜力的综合评价

3.4.1 树脂脱氟性能的比较

为了更好地明确树脂的实际性能，在接下来的连续流吸附柱实验前，我们对包括 Al-CPCM 在内的多种选择性脱氟树脂的静态氟吸附容量等信息进行了比较，其结果如表 3-4 所示。从表 3-4 中可以看出，本研究合成的 Al-CPCM 树脂的氟吸附容量为 5.68 mg/g，与其他以螯合态多价金属离子作为氟吸附位点的脱氟树脂相比并不逊色，仅次于之前报道的 Al^{3+} 螯合 Monoplus TP 260 树脂，此外，Al-CPCM 树脂还具备稳定再生的优势，且其最大的优势在于良好的反洗再生能力。从图 3-13 可以看出，在经过连续 6 次吸附—脱附—再吸附循环后，Al-CPCM 树脂的氟吸附容量与初始相比仅下降 4.32%，明显优于其他由 Al(Ⅲ)、Zr(Ⅳ) 和 La(Ⅲ) 改性形成的螯合树脂。一般来说，良好的再生性能是树脂应用经济性的关键，Al-CPCM 树脂优异的再生性证实了其在实际水体处理中具有应用潜能。

表 3-4　多种选择性脱氟树脂的性能比较

树脂种类	投加量/ $(g \cdot L^{-1})$	F^- 初始浓度/ $(mg \cdot L^{-1})$	吸附容量/ $(mg \cdot g^{-1})$	脱附条件	再生次数	吸附容量降低/%	参考文献
Zr^{4+} 螯合壳聚糖树脂	2	20	4.33	0.05 mol/L NaOH	5	26.1	[20]
Al^{3+} 螯合 Monoplus TP 260 树脂	15	25	6.11	123.49 g/L $Al_2(SO_4)_3$	3	17.6	[21]
La^{3+} 螯合 MTS9501 树脂	10	500	5.07	0.01 mol/L NaOH	5	15.1	[18]
Purolite A520E 树脂	2	5	1.85	6% NaCl, 50 ℃	3	12.4	[22]
Al^{3+} 螯合 Indion FR10 树脂	50	3	0.478	0.1 mol/L HCl+ 10% $Al_2(SO_4)_3$	3	10.7	[23]
Al-CPCM 树脂	3	20	5.68	100 g/L $Al_2(SO_4)_3$	5	4.32	

注：表中数据均为对在去离子水中添加 NaF 配制而成的模拟溶液开展静态实验的结果。

3.4.2　连续流吸附柱实验

（1）树脂连续流吸附地下水中 F⁻ 的效能研究

利用 Al-CPCM 树脂，对新疆某地区实际地下水水样进行脱氟处理实验。该实验通过连续流吸附柱进行，水中 F⁻ 的去除效果如图 3-16 所示，BV 表示柱体积。其中，图 3-16a~c 所示为在 3 种不同流速下进行的包含一次柱中反洗再生的合计两轮动态吸附的穿透曲线，而图 3-16d 所示为中途一次反洗再生的洗脱曲线。从 3 组穿透曲线的拟合结果可以看出，Dose-Response 模型可以很好地描述 3 种不同流速下的穿透情况，模型拟合结果如表 3-5 所示，结合模型与实测数据得出的综合吸附柱吸附/解吸值列在表 3-6 中。在柱实验过程中，曲线的穿透条件被设置为出水 F⁻ 的浓度低于 1.0 mg/L，这是我国《生活饮用水卫生标准》的氟化物限值[24]。

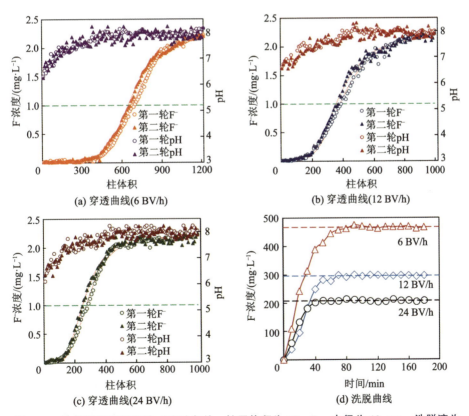

图 3-16　连续流吸附柱实验（实验条件：柱子体积为 10 mL，内径为 10 mm；洗脱液为 100 g/L $Al_2(SO_4)_3 \cdot 18H_2O$；洗脱方式为以 30 BV/h 流速循环泵入洗脱液 3 h）

表 3-5 柱实验的 Dose-Response 模型拟合参数

	6 BV/h		12 BV/h		24 BV/h	
	第一轮	第二轮	第一轮	第二轮	第一轮	第二轮
a	6.7706	6.3767	4.1021	3.9152	4.2426	3.9775
$b/(\text{mg} \cdot \text{L}^{-1} \cdot \text{g}^{-1}$干树脂$)$	204.5296	194.6113	116.5548	108.8418	83.7633	76.8593
$q_0/(\text{mg} \cdot \text{g}^{-1}$干树脂$)$	83.3269	79.2861	47.4853	44.3429	34.1258	31.3131
R^2	0.9973	0.9977	0.9951	0.9951	0.9964	0.9953

注：a 表示比例系数。b 表示以 mg/L 的浓度和 g 干树脂为基础，它可能代表某种结合容量或者吸附容量参数，表示每单位质量的干树脂在一定浓度下可以结合的物质的质量。q_0 表示平衡吸附量，即在平衡状态下，每单位质量的干树脂可以吸附的物质的质量。

表 3-6 Al-CPCM 树脂去除地下水中 F⁻的柱实验结果

	6 BV/h		12 BV/h		24 BV/h	
	第一轮	第二轮	第一轮	第二轮	第一轮	第二轮
穿透点/BV	650	600	400	370	280	270
穿透吸附容量/$(\text{mg} \cdot \text{g}^{-1}$湿树脂$)$	1.471	1.342	0.824	0.763	0.591	0.553
总吸附容量/$(\text{mg} \cdot \text{g}^{-1}$湿树脂$)$	1.554	1.389	0.934	0.882	0.645	0.616
总解吸量/$(\text{mg} \cdot \text{g}^{-1}$湿树脂$)$	1.402	—	0.887	—	0.623	—
总洗脱率/%	90.22	—	94.96	—	96.61	—

从结果可以看出，在第一轮吸附中，装置如果以 6，12，24 BV/h 的流速运行，所得穿透曲线的穿透点分别为 650，400，280 BV；至达到 1000 BV 整个实验结束，3 种流速下总的氟积累吸附量分别为 1.554，0.934，0.645 mg/g。通过对比这 3 种流速下的穿透曲线，可以发现随着进样流速的增大，由于水样与吸附柱内填料的接触时间减少，接触程度变得不充分，因此总的氟积累吸附量呈现下降趋势，这一现象直观地表现为穿透点的前移。值得注意的是，在连续流吸附柱实验条件下的总的氟积累吸附量要远远低于静态吸附实验中所测得的总的氟积累吸附量。我们认为造成这个差异的原因除了柱内传质过程受限之外，地下水中与 F⁻共存的大量的碳酸盐及磷酸盐也是要重点考虑的[18,25]。

在第二轮吸附柱实验之前对树脂进行洗脱。如图 3-16d 所示，柱子分别以 6，12，24 BV/h 的进水流速运行后，其各自洗脱液中的氟化物浓度均迅速增加并在 80 min 内分别稳定在 467，295，207 mg/L；根据洗脱曲线计算得到的解吸容量分别为 1.402，0.887，0.623 mg/g，3 种流速下对应的洗脱率分别为 90.22%，94.96%，96.61%。可以发现，越慢的流速越不利于树脂的反洗再生，这可能是由于在低流速下水中溶解态的 F^- 与填料表面的接触更加充分，更容易占用更多不可逆吸附位点。在接下来的第二轮连续流吸附柱实验中，6，12，24 BV/h 的流速对应的穿透点分别下降至 600，370，270 BV，其各自的总的氟积累吸附量也分别降低至 1.389，0.882，0.616 mg/g，这与洗脱操作时的解吸容量基本持平。

此外，我们对两轮吸附柱实验过程中每组流速下 Al^{3+} 的溶出情况进行了检测，即分别在进水量为 10，100，400，700，1000 BV 时对出水中的 Al^{3+} 总浓度进行检测。结果表明，监测点的溶解态 Al^{3+} 的浓度始终低于 50 μg/L，该结果表明，Al-CPCM 树脂在实际地下水中的化学稳定性良好，不会造成明显的 Al^{3+} 离子溶出，实际使用的安全性能有所保证。

（2）树脂同步去除地下水中砷的效能研究

在开展 Al-CPCM 树脂对实际地下水中 F^- 的连续流吸附柱实验的过程中，为了考察树脂是否具有应用于砷-氟混合污染场景实现砷-氟共除的能力，我们采集了西藏某山村的水样并利用树脂对出水中的砷离子浓度进行了同步监测，其穿透曲线结果如图 3-17 所示。可以看出，树脂对砷离子的结合能力远远低于 F^-，仅仅运行了 70 BV 即出现了明显穿透，这和部分文献中报道的螯合态 Al^{3+} 对于 As(Ⅲ) 与 As(Ⅴ) 有较强亲和力的论断相违背[26-27]。主要原因应该有两点：一是水中 F^- 与螯合态 Al^{3+} 形成的 Al—F 结构比 Al^{3+} 与 As(Ⅲ)、As(Ⅴ) 形成的 Al—As 结构更为稳定，因而在 F 与 As 的吸附竞争中，As 不占优势；二是 As 与磷酸盐的竞争，实际地下水中的磷酸盐含量比砷酸盐高出一个数量级，进一步加剧了竞争效应，导致砷离子总吸附量大幅下降。由此可见，Al-CPCM 树脂虽然可以快速高效地脱氟，但是其并不能够应用于砷、氟共存的地下水中实现砷-氟共吸附去除。因此，需要开发新的可以实现砷、氟吸附过程互不干扰的功能性材料。

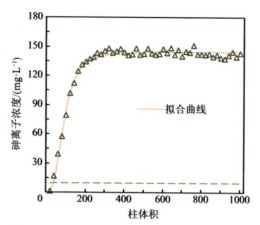

图 3-17 Al-CPCM 树脂对实际地下水连续流脱氟过程中总砷的穿透曲线（实验条件：柱子体积为 10 mL，内径为 10 mm；流速为 12 BV/h）

参考文献

[1] PHILLIPS D H, GUPTA B S, MUKHOPADHYAY S, et al. Arsenic and fluoride removal from contaminated drinking water with Haix－Fe－Zr and Haix－Zr resin beads[J]. Journal of Environmental Management, 2018, 215(20):132-142.

[2] KARTHIK R, MEENAKSHI S. Facile synthesis of cross linked-chitosan-grafted-polyaniline composite and its Cr(Ⅵ) uptake studies[J]. International Journal of Biological Macromolecules, 2014, 67(14): 210-219.

[3] GUO Z Y, XING R E, LIU S, et al. Antifungal properties of schiff bases of chitosan, N-substituted chitosan and quaternized chitosan[J]. Carbohydrate Research, 2007, 342(10): 1329-1332.

[4] RAMOS V M, RODRÍGUEZ N M, HENNING I, et al. Poly(ethylene glycol)-crosslinked N-methylene phosphonic chitosan. Preparation and characterization[J]. Carbohydrate Polymers, 2006, 64(2): 328-336.

[5] LEE Y, LEE W. Degradation of trichloroethylene by Fe(Ⅱ) chelated with cross-linked chitosan in a modified fenton reaction[J]. Journal of Hazardous Materials, 2010, 178(1-3): 187-193.

[6] LIU B J, WANG D F, YU G L, et al. Removal of F⁻ from aqueous solution

using Zr (Ⅳ) impregnated dithiocarbamate modified chitosan beads [J]. Chemical Engineering Journal, 2013, 228(106): 224-231.

[7] LI Q, MAO Q, LI M, et al. Cross-linked chitosan microspheres entrapping silver chloride via the improved emulsion technology for iodide ion adsorption[J]. Carbohydrate Polymers, 2020, 234(117): 115926.

[8] KHALEEL A, DELLINGER B. FTIR investigation of adsorption and chemical decomposition of CCl$_4$ by high surface-area aluminum oxide[J]. Environmental Science & Technology, 2002, 36(7): 1620-1624.

[9] ZONG Z, KIMURA Y, TAKAHASHI M, et al. Characterization of chemical and solid state structures of acylated chitosans[J]. Polymer, 2000, 41(3): 899-906.

[10] LIU Z R, UDDIN M A, SUN Z X. FT-IR and XRD analysis of natural Na-bentonite and Cu (Ⅱ)-loaded Na-bentonite [J]. Spectrochimica Acta Part A: Molecular and Biomolecular Spectroscopy, 2011, 79(5): 1013-1016.

[11] NETO C G T, GIACOMETTI J A, JOB A E, et al. Thermal analysis of chitosan based networks[J]. Carbohydrate Polymers, 2005, 62(2): 97-103.

[12] LIN J Y, CHEN Y L, HONG X Y, et al. The role of fluoroaluminate complexes on the adsorption of fluoride onto hydrous alumina in aqueous solutions[J]. Journal of Colloid and Interface Science, 2020, 561(141): 275-286.

[13] DRAGAN E S, HUMELNICU D, DINU M V, et al. Kinetics, equilibrium modeling, and thermodynamics on removal of Cr (Ⅵ) ions from aqueous solution using novel composites with strong base anion exchanger microspheres embedded into chitosan/poly (vinyl amine) cryogels[J]. Chemical Engineering Journal, 2017, 330(59): 675-691.

[14] ZHANG Z H, WANG X J, WANG H, et al. Removal of Pb(Ⅱ) from aqueous solution using hydroxyapatite/calcium silicate hydrate (hap/csh) composite adsorbent prepared by a phosphate recovery process[J]. Chemical Engineering Journal, 2018, 344(48): 53-61.

[15] HENA S. Removal of chromium hexavalent ion from aqueous solutions using biopolymer chitosan coated with poly 3-methyl thiophene polymer[J]. Journal of Hazardous Materials, 2010, 181(1-3): 474-479.

[16] INGLE N A, DUBEY H V, KAUR N, et al. Defluoridation techniques: Which one to choose[J]. Journal of Health Research and Reviews, 2014, 1(1):1-4.

[17] WANG X K, CHEN C L, DU J Z, et al. Effect of pH and aging time on the kinetic dissociation of ^{243}Am(Ⅲ) from humic acid-coated γ-Al$_2$O$_3$: a chelating resin exchange study [J]. Environmental Science & Technology, 2005, 39(18): 7084-7088.

[18] ROBSHAW T J, DAWSON R, BONSER K, et al. Towards the implementation of an ion-exchange system for recovery of fluoride commodity chemicals. Kinetic and dynamic studies [J]. Chemical Engineering Journal, 2019, 367(44):149-159.

[19] VARROT A, TARLING C A, MACDONALD J M, et al. Direct observation of the protonation state of an imino sugar glycosidase inhibitor upon binding[J]. Journal of the American Chemical Society, 2003, 125(25): 7496-7497.

[20] PREETHI J, KARTHIKEYAN P, VIGNESHWARAN S, et al. Facile synthesis of Zr^{4+} incorporated chitosan/gelatin composite for the sequestration of chromium(Ⅵ) and fluoride from water [J]. Chemosphere, 2021, 262: 128317.

[21] SHIN E, DREISINGER D B, BURNS A D. Removal of fluoride from sodium sulfate brine by zirconium pre-loaded chelating resins with amino-methyl phosphonic acid functionality[J]. Desalination, 2021,505:114985.

[22] NASR A B, CHARCOSSET C, AMAR R B, et al. Fluoride removal from aqueous solution by purolite A520e resin: kinetic and thermodynamics study[J]. Desalination and Water Treatment, 2015, 54(6): 1604-1611.

[23] VISWANATHAN N, MEENAKSHI S. Role of metal ion incorporation in ion exchange resin on the selectivity of fluoride[J]. Journal of Hazardous Materials, 2009, 162(2-3): 920-930.

[24] YU Y, ZHOU Z, DING Z, et al. Simultaneous arsenic and fluoride removal using {201} TiO$_2$-ZrO$_2$: fabrication, characterization, and mechanism[J]. Journal of Hazardous Materials, 2019, 377(151): 267-273.

[25] SAMATYA S, MIZUKI H, ITO Y, et al. The effect of polystyrene as a poro-

gen on the fluoride ion adsorption of Zr(Ⅳ) surface-immobilized resin[J]. Reactive and Functional Polymers, 2010, 70(1): 63−68.

[26] PÉREZ J, TOLEDO L, CAMPOS C H, et al. Arsenic sorption onto an aluminum oxyhydroxide-poly [(4-vinylbenzyl) trimethylammonium chloride] hybrid sorbent[J]. Rsc Advances, 2016, 6(34): 28379−28387.

[27] SHAO W J, LI X M, CAO Q L, et al. Adsorption of arsenate and arsenite anions from aqueous medium by using metal(Ⅲ)-loaded amberlite resins[J]. Hydrometallurgy, 2008, 91(1−4): 138−143.

第4章 水中砷-氟离子共吸附功能材料及其应用

　　相关医学研究表明，砷和氟的复合毒理效应可能导致人体循环系统和神经系统发生较为严重的健康问题[1]。由于砷与氟在化学性质上存在根本性不同，之前合成的 Al-CPCM 树脂对 As(Ⅲ/Ⅴ) 并没有很好的亲和性，因此无法实现水中砷离子的有效去除。虽然理论上将再生剂从铝盐换成铈盐或者锆盐可以实现砷-氟离子的共除，但是这样做大大增加了成本，使得树脂的优势荡然无存，因此从经济性角度考虑，实现地下水中砷-氟离子共除仍宜采用传统的吸附剂。

　　ZrO_2 被广泛认为是对水中氟离子具有高度亲和力的吸附材料，同时，它对砷离子也展现出了一定的吸附能力，在用于砷-氟离子共存水体时不免会因为竞争吸附降低其整体处理效果。水铁矿是一种目前被广泛使用的砷离子吸附剂，由于其对于砷离子的亲和性远高于氟离子，因此已有研究报道将其与 ZrO_2 材料结合制备新的复合砷-氟离子共吸附剂[2]。然而，相关的研究并没有对复合吸附剂的微观形貌进行精心设计，也没有对材料的构效关系做深层次的探究，使得砷、氟的吸附位点分离效果不佳，其吸附容量相较于纯的 ZrO_2 材料提升得并不显著，氟离子的吸附效能甚至还有所下降。

　　本章的目的是开发一种新的 Fe-Zr 双金属砷-氟吸附剂，减弱竞争吸附效应，实现有效的砷-氟离子共除。以高铁酸钾（K_2FeO_4）为铁源、$ZrOCl_2$ 为锆源，采用还原-共沉淀法制备水铁矿-二氧化锆（Fh@ZrO_2）核壳纳米粒子，利用水化学吸附实验评估材料对水中砷、氟离子的共吸附效果，借助 X 射线拓展吸收精细结构（EXAFS）、原位红外光谱（*in-situ* ATR-FTIR）、CD-MUSIC 表面络合模型模拟探究吸附机理与构效关系，最后利用壳聚糖对纳米材料包埋造粒，开展连续流柱实验测试材料对实际地下水中砷-氟离子的共吸附性能。

4.1　多功能核壳纳米粒子的合成与表征

4.1.1　多功能核壳纳米粒子的合成

水铁矿-二氧化锆（Fh@ZrO_2）核壳纳米粒子的合成过程示意图及部分中间产物的照片如图 4-1 所示。采用改进的还原-共沉淀法，以 K_2FeO_4 为铁源、$ZrOCl_2$ 为锆源，同时以聚乙烯吡咯烷酮（PVP，K30）为表面活性剂。具体步骤如下：首先，称量 6 g $ZrOCl_2 \cdot 8H_2O$ 及 0.6 g PVP 粉末于玻璃反应器中，加入 60 mL 超纯水，在磁力搅拌下进行溶解；然后加快搅拌速率，同时快速加入 20 mL pH 值为 12 的浓氨水，此时合成体系的 pH 值约为 8.5，伴随大量白色细小沉淀生成，此沉淀即为羟基氧化锆 ZrO(OH)$_2$，因 ZrO(OH)$_2$ 外表面被活性剂 PVP 包裹而高度分散，故体系更接近于胶状而非一般的絮状沉淀；接着向体系中加入一定体积的浓度为 35 g/L 的 K_2FeO_4 溶液，并将玻璃反应器置于水浴中，设置水浴温度为 80 ℃，保温 12 h，此时包裹在 ZrO(OH)$_2$ 粒子表面的 PVP 由于 K_2FeO_4 的强氧化性而被氧化，同时 K_2FeO_4 被还原在 PVP 原有位置生成 2 线水铁矿，替代 PVP 包裹在 ZrO(OH)$_2$ 上；随着温度的升高与时间的推移，被包裹的 ZrO(OH)$_2$ 粒子逐渐失去水分，经历晶化转变，最终成为 ZrO_2，反应结束，停止搅拌，倒去上清液，将底部沉淀用去离子水和无水乙醇反复交替清洗 3 次，离心分离后置于 60 ℃下烘干，之后对烘干后的块体材料进行研磨，过 200 目筛网即得到 Fh@ZrO_2 核壳纳米粒子成品。

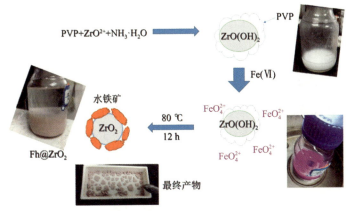

图 4-1　Fh@ZrO_2 核壳纳米粒子的合成过程示意图及部分中间产物照片

4.1.2 合成条件的优化

为优化材料的制备条件，我们在不同陈化温度，不同铁源、锆源的投加摩尔比的条件下制备了多批材料，并且合成了与上述过程相同但不使用PVP的材料作为对比。其中在不同铁源、锆源的投加摩尔比下合成的Fh@ ZrO_2 样品以其比例作标记，当Fe和Zr的摩尔比为0时，即合成过程中未添加铁源，样品直接记作 ZrO_2，合成过程中未使用PVP所得的样品记作Fh/ ZrO_2。

以水中砷和氟离子的去除效能作为评判指标，首先针对合成过程中 K_2FeO_4 的投加量进行了优化，在不同Fe：Zr摩尔比条件下合成的Fh@ ZrO_2 样品对水中砷及氟离子的吸附效果如表4-1所示。经过比较可以看出，Fh@ ZrO_2 双金属纳米粒子对于水中砷离子的吸附去除效果明显好于纯的 ZrO_2，并且其对于 F^- 的去除效果并没有像其他被报道的铁–锆双金属氧化物一样略有下降，而是有所提升，这是一个难得的优势。从组间看，Fe：Zr摩尔比从1：50到1：5，所制备的Fh@ ZrO_2 对 F^- 的吸附效果并没有太大的差异，反应5 min后各体系中 F^- 的浓度从2 mg/L均下降至0.84 mg/L左右，30 min后为0.83 mg/L左右，2 h后为0.8 mg/L左右。而在不同Fe：Zr摩尔比条件下制备的Fh@ ZrO_2 对砷的吸附效果却有明显差别，其中在Fe：Zr=1：10条件下制备的样品具有最佳的砷吸附效果，其在反应5 min后将体系中250 μg/L的As降低至11.76 μg/L，30 min后降低至5.36 μg/L，2 h后降低至3.13 μg/L，这个效果比其他各组均更理想。因此，应以Fe：Zr=1：10为材料制备过程中 K_2FeO_4 投加量的最优条件。

此外，从表4-1中还可以看出，合成过程中不添加PVP会导致其对砷与氟离子的吸附效果都下降，这是因为PVP在合成中既充当了表面活性剂也充当了还原剂。若无PVP，一方面会导致合成过程中纳米离子团聚，生成的粒子尺寸更大，另一方面则造成 K_2FeO_4 没有对象去氧化，无法有效还原生成水铁矿，导致Fh@ ZrO_2 合成失败。直接将水铁矿和 ZrO_2 按摩尔比为1：10物理混合，其反应5 min后体系残余砷离子的浓度仍有88.8 μg/L，远不及Fh@ ZrO_2 的砷去除效果，这说明Fh@ ZrO_2 的微观界面结构与其吸附效果存在重要联系，有待进一步探究。

表 4-1　Fh@ZrO₂ 制备过程中 Fe∶Zr 摩尔比条件的优化实验结果

吸附剂（投加量：0.5 g/L）	残余砷/($\mu g \cdot L^{-1}$)			残余氟/($mg \cdot L^{-1}$)		
	5 min	30 min	120 min	5 min	30 min	120 min
ZrO₂	63.43	22.24	11.59	0.883	0.873	0.887
Fe∶Zr=1∶50	30.9	12.03	6.61	0.838	0.828	0.815
Fe∶Zr=1∶40	23.33	8.91	4.81	0.845	0.832	0.796
Fe∶Zr=1∶30	23.77	9.46	5.15	0.845	0.828	0.799
Fe∶Zr=1∶20	17.47	7.2	3.67	0.849	0.838	0.78
Fe∶Zr=1∶10	11.76	5.36	3.13	0.849	0.842	0.796
Fe∶Zr=1∶5	20.4	7.46	4.04	0.845	0.832	0.796
无 PVP	75.01	22.33	11.74	0.862	0.852	0.887
物理混合（Fh∶ZrO₂=1∶10）	88.8	31.1	16.52	0.945	0.929	0.949
2 线水铁矿	68	17.3	7.1	2.04	2.02	2.03

注：表中吸附实验污染物初始条件为 $[As(\mathrm{III})]_0 = [As(\mathrm{V})]_0 = 250\ \mu g/L$；$[F]_0 = 2\ mg/L$。

对 Fh@ZrO₂ 合成过程中陈化温度的优化结果如图 4-2 所示。可以看出，不管是砷还是氟的吸附去除率均在考察区间内随着陈化温度的升高而增大，这可能是因为更高的陈化温度更有利于晶体结构的形成，而在较低的温度下只能形成无定型的纳米材料，无定型材料对无机离子的结合没有固定的位点，其竞争吸附现象更为严重。此外，过低的陈化温度下 K₂FeO₄ 氧化 PVP 的速率更慢，对于 Fh@ZrO₂ 表面水铁矿的形成更加不利，因而无法获得设计的材料形貌。在 50 ℃下合成的 Fh@ZrO₂ 样品，在 5 min 时对砷的吸附去除率仅有 33.2%，对氟的吸附去除率仅有 19.3%。当陈化温度升至 80 ℃后，合成的 Fh@ZrO₂ 样品在 5 min 时对砷的吸附去除率已达到 98.4%，对氟的吸附去除率也达到 57.5%。当陈化温度进一步上升至 90 ℃后，5 min 时对应的对砷和氟的吸附去除率仅分别上升至 99.1% 和 59.7%，其提升幅度相较之前已经小得多。因此，从减少能源消耗的角度考虑，应选择 80 ℃作为最优陈化温度。

接下来，以所得的材料制备最优条件为基础，对材料进行相关表征分析与进一步的共吸附效能评估。

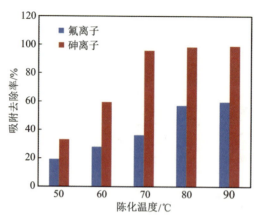

图 4-2 Fh@ZrO₂ 制备过程中陈化温度条件的优化实验结果

4.1.3 材料的表征分析

（1）微观形貌与元素组成

图 4-3a～c 所示分别为合成的 ZrO₂、Fh@ZrO₂ 及 Fh/ZrO₂ 纳米粒子在 10 μm 尺度下的扫描电镜（SEM）微观形貌图像。可以看出，3 种样品在整体形貌特征上差别不大，均呈现出大小不一且不规则的粒状，其中 ZrO₂ 和 Fh@ZrO₂ 的尺寸较为接近，均为直径小于 10 μm 的颗粒，而 Fh/ZrO₂ 样品中部分颗粒直径明显大于 10 μm。颗粒尺寸的这一差异直接揭示了合成过程中 PVP 所扮演的重要角色——分散剂和晶体生长调节剂，PVP 的加入有助于形成直径更小的晶体颗粒。为了进一步研究合成材料的元素组成，对这 3 种样品进行 X 射线能谱（EDS）分析，其结果总结在表 4-2 中。可以看出，在 Fh@ZrO₂ 与 Fh/ZrO₂ 样品中均检测到了 Fe 元素的存在，其原子百分比分别占整体的 1.3% 和 1.6%，这一比例大致为各自样品中 Zr 元素占比的 1/10，与合成时所添加元素的摩尔比相吻合。Fe 元素出现在 Fh/ZrO₂ 样品中可以从侧面反映未添加 PVP 并不会影响铁氧化物在 ZrO₂ 核上的生成，K₂FeO₄ 可能通过与水反应自分解生成水铁矿，但是有可能无法对 ZrO₂ 形成有效包覆，从而无法形成核壳结构。此外，各样品中均含有一定的 Cl 元素，其应该来自锆源 ZrOCl₂，Cl 可能参与了 ZrO₂ 晶体的生长过程，并非是附着在样品上没有被洗掉。

(a) ZrO₂　　　　　　(b) Fh@ZrO₂　　　　　　(c) Fh/ZrO₂

图 4-3　ZrO₂、Fh@ZrO₂、Fh/ZrO₂ 纳米粒子的扫描电镜微观形貌图像

表 4-2　ZrO₂、Fh@ZrO₂、Fh/ZrO₂ 纳米粒子的 X 射线能谱分析结果　　%

	O 原子百分比	Zr 原子百分比	Fe 原子百分比	Cl 原子百分比
ZrO₂	74.9	21.6	0.2	3.1
Fh@ZrO₂	83.5	14.4	1.3	0.8
Fh/ZrO₂	80.4	17.8	1.6	0.6

　　为了探究 Fh@ZrO₂ 和 Fh/ZrO₂ 样品表面 Fe 的分布情况，以进一步说明 PVP 在合成过程中的关键作用，我们对 ZrO₂、Fh@ZrO₂ 及 Fh/ZrO₂ 纳米粒子样品在如图 4-3 所示的选定区域进行了 EDS 元素分布面扫，其结果如图 4-4 所示。从代表 Fe 元素分布的黄色信号点可以看出，Fh@ZrO₂ 和 Fh/ZrO₂ 样品表面 Fe 的分布并不一致。Fh@ZrO₂ 中 Fe 元素的信号相较于 Fh/ZrO₂ 中的更弱，其强度分布更加接近于纯的 ZrO₂，这可能是由 Fh@ZrO₂ 中的水铁矿分布更加均匀、更薄导致的；相比之下，Fh/ZrO₂ 更强的 Fe 元素信号除了与颗粒块体更大有关以外，还应该与生成的水铁矿并未均匀分布，形成团聚体有关。这意味着 Fh@ZrO₂ 纳米粒子在制备过程中形成了核壳结构的推断是合理的。

　　为进一步证实 Fh@ZrO₂ 纳米粒子的核壳结构，利用高分辨透射电镜观察其更大倍数下的微观形貌，结果如图 4-5 所示。可以看出，所观察的 Fh@ZrO₂ 粒子具有较小的直径，大约在 30 nm，并且呈现出典型的核壳结构，而粒子中心部位为 ZrO₂，其结晶度良好，通过测量，其晶格间距为 0.3 nm，这与 ZrO₂ 的（002）晶面一致。粒子外围包裹的是一层 2 线水铁矿，作为壳其厚度约 5 nm，通过晶格间距比对可知，其晶格间距为 0.25 nm，正好与 2 线水铁矿的（110）晶面相符。相较而言，Fh/ZrO₂ 的晶体组分则显得杂乱无章，ZrO₂ 与 2 线水铁矿（2LFh）晶格条纹处于相互混杂的状态。至此，Fh@ZrO$_2$的核壳结构被证实。

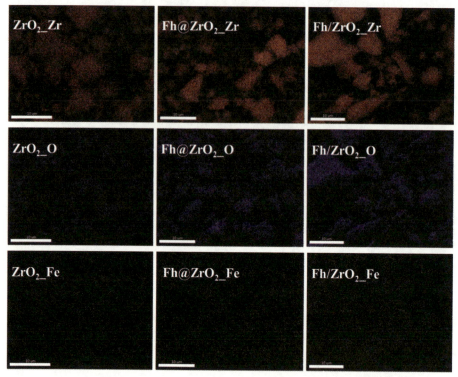

图4-4　ZrO$_2$、Fh@ZrO$_2$、Fh/ZrO$_2$纳米粒子的EDS元素分布面扫结果

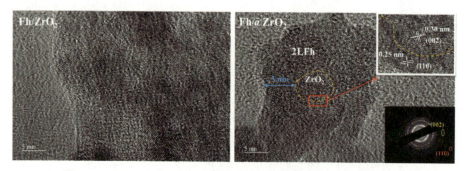

图4-5　Fh@ZrO$_2$与Fh/ZrO$_2$纳米粒子的高分辨透射电镜图像对比

ZrO$_2$、Fh@ZrO$_2$及Fh/ZrO$_2$纳米粒子的氮气吸脱附（BET）实验的等温线如图4-6所示。可以看出，3种纳米粒子均呈现出了Ⅳ型等温线的特征，不同的是，ZrO$_2$与Fh/ZrO$_2$的回滞环结构为H4型，说明其主要孔结构为中孔与微孔，而Fh@ZrO$_2$样品的回滞环结构为H3型，这说明其拥有更加丰富

的孔结构，包括一些与黏土类似的平板狭缝、裂隙等。更多样的孔结构可能与 Fh@ZrO₂特殊的核壳结构相关，外部包裹的水铁矿层通过堆叠形成了更为复杂的孔道系统，并且增大了材料的表面粗糙度，最直接的结果应该是材料的比表面积增大。从图 4-6 中可知，Fh@ZrO₂纳米粒子的 BET 比表面积为 296.89 m²/g，要高于 ZrO₂的 183.9 m²/g 和 Fh/ZrO₂的 260.6 m²/g。但是就数值看，Fh@ZrO₂与 Fh/ZrO₂纳米粒子 BET 比表面积的差异并不大，因此就现有的证据还不能直接认为 Fh@ZrO₂具有更高的吸附效能是比表面积更大导致的。

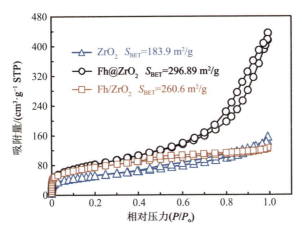

图 4-6　ZrO₂、Fh@ZrO₂、Fh/ZrO₂纳米粒子的 BET 吸附-脱附等温线

（2）晶体结构

ZrO₂、Fh@ZrO₂及 Fh/ZrO₂ 3 种纳米粒子及 2 线水铁矿（2LFh）的 X 射线衍射（XRD）谱图如图 4-7 所示。可以看出，3 种纳米粒子样品的结晶度均不甚理想，表现出较低的结晶质量，和 ZrO₂的标准衍射卡片（PDF 编号：00-013-0307）对比，使用本章的方法合成的 ZrO₂粉体仅有 30.5° 和 51.5° 对应的（002）和（101）两个晶面的衍射峰出现。此外，通过峰位比较可以发现，在 Fh@ZrO₂及 Fh/ZrO₂样品的谱图中并没有观察到 2LFh 的 2 个衍射特征峰，这可能是因为合成过程中 Fe 的加入量过少，并且 2LFh 本身呈现亚稳定的非晶结构。而且，Fh@ZrO₂样品并没有呈现 2 个组分各自的衍射峰特征，而是仅与 ZrO₂相同这一点也可以间接说明所合成的双金属复合材料并非两者的简单物理混合。

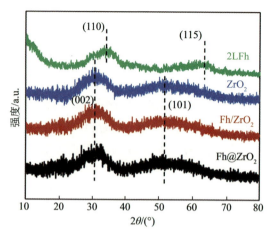

图 4-7　ZrO₂、Fh@ZrO₂、Fh/ZrO₂ 及 2LFh 的 X 射线衍射谱图

（3）红外分析

Fh@ZrO₂ 及 Fh/ZrO₂ 两种样品与其组成成分 ZrO₂ 和 2LFh 的红外光谱对比结果如图 4-8 所示。整个红外光谱图中值得关注的主要有 3 个地方：一是位于 $1020 \sim 1150 \ cm^{-1}$ 处的 Fe—O—Zr 伸缩振动吸收峰，这个特征峰是在 Fh@ZrO₂ 和 Fh/ZrO₂ 样品的红外光谱图中出现的，而纯的 ZrO₂ 和 2LFh 没有，说明通过本章的方法合成的双金属复合物并非是两组分简单的物理混合，2LFh 是通过晶格氧桥键与 ZrO₂ 紧密结合的，保证了材料的稳定性。二是位于 $1300 \sim 1400 \ cm^{-1}$ 处的振动吸收带，根据文献[3]，其应该是由 2LFh 晶格中的 Fe—O 振动形成的，对比可以看出，该吸收带在 Fh/ZrO₂ 样品中仍明显存在，但在 Fh@ZrO₂ 中不明显，这是因为 Fh@ZrO₂ 中 2LFh 在 ZrO₂ 表面均匀分布，其更多的晶格 O 与 Zr 结合形成了 Fe—O—Zr，导致原有 Fe—O 变少，减弱了自身红外特征，而 Fh/ZrO₂ 中不少 Fh 未均匀分散而发生团聚，故原有 Fe—O 特征明显。三是位于 $1580 \sim 1700 \ cm^{-1}$ 处的 ZrO₂ 表面羟基（Zr—OH）吸收峰，在 Fh@ZrO₂ 中该特征谱带依然明显存在，而在 Fh/ZrO₂ 中该谱带吸收强度明显减弱，这说明未使用 PVP 形成的随机 Fe—Zr 复合结构使得作为 F⁻ 重要结合位点的 Zr—OH 减少了，因而导致除氟效果下降；而添加 PVP 作形貌调控后，生成 Fh 壳的过程并没有使原有 ZrO₂ 核的表面羟基受到破坏。

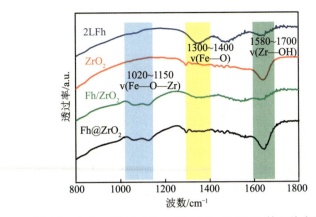

图 4-8　ZrO_2、$Fh@ZrO_2$、Fh/ZrO_2 及 2LFh 的红外光谱图

（4）XPS 分析

为了探究复合物各组分的表面价态与电子结构信息，我们对 $Fh@ZrO_2$ 样品进行了 X 射线光电子能谱分析，并与其组分 ZrO_2 和 2LFh 进行了对比，结果如图 4-9 所示。从 Fe 2p 高分辨谱看，与纯的 2LFh 相比，$Fh@ZrO_2$ 样品中 Fe $2p_{1/2}$ 和 Fe $2p_{3/2}$ 的峰位都向低结合能方向移动，从原来的 724.5/711.1 eV 蓝移至 724.3/710.8 eV，这说明通过化学成键生成双金属复合物时，电子偏移方向从 Zr 向 Fe；相应地，$Fh@ZrO_2$ 样品中 Zr $3d_{3/2}$ 和 Zr $3d_{5/2}$ 的结合能与 ZrO_2 相比发生了红移，从原来的 184.1/182.0 eV 移至更高的 185.0/182.4 eV，也反映了 Zr 为电子供体，成键电子偏移方向从 Zr 到 Fe。通过电子转移过程，ZrO_2 和 2LFh 之间形成了氧桥键，紧密地结合在一起，形成新的双金属复合物。XPS 分析所证实的成键电子转移方向，与 Zr（电负性为 1.33 V）和 Fe（电负性为 1.83 V）的电负性大小顺序相一致。具体而言，由于 Fe 的电负性高于 Zr，因此电子更倾向于从 Zr 转移到 Fe，这与 XPS 结果中观察到的电子偏移方向相吻合。这一发现进一步支持了 ZrO_2 和 2LFh 之间通过电子转移形成氧桥键，并紧密结合成新的双金属复合物的结论。

此外，由 O 1s 谱图可知，529 eV 附近的峰是表面羟基（—OH）形成的，其在 $Fh@ZrO_2$ 样品中的峰面积占比从纯 ZrO_2 的 23.7% 上升至 40.6%，说明 $Fh@ZrO_2$ 可以提供更充足的表面羟基用于吸附，这可能是其相较于纯 ZrO_2 拥有更加优异的砷、氟吸附效能的原因。使用滴定法测得的 $Fh@ZrO_2$ 与纯 ZrO_2 的表面羟基密度分别为 7.3 OH/nm^2 和 5.1 OH/nm^2，这也印证了 XPS 分析的结论。

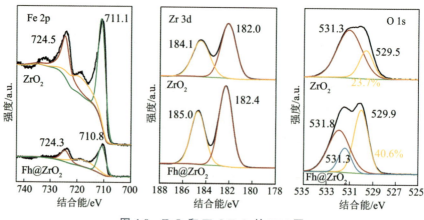

图 4-9   ZrO₂ 和 Fh@ZrO₂ 的 XPS 图

（5）Zeta 电位分析

图 4-10 所示为 ZrO₂、Fh@ZrO₂ 及 2LFh 的 Zeta 电位值随溶液 pH 值变化的情况，通过观察图中各条带数据折线的趋势，可以近似地确定出当 Zeta 电位值为 0 时所对应的 pH 值，这个点被称为等电点，记作 pH$_{pzc}$。可以看出，纯 ZrO₂ 的等电点为 6.3，2LFh 的等电点是 7.4，Fh@ZrO₂ 复合物的等电点与 2LFh 相同，相比于 ZrO₂ 有所提升，这可能是表面羟基密度变大所致。一般来说，用于吸附砷离子和氟离子等阴离子污染物的吸附剂的 pH$_{pzc}$ 应尽量大一点，这样可以适当减弱在自然水体微碱性环境中的去质子化，减少由同电荷排斥导致的吸附效能降低现象。相较于 ZrO₂，Fh@ZrO₂ 对氟离子的吸附效能有些许提升，这可能与其等电点的提升有一定关系。

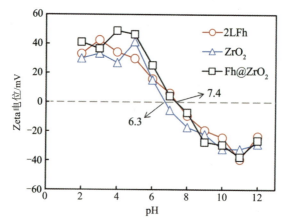

图 4-10   ZrO₂、Fh@ZrO₂ 及 2LFh 的 Zeta 电位值随溶液 pH 值变化的情况

4.2　多功能纳米材料吸附水中砷−氟离子的效能研究

4.2.1　吸附等温线

　　为了精确评估 Fh@ZrO$_2$ 纳米粒子对水中砷［包括 As(Ⅲ) 和 As(Ⅴ)］及 F$^-$ 的最大吸附能力，本研究系统地考察了 Fh@ZrO$_2$ 纳米粒子在 As(Ⅲ)、As(Ⅴ) 及 F$^-$ 共存体系中的吸附等温线。这 3 组等温线实验均在 25 ℃ 的恒温条件下进行，并且分别设置了 pH 值为 5、7 和 9 的 3 种不同酸碱性环境，以全面探究 pH 值对吸附性能的影响。实验所得的等温线及其相应的模型拟合参数分别展示在图 4-11 和表 4-3 中，以便进行详细的分析和讨论。可以看出，Fh@ZrO$_2$ 对 As(Ⅲ)、As(Ⅴ) 及 F$^-$ 的吸附行为均能够很好地符合 Langmuir 吸附等温线模型的描述，拟合的 R^2 值均符合统计学规律，但 3 种吸附质的最大吸附容量的变化规律却存在差异。Fh@ZrO$_2$ 对 As(Ⅲ) 的最大吸附容量随 pH 值的增大而增大，当 pH 值为 9 时达到最大，为 87.9 mg/g；相比之下，对 As(Ⅴ) 和 F$^-$ 的最大吸附容量随 pH 值的增大而减小，其吸附容量均在 pH 值为 5 时达到最大，分别是 55.6 mg/g 和 28.5 mg/g。

　　As(Ⅲ) 与 As(Ⅴ)、F$^-$ 之间不同吸附容量的变化趋势其实可以通过它们的 pH-pc 曲线来解释，As(Ⅲ) 在酸性和中性环境下均以中性分子形式存在，其在金属氧化物表面的吸附均以自然可逆的范德华力吸附为主，而在微碱性条件下，As(Ⅲ) 还会发生羟基取代作用，这有助于增加其与吸附剂表面的相互作用，从而提高部分吸附量；As(Ⅴ)、F$^-$ 在中性和碱性环境下均以去质子化形式存在，pH 值越大，越容易增强其与吸附剂表面的静电排斥作用，从而导致吸附容量降低。分析更接近于实际地下水酸碱度（pH = 9）条件下的等温线结果可知，Fh@ZrO$_2$ 对 As(Ⅲ) 的吸附效能明显要优于 As(Ⅴ)，而对 As(Ⅴ) 的吸附效能则优于 F$^-$，但三者之间是否存在位点竞争还需要进一步探究。

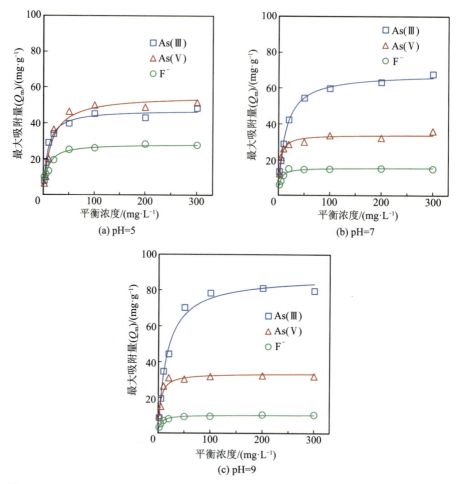

图 4-11　不同 pH 值下 As(Ⅲ)、As(Ⅴ) 和 F⁻ 共存时其各自在 Fh@ZrO₂ 纳米粒子上的吸附等温线（实验条件：温度为 25 ℃；背景溶液为 0.04 mol/L NaCl；吸附剂投加量为 0.5 g/L）

表 4-3　As(Ⅲ)、As(Ⅴ) 和 F⁻ 在 Fh@ZrO₂ 上的 Langmuir 等温线模型拟合参数

pH	As(Ⅲ)			As(Ⅴ)			F⁻		
	$Q_m/$ ($mg \cdot g^{-1}$)	K_L	R^2	$Q_m/$ ($mg \cdot g^{-1}$)	K_L	R^2	$Q_m/$ ($mg \cdot g^{-1}$)	K_L	R^2
5	47.6	0.125	0.981	55.6	0.069	0.969	28.5	0.123	0.974
7	68.3	0.080	0.991	33.9	0.301	0.961	15.4	0.279	0.955
9	87.9	0.062	0.988	33.1	0.231	0.949	10.2	0.202	0.991

注：Q_m 为最大吸附量；K_L 为 Langmuir 吸附平衡常数。

4.2.2　吸附动力学

As(Ⅲ)、As(Ⅴ) 及 F⁻ 在 Fh@ZrO₂ 上的吸附动力学曲线及模型拟合结果分别如图 4-12 和表 4-4 所示。可以看出，在 pH=7 的条件下，Fh@ZrO₂ 对 3 种离子的吸附过程均很好地符合拟二级动力学模型，这说明 Fh@ZrO₂ 对 As(Ⅲ)、As(Ⅴ)、F⁻ 的吸附过程均属于化学吸附。三者之中，Fh@ZrO₂ 对 As(Ⅴ) 的吸附速率最快，其速率常数为 0.388 g/(mg·min)；其次是 F⁻，吸附速率常数为 0.254 g/(mg·min)；最慢的是 As(Ⅲ)，其速率常数只有 0.088 g/(mg·min)，明显低于前两者。对化学吸附过程来说，吸附速率的差异一般都是由吸附位点及吸附构型的差异导致的，这需要针对 As(Ⅲ)、As(Ⅴ) 及 F⁻ 三者在 Fh@ZrO₂ 上的吸附机理进行深入探究。

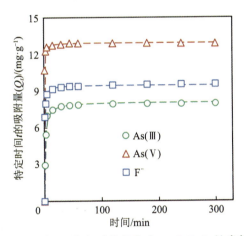

图 4-12　As(Ⅲ)、As(Ⅴ) 和 F⁻ 共存时其各自在 Fh@ZrO₂ 纳米粒子上的吸附动力学 (实验条件：pH=7；背景溶液为 0.04 mol/L NaCl；[As(Ⅲ)]₀ = [As(Ⅴ)]₀ = 0.5 mg/L, [F⁻]₀ = 2 mg/L)

表 4-4　As(Ⅲ)、As(Ⅴ) 和 F⁻ 在 Fh@ZrO₂ 上的拟二级动力学模型拟合参数

吸附质	$k_2/[\text{g}\cdot(\text{mg}\cdot\text{min})^{-1}]$	$Q_t/(\text{mg}\cdot\text{g}^{-1})$	R^2
As(Ⅲ)	0.088	8.09	0.991
As(Ⅴ)	0.388	12.94	0.996
F⁻	0.254	9.48	0.987

注：k_2 为二级动力学速率常数；Q_t 为特定时间 t 时的吸附量。

4.2.3 初始 pH 值的影响

溶液初始 pH 值对吸附过程的影响通过 pH 边界实验（edge-of-pH experiment）进行探究，As(Ⅲ)、As(Ⅴ)、F⁻ 在 Fh@ZrO₂ 上的单独吸附及共吸附的 pH 边界分别如图 4-13a~b 所示。可以看出，无论是在单独存在条件下还是在共存条件下，对 3 种离子的吸附效率随 pH 值的变化趋势是一致的，均随着 pH 值的增大而出现不同程度降低。三者之中，As(Ⅲ) 的吸附过程受酸碱度的影响最小，从 pH=2 到 pH=12 很宽的范围内，对其吸附效率始终在 95% 以上；相比较而言，As(Ⅴ) 的吸附过程受溶液碱度的影响稍大一些，当 pH 值增至 12 时，对其吸附效率已降至 50% 左右，但是其在典型地下水（pH 8 左右）中的去除率没有明显下降，仍在 90% 以上；受 pH 值增大影响最大的是 F⁻，在 pH=8 左右的微碱性环境中对其吸附效率仅有 70%，这可能是因为 F⁻ 的表面络合形态较为单一。

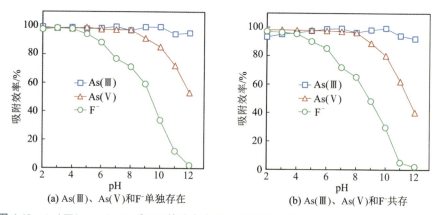

(a) As(Ⅲ)、As(Ⅴ)和 F⁻ 单独存在　　(b) As(Ⅲ)、As(Ⅴ)和 F⁻ 共存

图 4-13　As(Ⅲ)、As(Ⅴ) 和 F⁻ 单独存在及共存时其各自在 Fh@ZrO₂ 纳米粒子上的 pH 吸附边界（实验条件：背景溶液为 0.04 mol/L NaCl；$[As(Ⅲ)]_0 = [As(Ⅴ)]_0 = 0.5$ mg/L，$[F⁻]_0 = 2$ mg/L）

此外，在 pH 边界实验的基础上，对 3 种离子在 Fh@ZrO₂ 上单独吸附和共吸附时的效能进行比较，以确定共吸附时离子间的干扰情况，其结果如图 4-14a 所示，并与采用实验室之前开发的共吸附剂 {201}TiO₂-ZrO₂ 进行实验的结果相比较（图 4-14b）。对比可见，当 As(Ⅲ) 在 Fh@ZrO₂ 和 {201}TiO₂-ZrO₂ 上发生共吸附时，在 pH 值较低和较高的条件下其去除率相较于单独吸附均有所降低。然而，在中性 pH 值附近，As(Ⅲ) 的去除率几乎未受影响，保持相对稳定，这一特性对于实际应用是极为有利的，因为它

意味着在处理接近中性 pH 值的含砷废水时，Fh@ZrO$_2$ 和 ｛201｝TiO$_2$-ZrO$_2$ 作为吸附剂能够保持较高的去除效率，而无须对废水的 pH 值进行大幅调整；As（Ⅲ）的共吸附去除率在碱性条件下相比于单独吸附时更低，并且其降低程度随着 pH 的增大而增大；F$^-$ 在碱性条件下的共吸附去除率也比单独吸附时更低，但最大降低在 pH 为 8 和 9 处，这对于实际应用明显不利。相比于 ｛201｝TiO$_2$-ZrO$_2$，在共吸附条件下，Fh@ZrO$_2$ 展现出了对 As（Ⅲ）和 As（Ⅴ）去除率的独特稳定性。具体来说，无论是共吸附还是单独吸附，Fh@ZrO$_2$ 对这两种砷形态的去除率的下降程度基本保持一致。然而，对于 F$^-$ 的去除，Fh@ZrO$_2$ 在共吸附时相较于单独吸附的降低程度显著减小，在 pH=8 时只有 8.7%，而 ｛201｝TiO$_2$-ZrO$_2$ 达到了 45%。这是 Fh@ZrO$_2$ 的独特优势，说明其更适合用于水中砷-氟离子的共吸附。

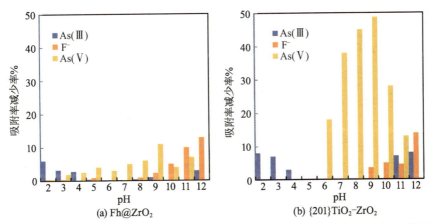

图 4-14　Fh@ZrO$_2$ 和 ｛201｝TiO$_2$-ZrO$_2$ 两种纳米材料对 As（Ⅲ）、As（Ⅴ）及 F$^-$ 单独吸附和共吸附的去除效能对比

4.2.4　共存阴离子的影响

基于 pH 边界实验，通过加入不同浓度的目标离子，探究水中共存阴离子对 As（Ⅲ）、As（Ⅴ）及 F$^-$ 在 Fh@ZrO$_2$ 上吸附率的影响，结果如图 4-15 所示。可以看出，在 pH=2~12 这一宽范围内，硝酸根（NO$_3^-$）和硫酸根（SO$_4^{2-}$）的存在对于 As（Ⅲ）、As（Ⅴ）、F$^-$ 的吸附率几乎没有影响，即使增大目标离子的浓度，As（Ⅲ）、As（Ⅴ）、F$^-$ 其各自的 pH 边界与仅有 NaCl 作背景时也基本一致。这主要是因为 NO$_3^-$ 和 SO$_4^{2-}$ 在金属氧化物上的吸附均是外层静电吸附，与 As（Ⅲ）、As（Ⅴ）、F$^-$ 在金属氧化物上形成的内层表面络

合作用存在本质上的区别，因此不会产生竞争吸附，引发干扰。

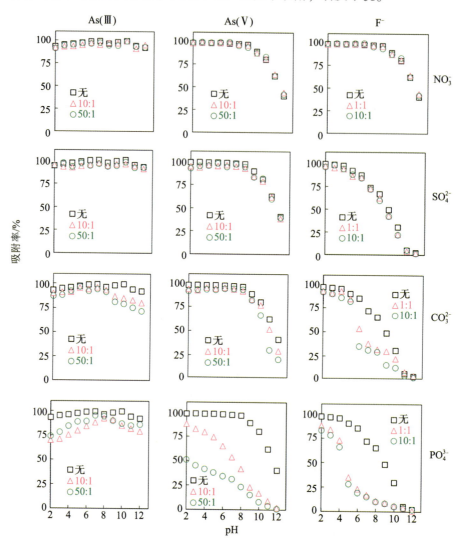

图 4-15　水中共存阴离子对 As(Ⅲ)、As(Ⅴ) 及 F⁻ 在 Fh@ZrO₂ 上吸附率的影响

相比之下，同样可以与金属氧化物生成内层配体的碳酸根（CO_3^{2-}）和磷酸根（PO_4^{3-}）的存在则对 As(Ⅲ)、As(Ⅴ) 及 F⁻ 在 Fh@ZrO₂ 上的吸附有明显的抑制作用，并且对于 F⁻ 的吸附过程的抑制程度要大于 As(Ⅲ) 和 As(Ⅴ)，这说明 As(Ⅲ/Ⅴ) 与 Fh@ZrO₂ 表面的亲和力要强于 F⁻，更容易形成稳定的表面配体。PO_4^{3-} 对于 As(Ⅲ/Ⅴ) 的吸附过程的干扰要明显强于 CO_3^{2-}，这是由于 P 与 As 属于同一主族，两者的价电子排布及含氧酸盐的化

学性质基本一致，与吸附剂的结合方式及形成的表面配体结构也极其相似，因而可以产生最强的竞争吸附效应。可以看出，在 As（Ⅴ）与 PO_4^{3-}、F⁻ 与 PO_4^{3-} 以 1∶1 比例共存时，As（Ⅴ）和 F⁻ 的吸附率均不到 20%，所以实际应用中水中磷酸盐应尽量设法先行去除。

4.2.5　CD–MUSIC 模拟

为了使宏观水化学实验表现出的共吸附竞争现象与微观层面的吸附配体构型建立联系，我们对 pH = 2 ~ 12 范围内 As（Ⅲ）、As（Ⅴ）、F⁻ 在 Fh@ZrO₂ 上的吸附过程使用 CD–MUSIC 进行模拟，将模拟结果与实际 pH 边界实验的数据进行对比。吸附配体模型的构建依据的是之后的 EXAFS 和 *in-situ* flow-cell ATR–FTIR 的实验结果：对于 As（Ⅲ），考虑其与 Fh 和 ZrO₂ 结合的两种形式，即 $Fe_2O_2As^{\mathrm{III}}O^{-5/3}$ 和 $ZrOAs^{\mathrm{III}}O_2H_2^{-1/3}$；对于 As（Ⅴ），只考虑其与 Fh 结合的构型 $Fe_2O_2As^{\mathrm{V}}O^{-5/3}$；对于 F⁻，考虑其只可与 ZrO₂ 结合为 ZrF；所有配体的存在形式均为单层单分子，借助 MINTEQ 软件按默认参数模拟。拟合结果如图 4-16 中的实线所示，可以看出，不管是离子单独存在还是共存，模型都可以很好地预测 3 种离子吸附率随溶液 pH 值的变化趋势，与实际数据点走势基本重合。这说明，我们所提出的基于化学吸附的表面吸附络合机理是合理的。

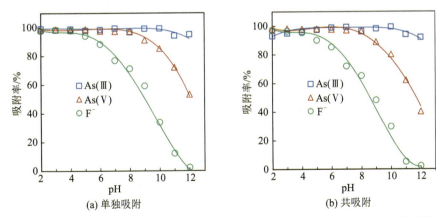

图 4-16　As（Ⅲ）、As（Ⅴ）及 F⁻ 在 Fh@ZrO₂ 上单独吸附、共吸附的 pH 边界实验值（点）与 CD–MUSIC 模拟结果（线）的比较

4.3　多功能纳米材料共吸附机理探究

4.3.1　EXAFS 分析

　　一般来说，氟的吸附构型比较单一，不必深入研究；而砷则较为复杂，为了探究砷在 Fh@ZrO₂ 表面的吸附构型，我们对使用吸附剂后的砷元素做 k 边 EXAFS 分析，比对实际检测值与推断的理论模型模拟值。EXAFS 分析的前提是有一个理论构型，根据前人的研究，As(Ⅲ) 在大多数金属氧化物表面以单齿单核吸附构型存在，而 As(Ⅴ) 以双齿双核吸附构型存在，因此针对于 Fh@ZrO₂ 表面吸附态 As 建模的关键并不在构型，而在于确定 As 到底吸附在哪一个组分上。首先考虑一种组分只吸附一种 As 的情况，构建 As(Ⅲ)-Fh、As(Ⅲ)-ZrO₂、As(Ⅴ)-Fh、As(Ⅴ)-ZrO₂ 4 种模型，其经过 DFT 计算优化后的空间结构分别如图 4-17a，b，d，e 所示。

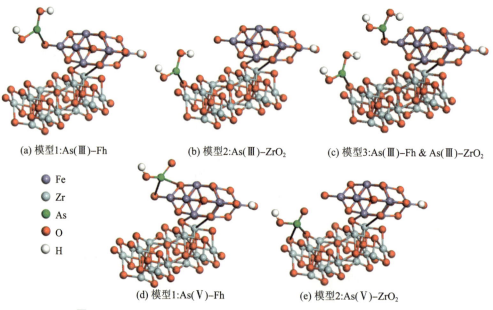

(a) 模型1:As(Ⅲ)-Fh　　　　(b) 模型2:As(Ⅲ)-ZrO₂　　　(c) 模型3:As(Ⅲ)-Fh & As(Ⅲ)-ZrO₂

- Fe
- Zr
- As
- O
- H

(d) 模型1:As(Ⅴ)-Fh　　　　(e) 模型2:As(Ⅴ)-ZrO₂

图 4-17　As(Ⅲ)、As(Ⅴ) 在 Fh@ZrO₂ 上可能的吸附位置及构型

　　经过处理后的 EXAFS 实际实验参数列在表 4-5 中。其中第一壳层为组成 As 含氧酸根的 O 原子，As(Ⅴ) 和 As(Ⅲ) 对应的 As—O 配位数分别是 4 和 3，原子间距 R 测定值分别为 1.77 Å 与 1.69 Å，和前人的报道一致。第

一壳层仅是 As 的自身属性，与吸附配体无关，值得重点关注的是第二壳层。第二壳层是 As 通过氧桥键连接的金属原子，吸附态 As（Ⅴ）和 As（Ⅲ）的第二壳层原子与中心 As 原子的间距测定值分别为 3.53 Å 和 3.16 Å，这是接下来与模型比对并判断模型是否正确的重要依据。

表 4-5　吸附态 As（Ⅲ）和 As（Ⅴ）的 EXAFS 测定参数

	散射路径	配位数	原子间距 R/Å
吸附态 As（Ⅴ）	第一壳层	4	1.77
	多重散射	12	1.86（单边）
	第二壳层	2	3.53
吸附态 As（Ⅲ）	第一壳层	3	1.69
	多重散射	6	1.98（单边）
	第二壳层	1	3.16

注：1 Å = 0.1 nm。

图 4-18 中黑色实线所示为吸附态 As（Ⅴ）按照 As（Ⅴ）-Fh 和 As（Ⅴ）-ZrO_2 模型计算所得的 EXAFS 光谱曲线，其拟合结果的相关参数列在表 4-6 中。可以看出，As（Ⅴ）-Fh 模型计算所得的第二壳层配位数为 1.9±0.3，邻近 Fe 原子与中心 As 原子的间距为 3.58±0.022 Å；As（Ⅴ）-ZrO_2 模型中第二壳层的计算配位数为 2.4±0.4，邻近 Zr 原子与中心 As 原子的间距是 3.17±0.053 Å。

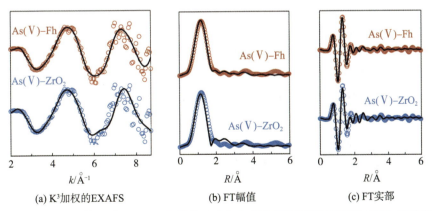

(a) K³加权的EXAFS　　　(b) FT幅值　　　(c) FT实部

图 4-18　As（Ⅴ）的 k 边 EXAFS 实验值（点）与理论吸附模型计算值（线）K 空间、经过傅里叶变换后的 R 空间及其实部的对比

表 4-6　吸附态 As(Ⅴ) 依据 As(Ⅴ)-Fh、As(Ⅴ)-ZrO$_2$ 模型计算所得的 EXAFS 参数

模型	散射路径	配位数	R/Å	σ^2/Å^2	ΔE/eV	R 因子
As(Ⅴ)-Fh	As—O	4.1±0.7	1.78±0.008	0.001±0.001	3.7±1.2	0.041
	As—O—O	12.0	1.87（单边）			
	As—Fe	1.9±0.3	3.58±0.022	0.003±0.002		
As(Ⅴ)-ZrO$_2$	As—O	4.1±0.8	1.79±0.007	0.004±0.001	6.5±1.1	0.016
	As—O—O	12.0	1.71（单边）			
	As—Zr	2.4±0.4	3.17±0.053	0.017±0.008		

通过与实际测量结果比较可知，相比于 As(Ⅴ)-ZrO$_2$ 模型，依据 As(Ⅴ)-Fh 模型所得的配位数与原子间距值更加接近并且基本接近真实的测定值，这从其 R 空间的拟合曲线近乎贴合实际数据点也可以看出。因此可以认为，As(Ⅴ) 在 Fh@ZrO$_2$ 双金属材料上的吸附位置主要是外层水铁矿，而内部的 ZrO$_2$ 没有起直接作用。这可能是由铁氧化物对于 Td 构型的含氧酸根的亲和度更高所致，相比于 Zr—O 表面优先级更高。

吸附态 As(Ⅲ) 的模型拟合结果如图 4-19 所示，理论计算的拟合值为图中的黑色实线，结果对应的相关参数列在表 4-7 中。可以看出，As(Ⅲ)-Fh 模型计算得到的第二壳层配位数是 0.9±0.4，邻近 Fe 原子与中心 As 原子的间距是 2.80±0.026 Å；依据 As(Ⅲ)-ZrO$_2$ 模型计算出的第二壳层配位数为 1.8±0.3，邻近 Zr 原子与中心 As 原子的间距为 2.61±0.013 Å。通过与实际测量值比较不难发现，不管是 As(Ⅲ)-Fh 还是 As(Ⅲ)-ZrO$_2$ 模型，它们第二壳层的原子间距理论计算值都与实验数据有较大出入，这从 R 空间拟合曲线与实验数据点在第二壳层峰位置重合度欠佳也可以知晓，说明这两种模型都无法准确描述实际 As(Ⅲ) 吸附态的结构。因此，我们认为 As(Ⅲ) 可能不是仅在一种组分上有效吸附，故提出了 As(Ⅲ)-Fh & As(Ⅲ)-ZrO$_2$ 混合吸附构型，如图 4-17c 所示，即 As(Ⅲ) 分子以单齿单核形式与水铁矿和 ZrO$_2$ 两者结合。基于 As(Ⅲ)-Fh & As(Ⅲ)-ZrO$_2$ 混合结构模型对实际 EXAFS 实验数据的拟合结果和前两个模型的拟合结果如图 4-19 及表 4-7 所示。

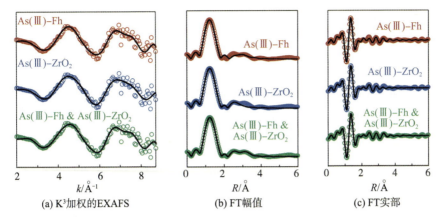

(a) K³加权的EXAFS　　(b) FT幅值　　(c) FT实部

图 4-19　As（Ⅲ）的 k 边 EXAFS 实验值（点）与理论吸附模型计算值（线）K 空间、经过傅里叶变换后的 R 空间及其实部的对比

表 4-7　吸附态 As（Ⅲ）依据 As（Ⅲ）-Fh、As（Ⅲ）-ZrO$_2$模型及 As（Ⅲ）-Fh & As（Ⅲ）-ZrO$_2$混合结构模型计算所得的 EXAFS 参数

模型	散射路径	配位数	R/Å	σ^2/Å^2	ΔE/eV	R 因子
As（Ⅲ）-Fh	As—O	2.9±0.4	1.68±0.008	0.002±0.001	3.5±1.7	0.039
	As—O—O	6.0	2.14（单边）			
	As—Fe	0.9±0.4	2.80±0.026	0.003±0.001		
As（Ⅲ）-ZrO$_2$	As—O	2.8±0.7	1.69±0.007	0.004±0.001	6.1±1.1	0.017
	As—O—O	6.0	2.11（单边）			
	As—Zr	1.8±0.3	2.61±0.013	0.017±0.007		
As（Ⅲ）-Fh & As（Ⅲ）-ZrO$_2$	As—O	2.8±0.5	1.69±0.009	0.005±0.002	4.2±1.3	0.024
	As—O—O	6.0	2.18（单边）			
	As—Fe	0.5±0.2	3.14±0.011			
	As—Zr	0.5±0.1	3.17±0.009	0.003±0.001		

　　从拟合结果可以看出，As（Ⅲ）-Fh & As（Ⅲ）-ZrO$_2$混合结构模型很好地描述了 As（Ⅲ）在 Fh@ZrO$_2$双金属材料上的吸附构型，R 空间拟合曲线与实际数据点基本重合，计算得出的第二壳层配位数 As—Fe 为 0.5±0.2，As—Zr 为 0.5±0.1，两者之和正好与实际配位数 1 接近；As—Fe、As—Zr 原子间距 R 的计算值分别为 3.14±0.011 Å 和 3.17±0.009 Å，与实际测量的 3.16 Å 也基本符合。此外，As—Fe 和 As—Zr 散射路径的计算配位数相等说明 As（Ⅲ）与此双组分的亲和度接近，吸附过程具有随机性。

至此，我们提出 As(Ⅲ)、As(Ⅴ) 和 F⁻ 在 Fh@ZrO₂ 双金属核壳纳米材料上的共吸附机理。当水中 3 种目标离子共存时，As(Ⅴ) 会首先与材料外层的水铁矿组分以双齿双核构型结合，而 F⁻ 与水铁矿没有亲和性，其会迁移穿过孔隙到达内层与 ZrO₂ 结合，由于 As(Ⅴ) 和 F⁻ 的吸附位点并不相同，因此两者不会产生明显的吸附竞争效应。由于 As(Ⅲ) 的吸附构型为单齿单核，其与水铁矿的结合力远不如双齿的 As(Ⅴ)，因此其不会对 As(Ⅴ) 的吸附过程造成影响；虽然 F⁻ 和 As(Ⅲ) 都是以单齿单核构型结合，但 As(Ⅲ) 以含氧酸盐的形式存在易受到空间位阻的影响，其孔道迁移能力不如 F⁻，因此其也不会对 F⁻ 在内层 ZrO₂ 上的吸附造成明显抑制。并且，由于 As(Ⅲ) 与 2 个组分的亲和度接近，其可用的活性位点明显多于 As(Ⅴ) 和 F⁻，因此其可以在 As(Ⅴ) 和 F⁻ 吸附完后随机与吸附剂结合来完成吸附。综上所述，特定的组分与特殊的微观结构使得 Fh@ZrO₂ 双金属核壳纳米材料可以排除相互竞争的干扰，实现水中 As(Ⅲ)、As(Ⅴ) 和 F⁻ 的共吸附去除。

4.3.2 原位流动红外光谱分析

为了深入探究分子层面的动态吸附过程，并进一步验证本研究提出的吸附构型及机理，我们采用 *in-situ* flow-cell ATR-FTIR 技术，对 Fh@ZrO₂ 在吸附 As(Ⅲ)、As(Ⅴ) 及 F⁻ 前后，其表面官能团随时间变化的情况进行连续跟踪记录，实验结果如图 4-20 所示。从图 4-20a，b 可以看出，在 0~70 min 内 As 的吸附过程中，原位流动槽体系在波数为 1530，1360，1090 cm⁻¹ 的特征吸收峰处，其响应信号强度随时间的推移呈现出逐步减弱的趋势，由本章第一节所述红外表征结果可知，这些位置的特征峰可明确归属为金属氧化物中本征含氧键及表面羟基的伸缩振动模式，这些位置观察到的原位负峰现象直接指示了原有化学键的衰减乃至消失，有力地证明了在吸附过程中发生了化学吸附作用。此外，在 840 cm⁻¹ 处出现了一个随时间推移增强的信号，这是吸附态砷的特征振动峰。在 As(Ⅲ) 的谱图中这个特征峰较为宽大，其可以被分解为 785，845 cm⁻¹ 处的两个子峰，这两个子峰分别是 As—O—Zr 和 As—O—Fe 氧桥键的特征振动峰，进一步证实了 As(Ⅲ) 既可以在水铁矿 Fh 组分上有效吸附，又可以在 ZrO₂ 组分上有效吸附。

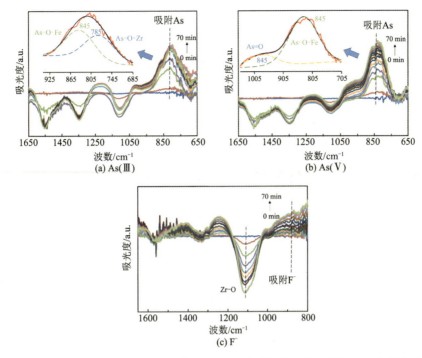

图 4-20   As(Ⅲ)、As(Ⅴ) 及 F⁻在 Fh@ZrO₂上吸附过程的原位流动红外光谱图

相比之下，在 As(Ⅴ) 的吸附过程红外谱图中，吸附态砷的特征振动峰呈更为尖锐且高耸的轮廓，其独特之处在于仅存在一个显著的吸收峰，位于 845 cm⁻¹处，该峰被明确指认是 As—O—Fe 氧桥键的伸缩振动信号。这一观察结果强烈暗示 As(Ⅴ) 主要且有效地吸附在 Fh［可能指铁（氢）氧化物］组分上，与扩展 X 射线吸收精细结构（EXAFS）分析所得结论高度吻合，进一步巩固了对 As(Ⅴ) 吸附特异性的理解。值得注意的是，在该主峰的高波数侧翼，伴随出现了一个相对低强度的肩峰信号。通过细致的文献比对[4]，该肩峰被合理地解释为来源于 As(Ⅴ) 分子中未参与成桥的悬垂双键 As=O 的振动。As=O 肩峰与 As—O—Fe 主峰共存且相邻，它们同属 AsO₄ 分子结构单元内的振动特征，具有相似或关联的振动性质，这不仅揭示了 AsO₄ 分子的整体振动行为，还深刻表明了在吸附过程中，As(Ⅴ) 以 AsO₄ 的形态与 Fh 表面形成了特定的化学结合方式。相较于砷的吸附行为，氟离子的吸附历程在原位流动红外光谱上展现出了更为直接且简明的特征。如图 4-20c 所示，随着吸附时间的推移，位于 980 cm⁻¹处的振动信号逐渐增强，这一变化明确指向了吸附态氟的形成与累积。此信号可归因于氟离子

与吸附剂表面作用后形成的特定化学键振动，如 ZrF 配位键，标志着氟在吸附过程中有效固定。与此同时，在 1120 cm^{-1} 处观察到的红外吸收峰则呈现出逐渐减弱的趋势，该峰通常与 ZrO$_2$ 中 Zr—O 键的伸缩振动相关联。对此现象的合理解释是，在氟的吸附过程中，部分 Zr—O 键被氟离子取代或改性，导致原有键合状态的数量减少，进而表现为该位置信号的衰减。

4.4 多功能纳米材料应用潜力的评估

4.4.1 纳米材料的颗粒化与性能初判

（1）包埋剂的比较与优选

由上述研究可知，Fh@ZrO$_2$ 核壳结构的纳米材料对水中砷、氟具有良好的共吸附效能。但是粉体材料难以在实际水处理装置中直接使用，因此需要对其进行造粒，以便填入滤柱。由于水铁矿材料在高温下具有易变性，因此我们针对水铁矿材料高温不稳定的特性，采用壳聚糖低温包埋固化法制备复合颗粒，具体制备流程如下：首先将 Fh@ZrO$_2$ 粉体按 1∶100 的质量体积比（即 1 g 粉体对应 100 mL 溶液）分散于质量分数 1% 的壳聚糖醋酸溶液中，经 2 h 机械搅拌形成均匀悬浮液；随后通过蠕动泵以 0.5 mL/min 的恒定流速将该悬浮液逐滴滴加至 1 mol/L NaOH 凝固浴中，通过 pH 诱导壳聚糖原位凝胶化实现颗粒固化，在 NaOH 的作用下，壳聚糖分子链上的氨基与溶液中的氢氧根离子发生反应，促使壳聚糖迅速交联并固化成球状颗粒；陈化 30 min 后取出颗粒，用去离子水洗涤 3 遍后置于烘箱中鼓风烘干，即得壳聚糖包埋 Fh@ZrO$_2$ 颗粒成品。颗粒的实物照片如图 4-21 所示，可以看出，此颗粒外观并不规整，成球性比之前的壳聚糖树脂差，其颗粒直径也比树脂大一些，平均在 1.5~2.0 mm。

图 4-21　壳聚糖包埋 Fh@ZrO$_2$ 颗粒成品照片

　　一般来说，在包埋造粒过程中，包埋剂不仅需要为粉体的分散起到均一的作用，还需要尽可能不过多地占据、破坏粉体原有的位点，以在固定化后最大限度地发挥原粉体的吸附效能。为了全面客观地评价壳聚糖作为 Fh@ZrO$_2$ 纳米粉体包埋剂的综合性能，我们进行了静态吸附实验。实验中，我们比较了包埋固化后的壳聚糖 Fh@ZrO$_2$ 颗粒与同质量未包埋粉体材料的吸附容量下降情况。同时，为了进行对照，我们采用相同的造粒方式，使用其他包埋剂对粉体进行造粒，并将这些包埋颗粒的吸附容量与壳聚糖包埋颗粒的吸附容量进行了横向对比分析，实验结果如图 4-22 所示。

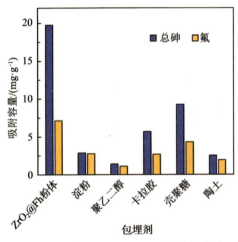

图 4-22　经 5 种包埋剂包埋后的颗粒及原 Fh@ZrO$_2$ 粉体的总砷、氟吸附容量（实验条件：背景溶液为 0.04 mol/L NaCl；[As(Ⅲ)]$_0$ = [As(Ⅴ)]$_0$ = 0.5 mg/L，[F]$_0$ = 2 mg/L；颗粒投加量为 1 g/L；粉体投加量为 0.1 g/L）

　　从图 4-22 中可以看出，在该实验条件下，未被包埋的 Fh@ZrO$_2$ 纳米粉体对总砷的吸附容量为 19.7 mg/g，对氟的吸附容量为 7.1 mg/g。而 Fh@ZrO$_2$ 纳米粉体被壳聚糖包埋后形成的颗粒材料，相对于被包埋的相同质量的粉体，对总砷及氟的吸附容量都发生了明显下降。在考察的 5 种包埋剂中，聚乙二醇包埋后的颗粒相较于原粉体的吸附容量下降最多，其对总砷及氟的吸附容量分别仅有 1.4 mg/g 和 1.2 mg/g；用有机包埋剂淀粉和卡拉胶及无机包埋剂陶土包埋后的颗粒对总砷及氟的吸附容量显著降低，其数值不及原粉体吸附容量的 30%；而壳聚糖包埋的 Fh@ZrO$_2$ 颗粒，对总砷和氟的吸附容量仍有 9.77 mg/g、4.32 mg/g，相较于粉体仅分别下降 50% 和 40% 左右，明显高于其他材料，这说明壳聚糖作为包埋剂在架桥和固化过程中对粉体的有效位点的覆盖率最低。

为了进一步验证这个猜想，将这 5 种不同包埋剂包埋得到的颗粒进行氨气程序升温脱附实验（NH₃-TPD），由于砷和氟均是与材料的酸性位点相结合，因此利用 NH_3-TPD 定量得到酸性位点值就可以间接说明颗粒所剩的能与砷、氟有效结合的位点数量，从而判断包埋材料对粉体的吸附位点的覆盖情况[5-6]，实验所得曲线如图 4-23 所示。

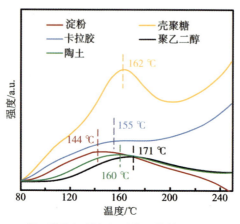

图 4-23 经 5 种包埋剂包埋后的颗粒的 NH₃-TPD 曲线

从图 4-23 中可以看出，5 种颗粒的脱附峰对应的温度均不超过 200 ℃，这说明 Fh@ZrO₂ 粉体的主要位点为弱酸性位点，其保证了对于砷、氟的有效吸附。在这之中，壳聚糖包埋 Fh@ZrO₂ 颗粒的脱附峰强度最大，对应的脱附曲线积分面积也最大，这就证明了其包含的酸性位点最多。根据相关文献可知，壳聚糖本身不含有太多的酸性位点[7-8]，因此壳聚糖包埋的 Fh@ZrO₂ 颗粒的酸性位点主要来源于粉体本身，也就说明壳聚糖相较于其他 4 种包埋剂在造粒过程中对粉体吸附位点造成的损失最少，实现了造粒过程的低位点覆盖，保证了功能纳米粉体自身性能最大程度发挥，在考察范围内是最优的包埋剂。

（2）Fh@ZrO₂ 颗粒的砷-氟离子共吸附性能评估

为了进一步对比壳聚糖包埋 Fh@ZrO₂ 颗粒对水中砷、氟离子的共吸附性能，综合评估其实际运用潜力，我们利用共吸附实验继续比较其与常用颗粒材料 ZrO₂、CeO₂、活性氧化铝、羟基磷灰石、LaOOH 及实验室之前研制的 {201}TiO₂-ZrO₂ 双金属颗粒对于水中总砷和氟的吸附效率。实验中除 {201}TiO₂-ZrO₂ 颗粒为自制外，其余颗粒均采购自西安某环保技术公司，颗粒直径为 1.5~2.0 mm，与 Fh@ZrO₂ 一致，使用前按照产品说明进行预处理，实验结果如图 4-24 所示。可以看出，本研究中制备的壳聚糖包埋 Fh@ZrO₂ 颗粒对总砷的吸附效率是最高的，达到了 98.7%，其对氟的吸附效率（85.1%）也仅次于 LaOOH。此外，还可以发现壳聚糖包埋的 Fh@ZrO₂ 颗粒是 7 组材料中唯一一个对总砷、氟两者的吸附效率均高于 80% 的材料，这证实了壳聚糖包埋材料具有优异的共吸附性能，这一优势得益于 Fh@ZrO₂ 本身减弱竞争吸附效应的特性。

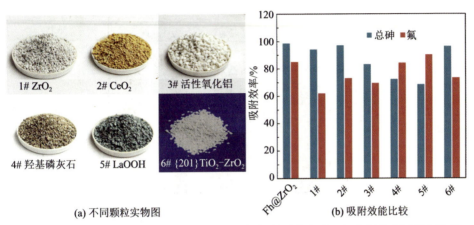

(a) 不同颗粒实物图　　　　**(b) 吸附效能比较**

图 4-24　壳聚糖包埋 Fh@ZrO₂颗粒与多种颗粒材料对水中砷、氟离子的共吸附去除效能对比（实验条件：颗粒投加量为 3 g/L；pH 8.0；背景溶液为 0.04 mol/L NaCl；[As(Ⅲ)]₀=[As(Ⅴ)]₀=0.5 mg/L，[F]₀=2 mg/L；接触时间为 1 h）

（3）颗粒再生性能评估

吸附剂的反冲洗、解吸与再生特性是其在实际水处理过程中所必须要考虑并需加以评价的重要指标，因此我们利用 5 轮连续吸附—脱附—再吸附实验对壳聚糖包埋 Fh@ZrO₂颗粒的再生性能进行考察。吸附体系采用 As(Ⅲ)、As(Ⅴ) 和 F⁻的共存溶液，在共吸附过程中分别对各离子的吸附效率进行单独考察，每一轮吸附后将颗粒取出，使用 0.5 mol/L NaOH 浸泡 2 h，然后用去离子水洗涤至洗出液呈中性以完成再生。图 4-25 所展示的结果揭示了一个显著趋势：在前 3 轮吸附实验中，颗粒对 F⁻的吸附效率经历了较大幅度的下降，而随后的 2 轮循环中，再生前后的吸附效率降幅则不太大。这一现象可归因于吸附材料表面部分活性位点在初始阶段被吸附质永久性占据，导致有效吸附位点逐渐减少。经过 2 至 3 轮吸附-再生循环后，这部分特别易被占据的位点达到饱和状态。具体而言，经过 5 轮连续的吸附过程，颗粒对 As(Ⅲ)、颗粒对 As(Ⅴ) 和 F⁻的吸附效率分别从初始的

99.4%、99.2%和84.4%降低至83.1%、77.3%和55.8%。尽管有所下降，但与文献中报道的同类颗粒材料相比[9-12]，这一降低幅度仍处于可接受的性能范围内，显示了该吸附材料具有一定的耐用性和稳定性。在首轮吸附后，氟离子的吸附效率下降了近20%，这一降幅明显高于砷离子。这可能是由于部分氟离子被壳聚糖基底（在制备过程中可能发生了某种程度的固化）所吸附，发生了更为牢固的结合，从而更难通过常规的洗脱步骤去除。

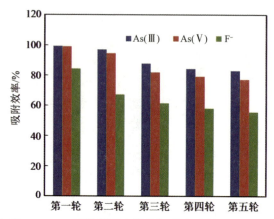

图 4-25　壳聚糖包埋 Fh@ZrO₂颗粒的再生性能评估实验结果（实验条件：背景溶液为 0.04 mol/L NaCl；[As(Ⅲ)]₀ = [As(Ⅴ)]₀=0.5 mg/L，[F]₀=2 mg/L；接触时间为 1 h）

4.4.2　连续流柱实验

最后，我们采集实际地下水水样开展连续流柱实验对壳聚糖包埋 Fh@ZrO₂颗粒的实际应用潜力进行考察，实际地下水水样采自西藏某山村，其平均总砷含量约为 145 μg/L，氟含量约为 2.2 mg/L。柱实验填柱参数及运行参数与上一章评价树脂时一致，流速只取 12 BV/h，保持空床接触时间为 10 min。装置连续流运行过程中出水总砷和氟的浓度随总过水体积的变化情况即穿透曲线分别如图 4-26a~b 所示，可以看出，出水总砷浓度达到控制浓度 10 μg/L 对应的穿透点在 640 BV，氟浓度达到 1.0 mg/L 对应的穿透点在 410 BV，此数值相较于 Al-CPCM 的数值略高一些。整个 1000 BV 周期运行结束时，填料的砷和氟均已穿透达到动态饱和，从表 4-8 中归纳的数据可知，此时颗粒的总砷吸附容量为 1.712 mg/g 湿颗粒，氟吸附容量为 0.897 mg/g 湿颗粒，这两个数值远远小于之前粉体动力学实验测得的最大吸附容量（总砷 21.03 mg/g；氟 9.48 mg/g）。引起上述情况的主要原因可能有以下 3 点：一是经壳聚糖包埋造粒后能够有效暴露的粉体变少，仅有表面及颗粒孔道附近的材料可以发挥作用；二是柱内传质效应的限制；三是水中共存的磷酸盐含量较高，对砷和氟的吸附都产生了不可忽视的干扰。在之后的研究中，还需要对包埋造粒的参数进行进一步优化，以降低这 3 个因素对吸附容量的不利影响。

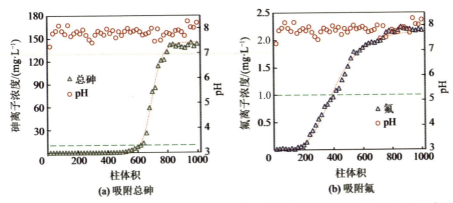

图 4-26　壳聚糖包埋 Fh@ZrO$_2$颗粒吸附实际地下水中总砷和氟的柱实验穿透数据点及拟合曲线（实验条件：柱子体积为 10 mL，内径为 10 mm；空床接触时间为 10 min）

表 4-8　壳聚糖包埋 Fh@ZrO$_2$颗粒去除实际地下水中总砷和氟的柱实验结果

	总砷	氟
穿透点/BV	640	410
穿透容量/（mg·g^{-1}湿颗粒）	1.585	0.773
累计吸附容量/（mg·g^{-1}湿颗粒）	1.712	0.897

从图 4-26 中还可以看出，总砷和氟在壳聚糖包埋 Fh@ZrO$_2$颗粒上动态吸附的穿透曲线可以被 Dose-Response 模型很好地拟合，其模型拟合结果如表 4-9 所示。其中砷吸附的模型常数 a 为 19.95±0.76，大于氟的 4.27±0.12，这说明砷与填料的相互作用更强，这与之前的分析结果是吻合的。此外，为了评估颗粒的化学稳定性，我们还实时监测连续流出水的 pH 值变化，从图 4-26 中可以明显地看出，整个运行过程中 pH 值始终稳定在 7.5~8.4 之间，这意味着颗粒并没有发生组分溶出，这通过对 100，300，500，700，1000 BV 时的出水取样分析 Fe、Zr 浓度得到了证实。

表 4-9 柱实验的 Dose-Response 模型拟合参数

	砷吸附	氟吸附
模型常数 a	19.95 ± 0.76	4.27 ± 0.12
$b/(\text{mg} \cdot \text{L}^{-1} \cdot \text{g}^{-1}$ 干颗粒$)$	407.44 ± 1.21	61.86 ± 0.87
$q_0/(\text{mg} \cdot \text{g}^{-1}$ 干颗粒$)$	156.32 ± 0.34	1.38 ± 0.07
R^2	0.9962	0.9931

注：b 为吸附反应随剂量变化的速率；q_0 为没有加入吸附质等系统的初始容量。

参考文献

[1] MONDAL P, CHATTOPADHYAY A. Environmental exposure of arsenic and fluoride and their combined toxicity: a recent update[J]. Journal of Applied Toxicology, 2020, 40(5): 552-566.

[2] 张艳素. 铁锆复合氧化物去除砷氟的性能研究及机制探讨[D]. 北京: 北京林业大学, 2012.

[3] VOEGELIN A, HUG S J. Catalyzed oxidation of arsenic(Ⅲ) by hydrogen peroxide on the surface of ferrihydrite: an *in-situ* ATR-FTIR study[J]. Environmental Science & Technology, 2003, 37(5): 972-978.

[4] WANG S F, ZHANG G Q, LIN J R, et al. Accurate determination of the As(Ⅴ) coordination environment at the surface of ferrihydrite using synchrotron extended X-ray absorption fine structure spectroscopy and *ab initio* debye-waller factors[J]. Environmental Science: Nano, 2019, 6(8): 2441-2451.

[5] GAO Z Y, LI M H, SUN Y, et al. Effects of oxygen functional complexes on arsenic adsorption over carbonaceous surface[J]. Journal of Hazardous Materials, 2018, 360(40): 436-444.

[6] ISLAM A, TEO S H, AHMED M T, et al. Novel micro-structured carbon-based adsorbents for notorious arsenic removal from wastewater[J]. Chemosphere, 2021, 272(118): 129653.

[7] KONG D, FOLEY S R, WILSON L D. An overview of modified chitosan adsorbents for the removal of precious metals species from aqueous media[J]. Molecules, 2022, 27(3): 978.

［8］KUMAR S, PRASAD K, GIL J M, et al. Mesoporous zeolite-chitosan composite for enhanced capture and catalytic activity in chemical fixation of CO_2［J］. Carbohydrate Polymers, 2018, 198(66): 401-406.

［9］SANAEI L, TAHMASEBPOOR M. Physical appearance and arsenate removal efficiency of Fe(Ⅲ)-modified clinoptilolite beads affected by alginate-wet-granulation process parameters［J］. Materials Chemistry and Physics, 2021, 259(45): 124009.

［10］张桂芳, 朱道飞, 刘能生, 等. Fe(Ⅲ)负载 732 强酸性阳离子交换树脂对铜冶炼污酸中砷离子的吸附研究［J］. 离子交换与吸附, 2021, 37(5):414-426.

［11］曾辉平, 于亚萍, 吕赛赛, 等. 基于铁锰泥的除砷颗粒吸附剂制备及其比较［J］. 环境科学, 2019, 40(11): 5002-5008.

［12］欧阳永强. 铝锆颗粒吸附材料去除水中氟、磷性能及机理研究［D］. 咸阳: 西北农林科技大学, 2017.

第5章 含藻水源水氧化-混凝预处理技术及其应用

　　在过去的数十年间，由于水体富营养化作用，水库、湖泊、江河等地表水域蓝藻水华现象频发，这不仅严重影响城市自来水处理厂的正常运行，也对野外供水造成潜在威胁。超滤膜通过其纳米级孔道（这些孔道的孔径比藻类细胞小至少一个数量级），能够实现高效的固液分离。然而，藻类细胞及其代谢产物所引起的膜污染问题，以及由此导致的通量显著下降，成为超滤技术在高藻含量水体净化应用中的主要瓶颈[1]。超滤面临的另一个挑战是对低分子量有机污染物的去除受限，如微囊藻毒素-LR（MC-LR）和部分消毒副产物（DBPs）前体物等小分子藻类有机物很容易穿透超滤膜而导致供水安全风险。

　　为了延缓超滤膜污染并提高其过滤性能，预处理-超滤耦合系统的开发受到了研究者们的关注，混凝和氧化是应用最广泛的膜前预处理手段[2]。然而，蓝藻细胞由于具有特殊的表面特性（如强静电排斥、强亲水性和形态多样性等）而无法通过传统的混凝工艺有效去除。最近的研究证明，针对高藻水处理，在混凝之前引入适当的氧化剂以建立预氧化过程能够实现显著的增强效应，氧化诱导的刺激可有效灭活藻类细胞、改变细胞表面特性及预先降解溶液中的部分溶解有机碳（DOC），从而提高混凝效能[3]。需要注意的是，为了取得令人满意的除藻效果，已报道的基于氧化的预处理通常需要相对较长的接触时间或较为烦琐的操作程序。除了造成工艺周期延长外，过长的接触时间还可能存在藻类细胞过度氧化的风险，从而导致细胞内有机物（IOM）释放而恶化水质且不利于后续混凝过程[4]。野外条件下，应尽可能开发快速、高效的膜前预处理工艺，以进一步耦合净水车中以超滤为核心的膜过滤系统，应对高藻水处理时膜孔迅速堵塞、通量骤降及有毒 IOM 泄漏的风险。

　　高铁酸盐 [Fe(Ⅵ)O$_4^{2-}$] 被认为是一种无污染的氧化剂，长期以来一直广泛应用于实际水处理问题中。在酸性和碱性溶液中，$Fe(Ⅵ)O_4^{2-}$分别表现出 2.20 V 和 0.72 V 的标准氧化还原电位。众所周知，季节性蓝藻水华期间，实际水体是呈弱碱性的，在此条件下 $Fe(Ⅵ)O_4^{2-}$ 产生的还原电位较低，有利于避免藻类细胞过度氧化。迄今为止，关于应用 $Fe(Ⅵ)O_4^{2-}$ 处理藻类细胞和藻类代谢有机物（AOMs）共存的高藻水的研究很少，且尚未有文献报道将 $Fe(Ⅵ)O_4^{2-}$ 作为辅助剂，结合常规的 $Fe(Ⅱ)$ 混凝工艺，应用于高藻水的处理过程中。

本章内容将聚焦于探讨 $Fe(Ⅵ)O_4^{2-}$ 作为预氧化剂，在强化 $Fe(Ⅱ)$ 混凝处理高藻水过程中的初期效果。通过这一预处理步骤，有效改善后续超滤工艺的进水水质，进而实现藻类细胞及 AOMs 的高效去除，同时延缓膜污染。本部分研究中，首次使用 $Fe(Ⅵ)O_4^{2-}$ 作为强化传统 $Fe(Ⅱ)$ 混凝除藻的预氧化试剂，考察 $Fe(Ⅵ)O_4^{2-}/Fe(Ⅱ)$ 工艺中不同 $Fe(Ⅱ)$ 和 $Fe(Ⅵ)O_4^{2-}$ 投加量下铜绿微囊藻及 AOMs 的去除效能，观察 Zeta 电位、细胞完整性、表面形态等藻类特性的变化，以及混凝-沉淀过程后的藻类絮体特征。此外，通过监测处理后水样中氯化消毒副产物生成势（DBPFP）进一步评估 $Fe(Ⅵ)O_4^{2-}$ 预氧化强化 $Fe(Ⅱ)$ 混凝工艺净化高藻水的安全性。

5.1 试剂投加量优化及其对混凝除藻效能的影响

5.1.1 $Fe(Ⅵ)O_4^{2-}$ 投加量对混凝除藻效能的影响

图 5-1 所示为在不同 $Fe(Ⅵ)O_4^{2-}$ 投加量下（0~50 μmol/L）预氧化强化 $Fe(Ⅱ)$ 混凝工艺对铜绿微囊藻的去除效能。结果表明，在不投加 $Fe(Ⅵ)O_4^{2-}$ 的情况下，单独使用 $Fe(Ⅱ)$ 混凝工艺无法有效处理高藻水，对原水的 OD_{680}、浊度和 UV_{254} 的去除率仅分别仅为 2.9%、0.8% 和 9.1%。相比之下，较高的 UV_{254} 去除率似乎与加入 $Fe(Ⅱ)$ 混凝剂之后形成的高分子量的 Fe-AOMs 螯合物有关，而这些螯合物可在检测 UV_{254} 之前的样品预处理程序中被膜过滤过程截留掉一部分。当模拟高藻原水经过 $Fe(Ⅵ)O_4^{2-}$ 的预处理后，可以观察到明显的辅助效应。$Fe(Ⅵ)O_4^{2-}$ 的初始投加量为 20 μmol/L 时，可获得最佳的高藻水混凝效能，此时对原水的 OD_{680}、浊度和 UV_{254} 的去除率分

别提升至 88.2%、89.1% 和 36.4%。对于该强化效果有 2 种可能的解释：一是 $Fe(Ⅵ)O_4^{2-}$ 预处理诱导的氧化刺激使蓝藻细胞表面原有的有机物保护层脱附，并引起 Zeta 电位绝对值相应地降低（图 5-1），这种电荷中和现象被证明对藻类细胞脱稳是非常有益的[5]；二是预氧化过程中 $Fe(Ⅵ)O_4^{2-}$ 自分解，以及预氧化过程后残留的 $Fe(Ⅵ)O_4^{2-}$ 和后续引入的 $Fe(Ⅱ)$ 之间可发生歧化反应 [化学方程式（5-1）和化学方程式（5-2）]，从而产生大量的原位 $Fe(Ⅲ)$，$Fe(Ⅲ)$ 可作为去除藻类细胞及 AOMs 的有效混凝剂。新生成的 $Fe(Ⅲ)$ 已被普遍证明比投加预制的 $Fe(Ⅲ)$ 更有利于促进絮体的生长[6]。此外，由于预制三价铁盐对管道具有强腐蚀作用且易结块等，因此其在实际水处理应用中受限。

$$Fe(Ⅵ)O_4^{2-}+H_2O \longrightarrow Fe(Ⅲ)+O_2+OH^- \tag{5-1}$$

$$Fe(Ⅵ)O_4^{2-}+Fe(Ⅱ)+H_2O \longrightarrow Fe(Ⅲ)+OH^- \tag{5-2}$$

然而，浓度超过 30 μmol/L 的 $Fe(Ⅵ)O_4^{2-}$ 可导致严重的藻类细胞裂解现象，并伴随着大量 IOM 的释放，一般认为这种现象对高藻水混凝过程是十分不利的。如图 5-1 所示，过量 $Fe(Ⅵ)O_4^{2-}$ 的投加引起了藻去除效能的显著降低。值得注意的是，当 $Fe(Ⅵ)O_4^{2-}$ 投加量从 20 μmol/L 提高到 30，50 μmol/L 时，反应液的 Zeta 电位值从 -5.39 mV 分别下降至 -11.26，-21.85 mV。这表明高投加量下 $Fe(Ⅵ)O_4^{2-}$ 引起的过度氧化赋予藻类细胞表面一定的消耗荷正电的 $Fe(Ⅱ)$ 混凝剂的能力，从而对混凝过程产生负面影响。Liu 等[7]采用 $KMnO_4$ 和 O_3 作为预氧化剂，对高藻水进行强化混凝处理时发现了相似的实验现象，50 μmol/L 初始投加量的 $KMnO_4$ 和 O_3 均可引起藻悬液 Zeta 电位值的大幅降低。因此可以认为，在过量氧化剂暴露下的藻类细胞裂解和伴随发生的 IOM 的释放导致 Zeta 电位值降低。由于静电排斥作用，藻类细胞具有更稳定的悬浮性，这使其难于在混凝-沉淀过程中快速聚集并沉降。另外，Liu 等进一步探索了 $Fe(Ⅵ)O_4^{2-}$ 强化 $Fe(Ⅱ)$ 混凝过程中 UV_{254} 的变化规律。作为衡量水中芳环结构或不饱和碳键物质含量的重要指标，UV_{254} 吸光度的大小能够间接反映这类有机物的含量。由图 5-1 可知，当 $Fe(Ⅵ)O_4^{2-}$ 投加量超过 30 μmol/L 时，对 UV_{254} 的去除效能明显降低，这也是过度氧化引起藻类细胞中 IOM 大量释放的结果。

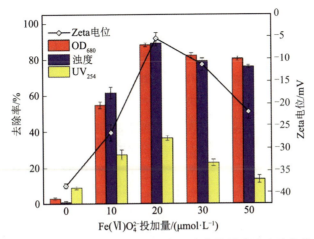

图 5-1　Fe(Ⅵ)O$_4^{2-}$投加量对藻去除率和 Zeta 电位变化的影响 [实验条件：初始藻类细胞浓度为 2.0×10^{6}个/mL，初始 Zeta 电位为 −41.75 mV，初始 pH 值为 8.38，温度为 25 ℃，Fe(Ⅱ)投加量为 80 μmol/L；误差棒表示标准偏差 (n=3)]

5.1.2　Fe(Ⅱ) 投加量对混凝除藻效能的影响

图 5-2 表明了在高藻水处理过程中，Fe(Ⅱ) 浓度对于提升混凝除藻效率的作用。由图 5-2 可知，仅投加 20 μmol/L Fe(Ⅱ) 时，仅有 0.98% 的蓝藻细胞被沉淀下来，这证明 Fe(Ⅱ) 在 Fe(Ⅵ)O$_4^{2-}$/Fe(Ⅱ) 工艺过程中发挥着不可或缺的作用。在不投加 Fe(Ⅱ) 混凝剂的条件下，依靠单独投加 Fe(Ⅵ)O$_4^{2-}$，其通过自分解产生的原位 Fe(Ⅲ) 对于高藻水的混凝效果显得极为有限。事实上，在此种投加方式下，单独使用 Fe(Ⅵ)O$_4^{2-}$ 进行处理反而导致沉淀后水质显著恶化：处理后水中的浊度和 UV$_{254}$ 的去除率分别增加了 2.7% 和 31.8%。据报道，在和本实验相同的剂量下 (20 μmol/L)，通过单独的 Fe(Ⅵ)O$_4^{2-}$ 处理可去除 20%~30% 的蓝藻细胞[8]，这和本实验的研究结果不一致。Zhou 等[8] 的实验是在反复提取蓝藻细胞且无 AOMs 存在的环境中进行的，这是造成两者结果存在差异的主要原因。进一步地，当后续向体系中加入 40 μmol/L Fe(Ⅱ) 时，所检测到的除藻效能与未投加任何混凝剂的情况相近。这一现象表明，在较低的 Fe(Ⅱ) 投加量条件下，Fe(Ⅵ)O$_4^{2-}$/Fe(Ⅱ) 工艺对混凝效果的提升几乎微不足道。这主要归因于该过程中多个不利因素的共同作用，包括藻类细胞表面吸附的有机物 (S-AOMs) 发生脱附、胞内有机物 (IOM) 的大量释放，以及所形成的絮体结构松散、沉降性能差。然而，当 Fe(Ⅱ) 的投加量增加至 60 μmol/L 时，可以明显看到混凝

效果有了显著提升，对原水中 OD_{680}、浊度和 UV_{254} 的去除率分别大幅提升至 71.6%、56.8% 和 4.5%。当继续提高 Fe(Ⅱ) 的投加量时，可获得更高的除藻效能，但当 Fe(Ⅱ) 投加量在 80～120 μmol/L 范围内时，对原水中 OD_{680}、浊度和 UV_{254} 的去除效果的提升幅度很小。

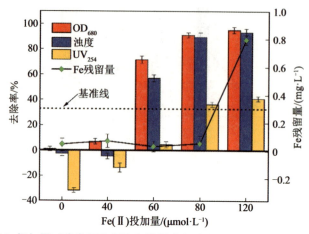

图 5-2 Fe(Ⅱ) 投加量对藻类细胞去除率的影响和残留 Fe 的变化情况 [实验条件：初始藻类细胞浓度为 $2.0×10^6$ 个/mL，初始 pH 值为 8.41，温度为 25 ℃，Fe(Ⅵ)O_4^{2-} 投加量为 80 μmol/L；误差棒表示标准偏差（$n=3$）]

图 5-2 同时给出了不同初始 Fe(Ⅱ) 投加量下 Fe(Ⅵ)O_4^{2-}/Fe(Ⅱ) 处理后反应液中 Fe 残留量的变化。由图可知，当 Fe(Ⅱ) 初始投加量小于 80 μmol/L 时，处理后水中 Fe 残留量始终保持在小于 0.1 mg/L 的较低水平。然而，当继续增加 Fe(Ⅱ) 投加量至 120 μmol/L 时，Fe 残留量激增并达到 0.794 mg/L，这超过了《生活饮用水卫生标准》中允许的最大 Fe 浓度 0.3 mg/L。该现象可以归因于藻悬液中 Fe(Ⅵ)O_4^{2-} 的快速消耗和体系碱度的快速降低，使得过量的 Fe(Ⅱ) 难以形成氢氧化铁絮状物，从而无法与水分离。因此，最优的 Fe(Ⅱ) 投加量推荐为 80 μmol/L，在此条件下，Fe(Ⅵ)O_4^{2-} 预氧化强化 Fe(Ⅱ) 混凝除藻工艺对 OD_{680}、浊度和 UV_{254} 的去除率分别达到 91.2%、89.5% 和 36.4%。

5.2 Fe(Ⅵ)O_4^{2-} 强化 Fe(Ⅱ) 混凝过程对藻类细胞完整性和絮体形貌的影响

为了进一步探究 Fe(Ⅵ)O_4^{2-} 强化 Fe(Ⅱ) 混凝过程对细胞完整性的影

响，使用流式细胞仪对不同 $Fe(VI)O_4^{2-}$ 投加量下受损细胞的比例进行测试。如图 5-3 所示，在对照组实验中，仅采用 $Fe(II)$ 进行混凝处理的情况下，观察到仅有 3.5% 的细胞发生了破裂。引入 $Fe(VI)O_4^{2-}$ 预氧化后，随着其初始投加量从 10 μmol/L 增加到 50 μmol/L，铜绿微囊藻的细胞死亡率从 14.3% 急剧上升至 88.4%。先前的研究指出，尽管预氧化方法可以强化铜绿微囊藻的去除，但应充分考虑对氧化剂的种类和剂量的选择，以避免过度预氧化引起严重的藻类细胞裂解而释放大量 IOM 的现象，从而对混凝过程造成不利影响[9-10]。因此，混凝效能取决于藻类细胞脱稳和 IOM 释放之间的平衡，而理想的预氧化过程应当是适度的。结合图 5-3 和图 5-1 来看，在 $Fe(VI)O_4^{2-}$ 投加量为 20 μmol/L 时，该预氧化过程诱导的 35.6% 的藻类细胞破裂是可以接受的，因为最高的藻类细胞去除效能（88.2%）在此投加量下获得。继续增大 $Fe(VI)O_4^{2-}$ 投加量至 30，50 μmol/L，造成的破裂细胞的比例分别为 49.1% 和 88.4%，这导致混凝效能明显降低，尤其体现在对 UV_{254} 的去除方面（图 5-1 和图 5-3）。这意味着当 $Fe(VI)O_4^{2-}$ 投加量大于 30 μmol/L 时，过度预氧化诱导的 IOM 释放造成的负面影响实质上抵消了 $Fe(VI)O_4^{2-}/Fe(II)$ 工艺过程中絮凝物通过吸附产生的对有机物的去除作用。但是，$Fe(VI)O_4^{2-}$ 投加量为 20 μmol/L 时引起的 35.6% 的藻类细胞破裂仅造成有限的 IOM 释放，这部分有机物可被 $Fe(VI)O_4^{2-}$ 强化 $Fe(II)$ 混凝过程很好地处理并去除。

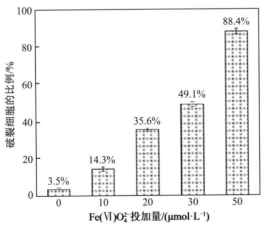

图 5-3 $Fe(VI)O_4^{2-}$ 投加量对铜绿微囊藻细胞完整性的破坏情况 [实验条件：初始藻类细胞浓度为 2.0×10^6 个/mL，初始 pH 值为 8.38，温度为 25 ℃，$Fe(II)$ 投加量为 80 μmol/L；误差棒表示标准偏差 （$n=3$）]

  同时，通过 SEM 图像分析进一步确认蓝藻细胞的破坏程度及混凝效能的强化作用，图 5-4 给出了不同 $Fe(VI)O_4^{2-}$ 投加量下强化 $Fe(II)$ 混凝工艺中包括蓝藻细胞和 Fe 水解产物在内的絮体的形貌特征。从图 5-4a 所示的对照组清晰视图中可以看到呈球形的铜绿微囊藻细胞及黏附在其表面的大量无定形的微小的 Fe 水解胶体，这进一步表明单独的 $Fe(II)$ 混凝工艺在高藻水处理中无法形成大而致密的藻-铁絮状物，从而导致较差的混凝效能，这与图 5-1 所示的结果一致。在 $Fe(II)$ 混凝之前预先投加 10 μmol/L $Fe(VI)O_4^{2-}$ 时，大多数的铜绿微囊藻仍然可保持球状及完整的膜体结构，众多相对较大的铁晶体开始在藻类细胞的表面形成并逐渐增长（图 5-4b）。进一步地，图 5-4c 可观察到在 $Fe(VI)O_4^{2-}$ 投加量为 20 μmol/L 时，尽管藻类细胞的形态变为椭球形，但 $Fe(VI)O_4^{2-}$ 强化 $Fe(II)$ 混凝过程形成了更多更大的 Fe 水解产物，它们使众多的蓝藻细胞交联并形成致密的藻-铁絮状物。据 Ma 等[11]报道，原位形成的 Fe 水解产物 $[Fe(OH)_3]$ 具有更大的表面活性，可通过促进 AOMs 和蓝藻细胞的聚集及交联来显著强化藻-铁絮状物的生长。因此，良好的混凝沉淀效能和优异的除藻效果应归因于 $Fe(VI)O_4^{2-}$ 强化 $Fe(II)$ 混凝过程的协同作用，这不仅包括 $Fe(VI)O_4^{2-}$ 的预氧化刺激使藻类细胞有效灭活，还包括通过残留的 $Fe(VI)O_4^{2-}$ 和后引入的 $Fe(II)$ 之间的快速反应强化聚集态 Fe 水解产物 $[Fe(OH)_3]$ 的形成。然而图 5-4d 表明，在更高浓度（30 μmol/L）的 $Fe(VI)O_4^{2-}$ 暴露下，大多数蓝藻细胞出现了严重变形并失去了球状结构，这被认为是已发生了不可忽略的 IOM 释放[12]。更严重的藻类细胞裂解在图 5-4e 中被观察到。当铜绿微囊藻暴露于 50 μmol/L $Fe(VI)O_4^{2-}$ 下，尽管产生了大量的 Fe 晶体，但是大多数藻类细胞的表面膜结构遭到了明显的破坏，这必然导致大量 IOM 释放。综上所述，SEM 表征结果与流式细胞仪测试结果吻合，表明 20 μmol/L $Fe(VI)O_4^{2-}$ 投加量是最佳平衡点，以保证预氧化过程适度发生，在此条件下，蓝藻细胞可被有效地灭活并脱稳，同时避免了不可控的细胞裂解及 IOM 释放。

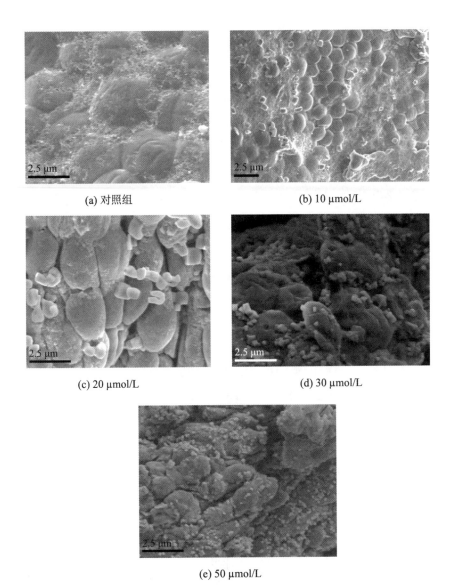

(a) 对照组　　　　　　　　　　　　(b) 10 μmol/L

(c) 20 μmol/L　　　　　　　　　　(d) 30 μmol/L

(e) 50 μmol/L

图 5-4　通过不同投加量 Fe(Ⅵ)O$_4^{2-}$ 预氧化强化 Fe(Ⅱ) 混凝沉淀后藻类絮体及细胞表面形貌的 SEM 组图 [实验条件：初始藻类细胞浓度为 $2.0×10^6$ 个/mL，Fe(Ⅱ) 投加量为 80 μmol/L]

5.3 Fe(VI)O$_4^{2-}$ 预氧化强化 Fe(II) 混凝工艺中 DOC 的变化

为了定量评估藻类细胞释放 IOM 的程度，对 Fe(VI)O$_4^{2-}$ 预氧化强化 Fe(II) 混凝过程中以 DOC 浓度表征的藻类有机物水平进行监测分析。预氧化过程中由单独投加 Fe(VI)O$_4^{2-}$ 诱导的自絮凝作用驱动的有机物去除效能已被证明是微弱的（第 5 章 5.1 节），因此对于仅经 Fe(VI)O$_4^{2-}$ 预氧化的出水来说，其 DOC 浓度的演变可以反映 Fe(VI)O$_4^{2-}$ 预氧化过程对铜绿微囊藻的破坏程度。图 5-5 显示出 DOC 浓度呈现上升趋势，即所谓的"恶化"趋势，意味着 Fe(VI)O$_4^{2-}$ 的预氧化过程伴随着藻类细胞的大量破坏，原本被细胞壁和细胞膜束缚的 IOM 被释放到了水体中，从而增加了出水中的 DOC 浓度，尤其是不合适的 Fe(VI)O$_4^{2-}$ 投加量（高于 30 μmol/L）可使处理后的水中呈现出较高的 DOC 浓度。由图 5-5 可知，当 Fe(VI)O$_4^{2-}$ 投加量从 0 提高到 30 μmol/L 和 50 μmol/L 时，DOC 浓度从最初的 1.8 mg/L 分别急剧升高至 2.9 mg/L 和 3.6 mg/L。但是在 Fe(VI)O$_4^{2-}$ 投加量为 10 μmol/L 和 20 μmol/L 时，和对照组相比，DOC 浓度分别小幅增加了 27.8% 和 33.3%。这些结果与图 5-4 所示的藻类细胞表面形态的变化一致。

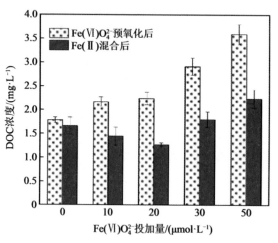

图 5-5 Fe(II) 混凝-沉淀过程前后溶液 DOC 浓度的变化情况 ［实验条件：初始藻类细胞浓度为 2.0×10^6 个/mL，初始 pH 值为 8.38，温度为 25 ℃，Fe(II) 投加量为 80 μmol/L；误差棒表示标准偏差 （$n=3$）］

图 5-5 同时给出了不同投加量 Fe(Ⅵ)O_4^{2-} 强化 Fe(Ⅱ) 混凝过程后处理后水中 DOC 浓度的变化情况。随着 Fe(Ⅵ)O_4^{2-} 初始投加量从 0 增加到 20 μmol/L,处理后水中的 DOC 浓度降低,继续增加 Fe(Ⅵ)O_4^{2-} 投加量至 30 μmol/L 及以上时,DOC 浓度又明显升高。据报道,很大一部分 AOMs 可被 Fe(Ⅲ) 絮体吸附。本实验中,最低的 DOC 浓度在 Fe(Ⅵ)O_4^{2-} 投加量为 20 μmol/L 时获得,这表明在此条件下,絮体吸附 AOMs 和 Fe(Ⅵ)O_4^{2-} 氧化降解 AOMs 的协同效应比预氧化过程引起 AOMs 释放更占主导。这是因为在 Fe(Ⅵ)O_4^{2-} 强化 Fe(Ⅱ) 混凝过程中,随后引入的 Fe(Ⅱ) 激发了歧化反应 [化学方程式 (5-2)],其中预先投加 Fe(Ⅵ)O_4^{2-} 的剩余部分可将 Fe(Ⅱ) 快速氧化成高活性的Fe(Ⅲ) 并吸附藻液中的 AOMs。因此,可以通过控制 Fe(Ⅵ)O_4^{2-} 的投加量实现对水体中 AOMs 的有效控制。

5.4　Fe(Ⅵ)O_4^{2-} 强化 Fe(Ⅱ) 混凝过程对 MC-LR 控制和 DBPs 的影响

5.4.1　Fe(Ⅵ)O_4^{2-} 强化 Fe(Ⅱ) 混凝过程对 MC-LR 控制的影响

蓝藻细胞在正常的生理代谢过程中或在细胞膜被破坏的情况下可向水环境中释放有毒性的微囊藻素 (MC)。作为最常见和最重要的 MC 的异构体之一,MC-LR 受到了最广泛的关注。图 5-6 给出了不同投加量的 Fe(Ⅵ)O_4^{2-} 强化 Fe(Ⅱ) 混凝后水中 MC-LR 去除率的变化情况。在单独的 Fe(Ⅱ) 混凝沉淀过程中,仅有 9.4% 的 MC-LR 通过絮凝物的吸附作用被沉淀去除。如所预期的一样,引入 Fe(Ⅵ)O_4^{2-} 预氧化过程可大幅提高 Fe(Ⅱ) 混凝对 MC-LR 的去除效能。当 Fe(Ⅵ)O_4^{2-} 投加量控制在 10~50 μmol/L 时,MC-LR 的去除率为 45.2%~62.5%。值得注意的是,同 UV_{254} 和 DOC 相比,Fe(Ⅵ)O_4^{2-} 强化Fe(Ⅱ)混凝过程对 MC-LR 的去除效能呈现出不同的趋势,最高 MC-LR 去除率 (62.5%) 是在 Fe(Ⅵ)O_4^{2-} 投加量为 30 μmol/L 而不是 20 μmol/L 时获得的 (图 5-1 和图 5-5)。这是由于除了絮凝物的吸附作用,Fe(Ⅵ)O_4^{2-} 本身的氧化降解性能对 MC-LR 的去除也起着至关重要的作用。如前所述,Fe(Ⅵ)O_4^{2-} 投加量为 30 μmol/L 时,预氧化诱导的藻类细胞破裂比 20 μmol/L 时更加严重，因此必然造成更高浓度的 MC-LR 释放，但其中的大部分又可通过较高投加量的 Fe(Ⅵ)O_4^{2-} 的氧化降解作用而被最终去除。另外，剩余的 MC-LR 又可进一步通过吸附和沉淀作用在絮凝物形成和生长过程中实现部分去除。

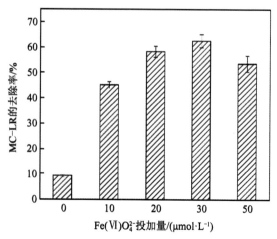

图 5-6 Fe(Ⅵ)O_4^{2-} 投加量对 Fe(Ⅱ) 混凝–沉淀后 MC-LR 去除率的影响［实验条件：初始藻类细胞浓度为 $2.0×10^6$ 个/mL，初始 pH 值为 8.38，温度为 25 ℃，Fe(Ⅱ) 投加量为 80 μmol/L；误差棒表示标准偏差（$n=3$）］

5.4.2 Fe(Ⅵ)O_4^{2-} 强化 Fe(Ⅱ) 混凝过程对 DBPs 的影响

许多研究已经证明蓝藻细胞释放的 IOM 会促进氯化消毒过程中消毒副产物的生成[13]。选取三卤甲烷（THMs，以 TCM 浓度表征）和卤代乙酸（HAAs，以 MCAA、DCAA 和 TCAA 的总浓度表征）为代表性氯化消毒副产物展开研究，以评估藻类有机物作为氯化消毒副产物前体物的反应活性。图 5-7 所示为不同投加量的 Fe(Ⅵ)O_4^{2-} 强化 Fe(Ⅱ) 混凝处理后三卤甲烷和卤代乙酸浓度的变化情况。两种氯化消毒副产物的浓度均呈现出单调上升的趋势。Chen 等[14] 曾提出使用 UV/PS 预氧化强化聚合氯化铝混凝工艺处理高藻水，在评估该过程的氯化消毒副产物生成势时得到了和本实验相似的结果。同原模拟藻悬液相比，采用单独 Fe(Ⅱ) 混凝处理后的水中并没有观察到消毒副产物生成势的明显升高，然而，Fe(Ⅵ)O_4^{2-} 预处理的引入可使该指标值显著提升。如图 5-7 所示，当 Fe(Ⅵ)O_4^{2-} 投加量从 0 增加到 50 μmol/L 时，处理后水中三卤甲烷的浓度从 40.31 μg/L 升高至 82.21 μg/L，卤代乙酸的浓度从 15.18 μg/L 升高至 35.17 μg/L。如藻青蛋白（PC）、富里酸

（FA）和羧酸（CA）等有机物，作为具有高反应性的有机前体，在藻类细胞释放的 AOMs 中占有很大比例，这被认为是处理水中三卤甲烷和卤代乙酸浓度急剧增加的主要原因[15]。另外还观察到，三卤甲烷的浓度明显高于卤代乙酸，Xie 等[16] 在采用预臭氧化处理时也发现了这一现象。然而，尽管 $Fe(\text{VI})O_4^{2-}$ 预氧化强化 $Fe(\text{II})$ 混凝工艺在去除藻类细胞和 DOC 方面的表现令人满意，但在消除消毒副产物前体物方面并无明显效果，甚至可能增加处理后水中消毒副产物的生成风险。因此，在实际应用中，建议将 $Fe(\text{VI})O_4^{2-}$ 的投加量控制在 30 μmol/L 以下，以避免细胞被过度破坏而导致大量消毒副产物前体物的快速释放，这些前体物在后续的氯化消毒过程中可能转化为有害的消毒副产物，从而对饮用水的安全性和公众健康构成威胁。通过调控 $Fe(\text{VI})O_4^{2-}$ 的投加量，可以在实现有效的氧化去除污染物的同时，最大限度地减少不利副产物的生成，确保水质安全。

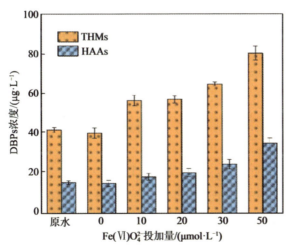

图 5-7　$Fe(\text{VI})O_4^{2-}$ 投加量对 $Fe(\text{II})$ 混凝-沉淀后氯化消毒副产物生成势的影响 [实验条件：初始藻类细胞浓度为 2.0×10^6 个/mL，初始 pH 值为 8.38，温度为 25 ℃，$Fe(\text{II})$ 投加量为 80 μmol/L。氯化实验条件：NaClO 按 Cl_2 : TOC = 3 : 1 投加，调节 pH 值为 7.0，置于黑暗中保持 25 ℃反应 3 d。误差棒表示标准偏差（$n=3$）]

参考文献

[1] CAMPINAS M, ROSA M J. Evaluation of cyanobacterial cells removal and lysis by ultrafiltration [J]. Separation & Purification Technology, 2010, 70(3):345-353.

[2] HUANG H, SCHWAB K, JACANGELO J G. Pretreatment for low pressure membranes in water treatment: a review[J]. Environmental Science & Technology, 2009, 43(9): 3011-3019.

[3] CHEN J J, YEH H H, TSENG I C. Effect of ozone and permanganate on algae coagulation removal: pilot and bench scale tests [J]. Chemosphere, 2009, 74(6): 840-846.

[4] MA M, LIU R P, LIU H J, et al. Effects and mechanisms of pre-chlorination on *Microcystis aeruginosa* removal by alum coagulation: significance of the released intracellular organic matter[J]. Separation & Purification Technology, 2012, 86: 19-25.

[5] XIE P C, CHEN Y Q, MA J, et al. A mini review of preoxidation to improve coagulation[J]. Chemosphere, 2016, 155: 550-563.

[6] QI J, LAN H C, LIU R P, et al. Fe(Ⅱ)-regulated moderate pre-oxidation of *Microcystis aeruginosa* and formation of size-controlled algae flocs for efficient flotation of algae cell and organic matter[J]. Water Research, 2018, 137: 57-63.

[7] LIU B, QU F S, CHEN W, et al. *Microcystis aeruginosa*-laden water treatment using enhanced coagulation by persulfate/Fe(Ⅱ), ozone and permanganate: comparison of the simultaneous and successive oxidant dosing strategy[J]. Water Research, 2017, 125: 72-80.

[8] ZHOU S Q, SHAO Y S, GAO N Y, et al. Removal of *Microcystis aeruginosa* by potassium ferrate(Ⅵ): impacts on cells integrity, intracellular organic matter release and disinfection by-products formation[J]. Chemical Engineering Journal, 2014, 251: 304-309.

[9] JIA P L, ZHOU Y P, ZHANG X F, et al. Cyanobacterium removal and control of algal organic matter (AOM) release by UV/H_2O_2 pre-oxidation enhanced Fe(Ⅱ) coagulation[J]. Water Research, 2018, 131: 122-130.

[10] Qi J, Lan H C, Miao S Y, et al. $KMnO_4$-Fe(Ⅱ) pretreatment to enhance *Microcystis aeruginosa* removal by aluminum coagulation: Does it work after long distance transportation? [J]. Water Research, 2016, 88: 127-134.

[11] MA M, LIU R P, LIU H J, et al. Effect of moderate pre-oxidation on the removal of *Microcystis aeruginosa* by $KMnO_4$-Fe(Ⅱ) process: significance of

the *in-situ* formed Fe(Ⅲ)[J]. Water Research, 2012, 46(1): 73−81.

[12] PLUMMER J D, EDZWALD J K. Effect of ozone on algae as precursors for trihalomethane and haloacetic acid production[J]. Environmental Science & Technology, 2001, 35(18): 3661−3668.

[13] CORAL L A, ZAMYADI A, BARBEAU B, et al. Oxidation of *Microcystis aeruginosa* and *Anabaena flos-aquae* by ozone: impacts on cell integrity and chlorination by-product formation[J]. Water Research, 2013, 47(9): 2983−2994.

[14] CHEN Y Q, XIE P C, WANG Z P, et al. UV/persulfate preoxidation to improve coagulation efficiency of *Microcystis aeruginosa*[J]. Journal of Hazardous Materials, 2017, 322(Part B): 508−515.

[15] LU J F, ZHANG T, MA J, et al. Evaluation of disinfection by-products formation during chlorination and chloramination of dissolved natural organic matter fractions isolated from a filtered river water[J]. Journal of Hazardous Materials, 2009, 162(1): 140−145.

[16] XIE P C, MA J, FANG J Y, et al. Comparison of permanganate preoxidation and preozonation on algae containing water: cell integrity, characteristics, and chlorinated disinfection byproduct formation [J]. Environmental Science & Technology, 2013, 47(24): 14051−14061.

第6章 过一硫酸盐氧化强化混凝除藻技术

近年来，在高藻水净化的研究实践中，基于硫酸根自由基（$SO_4^- \cdot$）和羟基自由基（$\cdot OH$）的高级氧化工艺（AOPs）作为新兴的预氧化策略被提出，用于混凝或气浮工艺前藻类细胞的有效灭活和 AOMs 降解[1-2]。和 $\cdot OH$ 相比，$SO_4^- \cdot$ 可能是更合适的。众所周知，$SO_4^- \cdot$ 的半衰期更长，并且在中性或碱性溶液中与有机物发生反应的选择性更高，而该操作环境与天然地表水的实际 pH 值相符[3-4]。通常，过一硫酸盐（PMS）和过硫酸盐（PS）均可通过 UV、加热、超声、活性炭或过渡金属等活化产生 $SO_4^- \cdot$ [5]，其中基于过渡金属离子的活化凭借较低的成本和易于应用的优势被认为是最具前景的活化途径之一。一些研究采用 Fe(Ⅱ)/PS 工艺处理高藻水，发现基于 $SO_4^- \cdot$ 的预氧化及原位形成的 Fe(Ⅲ) 在同时氧化和混凝藻类细胞中起着关键作用[2]，但是将 Fe(Ⅱ)/PMS 工艺应用于高藻水净化的文献还鲜有报道。值得注意的是，这两种氧化剂之间存在着显著差异，如被活化的难易程度及氧化能力不同，这可能导致对高藻水的处理效能不同。

如前章所述，为了进一步提高除藻效能且保证一定程度的蓝藻灭活，同时避免发生显著的细胞裂解，最完美的氧化策略应当是快速和适度的。同 PS 及 H_2O_2 相比，PMS 具有普遍的活化特性和相对较低的氧化能力，因此有可能成为更好的替代氧化剂[6]。此前，还未有关于使用 PMS 辅助传统 Fe(Ⅱ) 混凝，在一个同步氧化/混凝的过程中去除藻类细胞的研究，而采用基于 Fe(Ⅱ) 活化的 AOPs 过程处理高藻水的强化机制也未被详细报道过。

为应对含藻地表水处理的挑战，本章介绍另一种可供选择的膜前预处理工艺，PMS 被首次用作一种适度的氧化剂以辅助 Fe(Ⅱ) 混凝-沉淀过程，强化对铜绿微囊藻和 AOMs 的去除。在耦合的 Fe(Ⅱ)/PMS 工艺中，Fe(Ⅱ) 由于自身的高活性、无污染性和作为传统混凝剂的应用普遍性，是一种理想的活化剂。本章研究的具体目标如下：① 研究 PMS 强化 Fe(Ⅱ)

混凝–沉淀过程对铜绿微囊藻细胞和 AOMs 的去除效能；② 优化 Fe(Ⅱ) 和 PMS 投加量并评价两者各自在 Fe(Ⅱ)/PMS 工艺中的作用；③ 通过综合评价铜绿微囊藻细胞的完整性、MC-LR 释放的控制、残留 Fe 浓度及消毒副产物生成势（DBPFP），讨论应用该工艺的安全性；④ 从 Fe 晶体和藻类絮体角度揭示基于 Fe(Ⅱ) 活化 PMS 同步氧化/混凝过程处理高藻水的强化机理。

6.1　不同氧化–混凝工艺下铜绿微囊藻的去除效果

图 6-1 所示为 Fe(Ⅱ)/H_2O_2，Fe(Ⅱ)/PS 和 Fe(Ⅱ)/PMS 3 种基于 AOPs 强化 Fe(Ⅱ) 混凝工艺对高藻水的处理效能。在没有其他氧化剂投加的条件下，90 μmol/L 投加量的单独 Fe(Ⅱ) 混凝过程设置为对照组，该组的高藻水处理效能很低，对 OD_{680}、浊度和 DOC 的去除率分别为 1.7%、0.7% 和 2.76%。然而，对含有 Fe(Ⅱ) 的藻悬液进行分别添加等摩尔的 H_2O_2、PS 和 PMS 的后处理，混凝–沉淀后观察到去除铜绿微囊藻的效应显著增强。值得注意的是，Zeta 电位的变化趋势与藻类的去除效能显著相关（图 6-1），这表明藻液 Zeta 电位绝对值的降低是强化混凝过程效能提升的重要原因[7]。

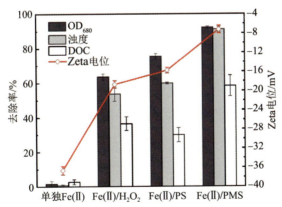

图 6-1　不同工艺下铜绿微囊藻去除效能的比较 [实验条件：初始藻类细胞浓度为 2.0×10^6个/mL，初始 pH 值为 8.37，初始 Zeta 电位为 −39.77 mV，温度为 25 ℃，Fe(Ⅱ) 投加量为 90 μmol/L，各氧化剂投加量为 50 μmol/L，Fe(Ⅱ) 和氧化剂投加间隔时间为 3 min；误差棒表示标准偏差 (n=3)]

虽然后续引入 H_2O_2、PS 和 PMS 均可大幅强化 Fe(Ⅱ) 混凝过程，但 Fe(Ⅱ)/PMS 系统达到最佳的高藻水处理效能，对 OD_{680}、浊度和 DOC 的去除率分别达到92.3%、91.1%和58.3%。同$Fe(II)/H_2O_2$及$Fe(II)/PS$工艺相比，$Fe(II)/PMS$工艺中观察到更多、更大的藻类絮体以更快的速度沉降。因此可以认为，PMS是强化$Fe(II)$混凝处理高藻水工艺的最佳选择，而对于其性能优于H_2O_2或PS的原因，有两种可能的解释：其一，相比于基于·OH的AOPs，基于SO_4^-·的AOPs被认为受复杂水基质的影响较小，在自由基清除剂存在的条件下对某些有机物的降解具有较高的选择性[4]，因此能够减轻混凝负荷，从而有利于藻类细胞的沉降；其二，同PMS相比，由于分子结构和特性的不同，$Fe(II)$作为电子供体不易在3 min内或者在90 μmol/L及以下的浓度下活化H_2O_2或PS[6,8]。因此，大量的SO_4^-·、·OH及原位$Fe(III)$在$Fe(II)/PMS$体系中连续不断地产生，促进了藻类表面负电荷的中和、细胞的脱稳和絮体的快速生长，这均有助于提升对OD_{680}、浊度和DOC的去除率。以上工艺过程中所涉及的主要反应如化学方程式（6-1）~化学方程式（6-8）所示，通过依次引入$Fe(II)$和如上氧化剂可以建立3种基于AOPs的反应体系，由于这3种反应体系可形成充足的SO_4^-·、·OH和原位$Fe(III)$，因此都有利于藻类细胞的脱稳和去除[1]。如化学方程式（6-8）所示（cell**表示氧化环境下的失活细胞），产生的自由基可以很好地灭活藻类细胞，这有利于其通过混凝过程被去除。在先前的研究中，$KMnO_4$氧化、UV/H_2O_2和UV/PS等工艺通常被作为预氧化手段介入，这些过程对后续混凝–沉淀工艺而言是相对独立和分离的，这可能导致接触时间较长[1,9]。在本章的研究中，$Fe(II)$和氧化剂（H_2O_2、PS、PMS）是连续投加的，$Fe(II)$充当混凝剂和活化剂的双重角色，并且和氧化、混凝过程同步发生。因此，基于AOPs的强化$Fe(II)$混凝工艺，尤其是$Fe(II)/PMS$体系，在处理高藻水方面显示出巨大优势。

$$Fe(II) + H_2O_2 \xrightarrow{in\ situ} Fe(III) + OH^- + \cdot OH \tag{6-1}$$

$$Fe(II) + \cdot OH \xrightarrow{in\ situ} Fe(III) + H_2O \tag{6-2}$$

$$Fe(II) + S_2O_8^{2-} \xrightarrow{in\ situ} Fe(III) + SO_4^{2-} + SO_4^- \cdot \tag{6-3}$$

$$Fe(II) + HSO_5^- \xrightarrow{in\ situ} Fe(III) + SO_4^- \cdot + OH^- \tag{6-4}$$

$$SO_4^- \cdot + OH^- \longrightarrow SO_4^{2-} + \cdot OH \tag{6-5}$$

$$\cdot OH + SO_4^{2-} \longrightarrow SO_4^- \cdot + OH^- \tag{6-6}$$

$$Fe(II) + SO_4^- \cdot \xrightarrow{in\ situ} Fe(III) + SO_4^{2-} \tag{6-7}$$

$$cell + \cdot OH / SO_4^- \cdot \longrightarrow cell ** + AOMs \tag{6-8}$$

6.2　Fe(Ⅱ)/PMS 工艺中 Fe(Ⅱ) 投加量对铜绿微囊藻去除效能的影响

图 6-2 所示为 Fe(Ⅱ) 投加量在 0~180 μmol/L 范围内对 PMS 强化 Fe(Ⅱ) 混凝工艺除藻效能的影响。当初始 Fe(Ⅱ) 投加量低于 30 μmol/L 时，对 OD_{680} 和浊度的去除率极低，证明仅投加 PMS 无法有效去除藻类细胞，且 Fe(Ⅱ)/PMS 工艺在过低的 Fe(Ⅱ) 投加量下对藻类细胞的去除效能几乎没有提升。相应地，该过程中观察到细小而疏松的不良絮体。这充分体现了当 Fe(Ⅱ) 发挥 PMS 活化剂和 Fe(Ⅲ) 前体物的双重作用时，初始 Fe(Ⅱ) 浓度对去除藻类细胞的重要性。低至 60 μmol/L 或更小的 Fe(Ⅱ) 投加量无法有效激活该过程，可能是由于释放在水中的 AOMs 消耗了实际的 Fe(Ⅱ)。然而，当初始 Fe(Ⅱ) 投量从 30 μmol/L 增加到 180 μmol/L 时，对 OD_{680} 和浊度的去除率分别从 1.4% 和 1.6% 提升至 98.6% 和 96.2%。值得注意的是，当 Fe(Ⅱ) 的投加量增加至 90 μmol/L 时，Fe(Ⅱ)/PMS 工艺达到较高的藻类细胞去除效能，对 OD_{680} 和浊度的去除率分别为 93.2% 和 91.5%，而进一步增加 Fe(Ⅱ) 投加量对效能的提升十分有限。

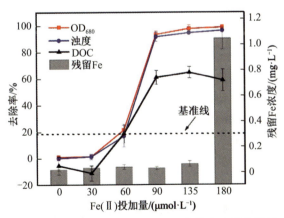

图 6-2　Fe(Ⅱ)/PMS 工艺中 Fe(Ⅱ) 投加量对铜绿微囊藻去除效能的影响及残留 Fe 浓度 [实验条件：初始藻类细胞浓度为 2.0×10⁶ 个/mL，初始 pH 值为 8.21，温度为 25 ℃，PMS 投加量为 50 μmol/L，Fe(Ⅱ) 和 PMS 投加间隔时间为 3 min；误差棒表示标准偏差 (n=3)]

图 6-2 同时给出了不同 Fe(Ⅱ) 投加量下 DOC 的变化情况。由图 6-2 可知，当 Fe(Ⅱ) 浓度低于 30 μmol/L 时，Fe(Ⅱ)/PMS 工艺对 DOC 的去除产

生不利影响。先前的一项研究指出，在没有明显活化剂存在的条件下，单独的 PMS 也可以与多种化合物直接反应[10]。因此，低 Fe(Ⅱ) 投加量下，Fe(Ⅱ)/PMS 工艺处理引起的 DOC 浓度的略微升高可以归因于 S-AOMs 的解吸。由前述章节已知，为了强化藻类细胞的去除，通过破坏 S-AOMs 的方式来改变细胞的表面特性是必要的，但是不可避免地带来水基质中 DOC 浓度的升高。Qi 等[11]采用 9 μmol/L 的 $KMnO_4$ 对高藻水进行预处理时得到了类似的结论，藻悬液中 DOC 浓度提升了 4.5%。本章节的研究中，Fe(Ⅱ) 投加量为 30 μmol/L 时对 DOC 的去除率为 −10.9%，表明该投加量下 Fe(Ⅱ)/PMS 工艺中发生了较大程度的 AOMs 释放。然而，进一步提升初始 Fe(Ⅱ) 投加量，对 DOC 的去除率大幅提升，且当 Fe(Ⅱ) 投加量为 135 μmol/L 时对 DOC 的去除率达到最大值 64.7%。这是由于在 Fe(Ⅱ)/PMS 工艺中，即使发生了一定程度的 AOMs 释放，但随着 Fe(Ⅱ) 投加量的增大，大量的原位 Fe(Ⅲ) 产生，它们仍可通过吸附作用有效去除 DOC。

图 6-2 同时给出了不同初始 Fe(Ⅱ) 投加量下进行 PMS 强化 Fe(Ⅱ) 混凝处理后残留 Fe 的浓度。当 Fe(Ⅱ) 投加量从 0 增加到 135 μmol/L 时，未观察到残留 Fe 浓度的明显增加（始终低于 0.1 mg/L），这可能是由于实验条件下其与 PMS 的反应较充分。另外，当初始投加较少的 Fe(Ⅱ) 时，Fe(Ⅱ) 与 S-AOMs 之间的吸附和交联也会导致溶液中残留 Fe 的浓度维持在较低水平[12]。然而，初始 Fe(Ⅱ) 投加量提升至 180 μmol/L 时，溶液中残留 Fe 的浓度陡增并达到 1.05 mg/L，其已远超过《生活饮用水卫生标准》中的安全阈值 0.3 mg/L。

考虑到经济成本和混凝效率，建议使用 90 μmol/L 作为最优 Fe(Ⅱ) 投加量。在此条件下，对 OD_{680}、浊度和 DOC 的去除率分别达到 93.2%、91.5%和 59.4%，并且残留 Fe 浓度低至 0.03 mg/L。

6.3 Fe(Ⅱ)/PMS 工艺中 PMS 投加量对铜绿微囊藻去除效能的影响

为了更好地平衡藻类细胞灭活和有限的细胞破坏的需要，应通过控制 PMS 投加量使铜绿微囊藻暴露于适度氧化的环境中。不同 PMS 投加量对藻类细胞去除效能及 K^+ 释放的影响见图 6-3。如图 6-3 所示，后续引入的 PMS

在强化 Fe(Ⅱ) 混凝除藻过程中起着重要作用，当 PMS 投加量从 0 增加至 50 μmol/L 时，对 OD_{680}、浊度的去除率分别从 1.4% 和 2.7% 急剧提高至 93.5% 和 93.2%，这归因于同时氧化和混凝的综合效应。然而通过对比图 6-2 和图 6-3 中 Fe(Ⅱ) 与 PMS 在等比例投加量下的除藻效能，可以发现一个有趣的现象，藻类细胞去除率在两图中呈现出明显的不一致性。具体地，在大约相同的投加量比例 [Fe(Ⅱ)∶PMS＝1∶1] 下，图 6-2 中在 90 μmol/L Fe(Ⅱ) 和图 6-3 中 90 μmol/L PMS 投加量下获得了大于 90% 的藻类细胞去除率，而图 6-2 中在 50 μmol/L Fe(Ⅱ) 和图 6-3 中在 50 μmol/L PMS 投加量下藻类细胞去除率不足 20%。相同投加比例下，这种巨大的差异进一步表明前体物浓度对激活该过程的重要性。当 Fe(Ⅱ) 投加量低于 90 μmol/L 或 PMS 投加量低于 50 μmol/L 时，对藻类细胞的去除是不利的。然而当 PMS 投加量≥50 μmol/L 时，通过 Fe(Ⅱ) 的活化可产生足够多的 $SO_4^{-} \cdot$ 和 $\cdot OH$，这是有效灭活藻类细胞并破坏 S-AOMs 保护层的原因，可使藻类细胞变得易于脱稳和聚集。同时，Fe(Ⅱ)/PMS 工艺中产生了大量的原位 Fe(Ⅲ)，其被认为有比传统铝盐或预制 Fe(Ⅲ) 混凝剂更优异的混凝性能。同时，由图 6-3 可知，PMS 投加量在 50～150 μmol/L 范围内，对藻类细胞的去除率趋于稳定，95.5% 的最高效能在 PMS 投加量为 120 μmol/L 时获得，但其仅比投加量为 50 μmol/L 时的藻类细胞去除率（93.5%）提高 2%。然而，PMS 投加量从 50 μmol/L 提升至 150 μmol/L 时，对浊度的去除率从 93.2% 小幅降低至 89.0%。这是由于过高的 PMS 投加量可造成藻类细胞的过度氧化，从而引起相对严重的细胞破裂，该过程伴随着大量 IOM 的释放。该推测在以 K^+ 释放率表征细胞破损率的研究结果中得到了证明（图 6-3）。据报道，含藻水中增多的有机物（包括 IOM 和 S-AOMs）可与带正电荷的混凝剂结合，进而削弱混凝效能[13]。另外，由于位阻效应的存在，水中有机物也能通过妨碍微粒聚集而影响混凝过程[2]。因此，虽然升高的 PMS 投加量理论上可产生更多的活性自由基去降解 DOC，但同时，这种有益作用会被过度氧化诱导 IOM 释放而产生的抑制作用所抵消。

对藻类细胞而言，K^+ 是合成细胞膜的主要成分，通常认为 K^+ 释放率可以间接指示外界环境作用对藻类细胞的破坏程度[1]。如图 6-3 所示，细胞破损率整体单调上升，但在 PMS 投加量达到 50 μmol/L 时发生突增，之后继续增大 PMS 投加量，细胞破损率适度增长。诸如 O_3、H_2O_2、PS 和 $KMnO_4$ 等化学氧化剂已被报道都具有破坏藻类细胞的能力，并且细胞破裂程度明显取决于氧化剂的种类、剂量和接触时间[14]。较低的细胞破损率（5.6%）可以解释为低投加量 PMS（≤20 μmol/L）产生的不充分的自由基主要用于与 S-AOMs 反应，而不是直接氧化铜绿微囊藻细胞。Qi 等[11]也发现当蓝藻细胞被低投加量的 KMnO$_4$ 攻击时仍可保持其完整性。然而，图 6-3 中在 50 μmol/L PMS 投加量下，细胞破损率大幅提升至 19.3%，但该水平的细胞破损是可以接受的，因为它能够显著强化混凝过程，对 OD$_{680}$ 和浊度的去除率分别达到 93.5% 和 93.2%。进一步地，PMS 投加量在 150 μmol/L 时获得最高的细胞破损率 31.6%，这比先前报道的相关研究中的破损率低。例如，Gu 等[15]采用 PS/Fe(Ⅱ) 工艺对高藻水进行 60 min 的处理获得了 62.6% 的细胞破损率。这一结果的差异可以归因于 2 种工艺氧化能力和接触时间的不同，并且 Fe(Ⅱ)/PMS 工艺的竞争优势在于该过程可以建立一个适度的氧化环境以有效消除 S-AOMs，使藻类细胞失活而无须裂解。

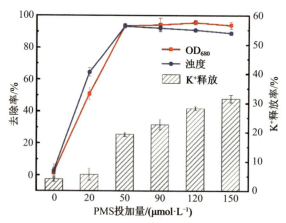

图 6-3 Fe(Ⅱ)/PMS 工艺中 PMS 投加量对铜绿微囊藻去除及 K$^+$ 释放的影响 ［实验条件：初始藻类细胞浓度为 2.0×10^{6}个/mL，初始 pH 值为 8.45，温度为 25 ℃，Fe(Ⅱ) 投加量为 90 μmol/L，Fe(Ⅱ) 和 PMS 投加间隔时间为 3 min；误差棒表示标准偏差 （n=3）］

进一步使用单细胞定量分析分选技术流式细胞术（FCM）检测 Fe(Ⅱ)/PMS 处理后藻类细胞的完整性。在 FL1 和 FL3 通道分别收集与 Sytox Green 染色剂和叶绿素 a 对应的荧光强度，并借助 CellQuest 软件将结果呈现在如图 6-4 所示的一系列彩图中。区域 live 的特征是红色荧光强度（FL3）较强而绿色荧光强度（FL1）较弱，代表具有完整质膜的铜绿微囊藻细胞。对应地，具有相反荧光特征的区域 dead 反映了质膜受损细胞的数量。由图 6-4a 可知，单独的 Fe(Ⅱ) 处理仅造成 5.2% 的细胞破裂，这主要归因于混凝过程中的搅拌剪切力和原水中藻类细胞的自然死亡率，这一结果与相关文献一致[16]。当 PMS 投加量为 20 μmol/L 和 50 μmol/L 时，藻类细胞死亡率分别大幅提升至 9.6% 和 25.4%（图 6-4b ~ c）。当进一步将 PMS 投加量从 90 μmol/L 增加至 150 μmol/L 时，观察到了更显著的细胞破损，受损细胞比例分别达到 33.2%、35.7% 和 41.2%（图 6-4d ~ f）。有趣的是，在高投加量的 PMS 下，藻类细胞死亡率及 K^+ 释放量（图 6-3）并未大幅增加。也就是说，即使在相对较高的氧化剂投加量下，其对藻类细胞的氧化刺激并不强烈，这说明 Fe(Ⅱ)/PMS 工艺是应对高藻水处理挑战的一种适度氧化策略。对于这种现象有 4 种可能的解释：其一，Fe(Ⅱ)/PMS 工艺在近中性的 pH 条件下对藻类细胞的氧化能力可能是适中的。其二，本研究中所采用的氧化剂的暴露时间比其他文献报道的短暂。例如，采用 UV/H_2O_2 预氧化强化 Fe(Ⅱ) 混凝-沉淀工艺处理高藻水时需要 36 min[1]。然而，当前 PMS 强化 Fe(Ⅱ) 混凝-沉淀工艺可在大约 20 min 内达到同等效能。其三，Fe(Ⅱ)/PMS 工艺中固定的 Fe(Ⅱ) 投加量（90 μmol/L）限制了高浓度 PMS 的活化，并且中间产生的自由基可被 AOMs 快速消耗。其四，位于藻类絮体表面的 Fe(Ⅲ)-AOMs-cell 复合物充当保护层，可以阻止内部细胞的完整性受到过度破坏。在 Fe(Ⅱ)/PMS 工艺中，PMS 已被证明能够在 5 min 内分解并形成 Fe(Ⅲ) 和自由基[4]。在该快速的反应中，铜绿微囊藻的聚集与基于自由基的氧化同时进行。因此，在搅拌阶段即出现许多肉眼可见的大体积藻类絮体。由于位阻效应，疯狂生长的藻类絮体聚集物可以降低内部藻类细胞的氧化剂暴露水平[2]。综上，FCM 结果与藻类细胞的 K^+ 释放情况一致，进一步证明 PMS 强化 Fe(Ⅱ) 混凝-沉淀工艺可作为高藻水处理的一种适度氧化策略，它能获得较高的藻类细胞去除效能，且对细胞裂解的影响较小。

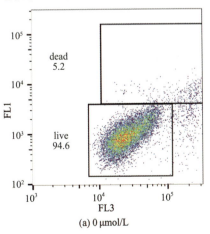

(a) 0 μmol/L

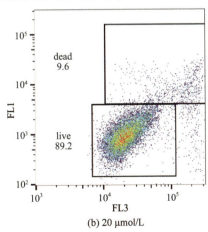

(b) 20 μmol/L

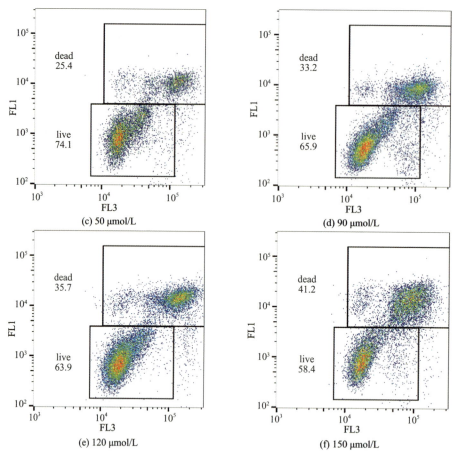

图 6-4 不同 PMS 投加量下 Fe(Ⅱ)/PMS 工艺反应后铜绿微囊藻的流式细胞术测试结果 [实验条件：初始藻类细胞浓度为 2.0×10⁶个/mL，初始 pH 值为 8. 45，温度为 25 ℃，Fe(Ⅱ) 投加量为 90 μmol/L，Fe(Ⅱ) 和 PMS 投加间隔时间为 3 min]

6. 4 PMS 强化 Fe(Ⅱ) 混凝除藻的安全性评价

为了获得令人满意的藻灭活和去除效能，外界氧化刺激将不可避免地导致不同程度的细胞裂解，细胞裂解引起的 MC-LR 与 DBPFP 的升高已被证明与 AOMs 的释放显著相关。因此，评估 Fe(Ⅱ)/PMS 工艺对 MC-LR 控制及 DBPFP 的影响，对确保其实际应用的安全性，具有重要意义。如图 6-5 所示，PMS 强化 Fe(Ⅱ) 混凝处理高藻水过程中，DOC 和 MC-LR 去除率表现出先迅速上升后缓慢降低的趋势。单独 Fe(Ⅱ) 混凝时未观察到对 DOC

或 MC-LR 的有效去除。当后续引入 20 μmol/L 的 PMS 时，MC-LR 的去除率大幅提升至 31.5%，而 DOC 的去除率仅提升至 20.3%。据报道，基于 AOPs 的方法可有效降解 MC-LR[1, 17]。可以推测，在低于 20 μmol/L 的 PMS 投加量下，Fe(Ⅱ)/PMS 工艺生成 $SO_4^-\cdot$ 和 $\cdot OH$ 并诱导氧化作用占主导地位，但是助凝作用并不明显，原位生成的 Fe(Ⅲ) 不足以充分吸附或者沉降 DOC。在 50~150 μmol/L 的范围内继续增大 PMS 投加量，AOMs 的去除（通过氧化和混凝作用）与释放之间存在竞争关系。具体地，在中性或弱碱性环境下，Fe(Ⅱ)/PMS 工艺中同时产生原位 Fe(Ⅲ)、$SO_4^-\cdot$ 和 $\cdot OH$ [化学方程式（6-4）~化学方程式（6-7）]。原位 Fe(Ⅲ) 通过水解发挥混凝作用，这使 AOMs 不稳定，从而导致其聚集并被絮体捕获。此过程已被证明有利于减少溶解性有机物（DOM）含量，尤其是大分子组分[4]。另外，低分子量有机物倾向于被 $SO_4^-\cdot$ 和 $\cdot OH$ 矿化。因此，从这一点来看，由 $SO_4^-\cdot$ 和 $\cdot OH$ 诱导的化学氧化有助于 DOC 的去除。然而，藻类细胞同样很容易受到这种氧化攻击，造成不希望发生的细胞破裂，从而导致严重的 AOMs 释放，最终使 DOC 浓度急剧增加。由图 6-5 可知，50~90 μmol/L 内适度的 PMS 投加量显示出对 AOMs 释放最佳的控制，对 DOC 和 MC-LR 的去除率分别为 55.7%~60.1% 和 68.3%~75.5%。当 PMS 投加量大于 90 μmol/L 时，发生不可控的 AOMs 释放，这不利于实现 DOC 或 MC-LR 的低残留。

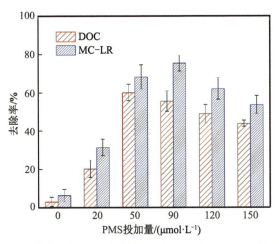

图 6-5　Fe(Ⅱ)/PMS 工艺在不同 PMS 投加量下对 DOC 和 MC-LR 的去除效能 [实验条件：初始藻类细胞浓度为 2.0×10⁶个/mL，初始 pH 值为 8.45，温度为 25 ℃，Fe(Ⅱ) 投加量为 90 μmol/L，Fe(Ⅱ) 和 PMS 投加间隔为 3 min；误差棒表示标准偏差（n=3）]

　　图 6-6 给出了在对原水和处理水进行氯化后，PMS 强化 Fe(Ⅱ) 混凝对 DBPFP 的影响。本节主要评估 THMs（由 TCM 代表）和 HAAs（由 MCAA、DCAA 和 TCAA 代表）2 种主要氯化消毒副产物生成潜能的变化。在氯化实验之前，检测了每个水样的初始 DOC 浓度，结果如表 6-1 所示。一般认为，由于 DBPs 的前体物分子量低且具有一定的亲水性，其难以通过混凝过程去除[18]。随着 PMS 投加量从 0 增加到 150 μmol/L，TCM 和总 HAAs 的浓度分别逐渐升高 67.1% 和 81.9%，这与 DOC 的变化高度相关（图 6-5 和表 6-1）。众所周知，AOMs 是形成氯化 DBPs 的重要前体物。Plummer 和 Edzwald[19] 报道了当藻类细胞遭受氧化刺激时，AOMs 的释放也可发生在细胞裂解之前。同样地，尽管在 K⁺ 释放（图 6-3）和细胞活性（图 6-4）方面没有发现大规模的细胞裂解，但 90~150 μmol/L 范围内较高的 PMS 投加量确实导致一定水平的 IOM 泄漏到细胞外，这影响了 DOC 的净去除（图 6-5），最终成为 DBPFP 增加的原因。然而，值得注意的是 PMS 投加量在 50 μmol/L 时实现了最低的 TCM 残留，尽管在此投加量下存在着 19.3% 的 K⁺ 释放率和 25.4% 的细胞死亡率，TCM 的浓度为 32.9 μg/L，低于原水中的浓度 35.5 μg/L，这说明原位 Fe(Ⅲ) 对 DBPs 前体物具有较强的吸附和清除能力。此外，从图 6-6 可以看到，TCM 的浓度比总 HAAs 要高很多。这一发现可以解释为释放的 AOMs 中富含藻青蛋白，这被认为是形成 THMs 的主要前体物[20]。至于 HAAs 浓度的缓慢上升，尤其是 TCAA，可以归因于富里酸和有机羧酸的释放[21]。此外，对比 3 种 HAAs 的比例，可以发现，Fe(Ⅱ)/PMS 工艺可以加剧 MCAA 和 DCAA 的氯取代，导致 TCAA 更容易生成。据一项先前的研究报道，在 UV/PS 预氧化强化 PACl 混凝除藻过程中，PS 投加量为 20 mg/L 时，TCM 的浓度上升至大约 220 μg/L[22]。相比之下，PMS 强化 Fe(Ⅱ) 混凝工艺所诱导的同步氧化/混凝效应对控制高藻水处理中的 DBPFP 是适度和有效的，但是对于 PMS 的投加量应当谨慎考虑，因为它能够显著影响 DBPFP 并对工业应用造成威胁。

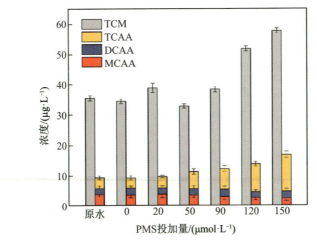

图 6-6　Fe(Ⅱ)/PMS 工艺对沉后水中氯化消毒副产物生成势的影响 [实验条件：初始藻类细胞浓度为 2.0×10⁶ 个/mL，初始 pH 值为 8.45，温度为 25 ℃，Fe(Ⅱ) 投加量为 90 μmol/L，Fe(Ⅱ) 和 PMS 投加间隔为 3 min。氯化实验条件：氯投加量（以 Cl₂ 计）：TOC（以 C 计）＝3：1（质量比），pH＝7.0，温度为 25 ℃，反应时间为 72 h（黑暗）。误差棒表示标准偏差（n=3）]

表 6-1　氯化实验前各水样中 DOC 浓度

PMS 投加量/(μmol · L⁻¹)	原水	0	20	50	90	120	150
DOC 浓度/(mg · L⁻¹)	3.91	3.74	2.63	1.59	1.72	1.98	2.21

6.5　PMS 强化 Fe(Ⅱ) 混凝去除铜绿微囊藻及 AOMs 的可能机制

6.5.1　藻类细胞对 Fe(Ⅱ) 的预吸附及原位效应

由于 S-AOMs 的存在及其他一些不利特性，因此即使引入 90 μmol/L Fe(Ⅱ)，铜绿微囊藻细胞表面仍然带有较多的负电荷（图 6-1），这使其可继续保持在水中的悬浮稳定性。当使用 PMS 强化 Fe(Ⅱ) 混凝时，藻类细胞在没有发生严重裂解时，其表面特性可被有效改变，并伴随着 S-AOMs 的脱附。在此过程中，起决定性作用的氧化被认为是适度的，而且在藻类细胞表面原位发生。

为了证明该氧化过程的原位性，图 6-7 比较了同时投加和连续投加 2 种试剂策略的除藻效能。由图 6-7 可以看出，OD₆₈₀、浊度和 DOC 的去除率，以及 Zeta 电位值呈先上升后趋于稳定的趋势，这表明连续投加策略的效果要优于同时投加。此外，对于连续投加 Fe(Ⅱ) 和 PMS 的处理来说，其产生的絮体的体积和密集程度要比同时投加的对照组 [Fe(Ⅱ) 和 PMS 的投加间隔时间为 0 min] 更大。Fe(Ⅱ) 和 PMS 的最佳投加间隔时间推荐为 3 min，此时对 OD_{680}、浊度和 DOC 的去除率分别达到 95.8%、95.3% 和 60.9%。此外，投加间隔时间从 0 min 到 3 min，藻类细胞的 Zeta 电位从 -16.03 mV 大幅提升至 -6.32 mV。因此可以推测，Fe(Ⅱ) 和 PMS 间的大部分反应发生在藻类细胞的表面，这有利于 S-AOMs 更充分地脱附及细胞表面特性更有效地改变，而在此之前，Fe(Ⅱ) 首先吸附在藻类细胞表面。这个推测通过监测藻类细胞吸附后悬液中残留 Fe 浓度的变化得到了证明（图 6-8）。当 Fe(Ⅱ) 以初始 5.04 mg/L（90 μmol/L）投加量投加时，荷正电的铁离子可被藻类细胞在 1 min 内快速捕获，导致悬液中残留 Fe 浓度低至 2.34 mg/L。Fe(Ⅱ) 的吸附行为随着反应时间的延长继续进行，在接下来的几分钟内吸附速率有所下降。从图 6-8 中可以看到，在第 3 min 获得了一个较高的 Fe(Ⅱ) 吸附率（66.9%），这与在第 5 min 获得的最高吸附率（68.3%）较为接近。该现象可以用之前的一项研究结果来解释，即在藻类细胞表面存在着大量特异性结合位点，可以有效地吸附诸如 Fe、Ni 和 Cr 等金属离子[23]。因此，在采用连续投加 Fe(Ⅱ) 和 PMS 的策略时，大量 Fe(Ⅱ) 被预先吸附在藻类细胞的表面，这样可以保证在随后引入 PMS 时氧化反应正好在藻类细胞表面原位发生。

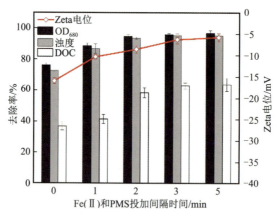

图 6-7 Fe(Ⅱ) 和 PMS 不同投加间隔时间对铜绿微囊藻去除的影响 [实验条件：初始藻类细胞浓度为 2.0×10⁶ 个/mL，初始 pH 值为 8.29，初始 Zeta 电位为 -38.54 mV，温度为 25 ℃，Fe(Ⅱ) 投加量为 90 μmol/L，PMS 投加量为 50 μmol/L；误差棒表示标准偏差（$n=3$）]

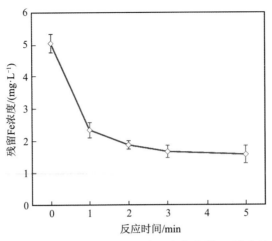

图 6-8　不同反应时间藻类细胞吸附 Fe(Ⅱ) 后悬液中残留 Fe 浓度的变化 ［实验条件：初始藻类细胞浓度为 2.0×10⁶个/mL，初始 pH 值为 8.29，Fe(Ⅱ) 投加量为 90 μmol/L，反应时间为 0~5 min，搅拌速率为 250 r/min；误差棒表示标准偏差（ $n=3$ ）］

据文献报道，在和本研究相似的 Fe(Ⅱ) 和 PMS 投加量下，PMS 可在 5 min 内快速分解并形成原位 Fe(Ⅲ)、SO_4^-·和·OH[4]。在该快速反应中，大量自由基原位产生，因而可通过施加氧化刺激更直接地作用于藻类细胞表面，导致 Zeta 电位绝对值显著降低，这有利于藻类细胞的脱稳。此外，氧化诱导 S-AOMs 脱附后的藻类细胞被发现更容易被絮体捕捉。正是由于快速反应和原位效应的双重功效，Fe(Ⅱ)/PMS 工艺实现了较少的试剂消耗和更短的混凝-沉淀周期。例如，和已报道的研究相比，当采用 KMnO₄ 或 UV/H₂O₂ 预氧化工艺沉淀去除 89.7% 和 94.7% 的藻类细胞时，分别需要消耗 197.4 μmol/L 和 125 μmol/L 的 Fe(Ⅱ)[1]。在本章的研究中，仅需要 90 μmol/L Fe(Ⅱ) 即可达到超过 90% 的藻类细胞去除率。

6.5.2　Fe₃O₄的识别及其对强化混凝的作用机制

Fe(Ⅱ) 同 PMS（主要反应）或 O₂（微弱反应）反应后可转化为原位 Fe(Ⅲ)。新生态的原位 Fe(Ⅲ) 能够与更多的包括藻类细胞在内的污染物结合。为了更好地揭示 PMS 强化 Fe(Ⅱ) 混凝过程的作用机制，使用 FESEM 对藻类絮体及 Fe 晶体进行观察研究（图 6-9）。从图 6-9a 中可以看到单独 Fe(Ⅱ) 混凝后少量附着在裸露铜绿微囊藻细胞表面的小体积 Fe 晶体，这与其混凝效果较差的结果一致。当使用 PMS 强化 Fe(Ⅱ) 混凝处理高藻水时，可观察到包括各种氢氧化物在内的 Fe 晶体（图 6-9b）。这可以解释当采用 PMS 助凝时表现出的对铜绿微囊藻（图 6-1）和 AOMs 较高的去除效能。据报道，原位 Fe(Ⅲ) 更倾向于水解而不是形成 Fe-AOMs，这导致 Fe 水解产物对 AOMs 的去除效果较好[24]。然而，本章的研究中发现一个有趣的实验现象，这可能隐藏了一个潜在的作用机制，以解释 Fe(Ⅱ)/PMS 工艺具有加速的混凝-沉淀过程和优异的藻类细胞去除效能。图 6-9c～d 清晰地显示了许多具有规则正八面体结构的 Fe 晶体，这些 Fe 晶体很可能是 Fe_3O_4 磁性纳米颗粒。

为了进一步证明 Fe_3O_4 的生成，使用 XPS 检测絮体表面 Fe 的金属形态。在图 6-10 中可观察到位于结合能 711.1 eV 和 724.8 eV 处的自旋轨道双峰，分别对应于 Fe $2p_{3/2}$ 和 Fe $2p_{1/2}$，这表明存在着 Fe^{2+}/Fe^{3+}[25]。确切地讲，分峰后位于 710.7 eV 和 724.3 eV 处的峰分别是 Fe(Ⅱ) 中的 Fe^{2+} $2p_{3/2}$ 和 Fe^{2+} $2p_{1/2}$ 的信号峰，而 712.2 eV 和 725.7 eV 处的峰分别是 Fe(Ⅲ) 中的 Fe^{3+} $2p_{3/2}$ 和 Fe^{3+} $2p_{1/2}$ 的信号峰。一般认为，混凝液中 Fe 水解产物主要以 Fe(Ⅲ) 形式存在，因为二价铁氧化物很容易被氧化且难以保存。然而，XPS 结果证明了絮体中有稳定存在的 Fe(Ⅱ)，这进一步佐证了 PMS 强化 Fe(Ⅱ) 混凝过程中 Fe_3O_4 的生成。此外，通过峰面积计算得到 Fe(Ⅱ)/Fe(Ⅲ) = 0.452。比较 FeOOH 与 Fe_3O_4 的 XPS 图可知[26]，藻类絮体中 Fe(Ⅱ) 的比例低于 Fe_3O_4 但显著高于 FeOOH，这意味着 Fe(Ⅱ)/PMS 工艺中生成的 Fe 水解产物不仅包含传统认知上的 FeOOH（图 6-9b），还存在大量的 Fe_3O_4（图 6-9c～d）。也就是说，在近中性条件下，PMS 强化 Fe(Ⅱ) 混凝过程中可在铜绿微囊藻表面形成磁性 Fe_3O_4，而该反应发生的可行性归因于 Fe^{3+}/Fe^{2+} 的共存[27]。

众所周知，Fe_3O_4 是一种磁性晶体，由于磁效应的存在，其纳米颗粒可以快速聚集并不断长大。同样地，随着 Fe(Ⅱ) 和 PMS 之间的激烈反应，Fe_3O_4 纳米粒子在藻类细胞表面原位生成并快速生长。同时，Fe(Ⅱ)/PMS 工艺中可形成许多其他带正电荷的 Fe 水解产物（各种 FeOOH）。因此，除了其他 Fe 水解产物所贡献的碰撞、聚集效应外，Fe_3O_4 还可显著促进 Fe_3O_4-Cell-Fe 水解产物-AOMs 复合体之间的簇集和交联。Fe 水解产物和 Fe_3O_4 的架桥作用使水中溶解性有机物紧密附着在藻类细胞上，并在后续沉淀过程中被去除。该过程是迅速的，在中速搅拌的初始阶段即出现了大量肉眼可见的絮状物。此时值得注意的是，大量位于絮团外围的复合体在空间位阻的作用下可阻止外部氧化剂的渗透，从而避免内部细胞的氧化暴露。因此，在 PMS 强化 Fe(Ⅱ) 混凝工艺中，藻类细胞的破裂及衍生的 AOMs 的释放可以得到较好的控制，这从细胞形态方面也得到了直观的证明（图 6-9b~f）。

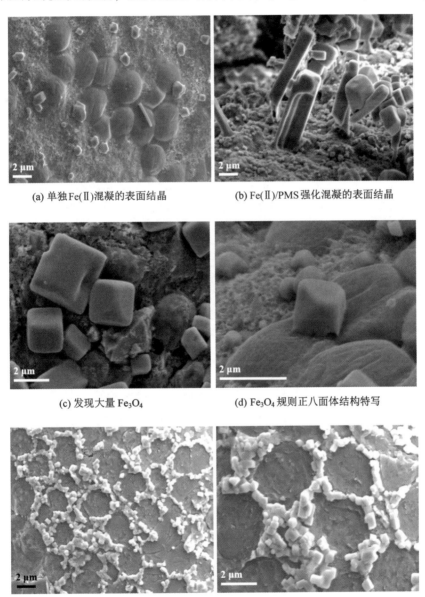

(a) 单独 Fe(Ⅱ) 混凝的表面结晶　　　　(b) Fe(Ⅱ)/PMS 强化混凝的表面结晶

(c) 发现大量 Fe_3O_4　　　　(d) Fe_3O_4 规则正八面体结构特写

(e) Fe 晶体沿着藻类细胞壁生长的形貌　　(f) Fe 晶体特写（样品预先经过金属平板按压处理）

图 6-9　单独或 PMS 强化 Fe(Ⅱ) 混凝后藻类絮体及其附着 Fe 晶体的 FESEM 图 [实验条件：初始藻类细胞浓度为 2.0×10^6 个/mL，Fe(Ⅱ) 投加量为 90 μmol/L，PMS 投加量为 50 μmol/L，Fe(Ⅱ) 和 PMS 投加间隔时间为 3 min]

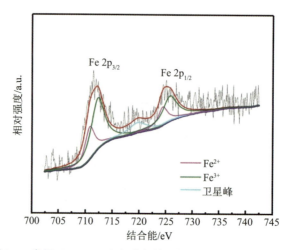

图 6-10　絮体的 XPS 表征（Fe 2p）[实验条件：初始藻类细胞浓度为 2.0×10^6 个/mL，Fe(Ⅱ) 投加量为 90 μmol/L，PMS 投加量为 50 μmol/L，Fe(Ⅱ) 和 PMS 投加间隔时间为 3 min]

有趣的是，当藻类絮体样品经金属平板按压处理后，观察到有序的 Fe 晶体沿着藻类细胞的边界聚集（图 6-9e～f）。这表明磁力作用可导致 Fe_3O_4（或细胞）扭转或迁移。每个藻类细胞上 Fe_3O_4 晶体相互碰撞、吸附，导致藻类细胞相互交联，结果大量 Fe_3O_4 聚集在藻类细胞的边界。这也解释了藻类细胞能在短时间内被迅速捕获，同时絮体疯狂生长的原因。

以上结果表明，PMS 强化 Fe(Ⅱ) 混凝工艺可以显著促进铜绿微囊藻和 AOMs 的去除。基于以上结果，图 6-11 给出了 PMS 强化 Fe(Ⅱ) 混凝的可能机理。当高藻水中加入 Fe(Ⅱ) 后，大多数荷正电的 Fe^{2+} 吸附在藻类细胞表面，由于溶液呈碱性，Fe(Ⅱ) 可转化为 $Fe(OH)_2$ [化学方程式 (6-9)]。由此大部分的 PMS 可与 $Fe(OH)_2$ 反应并生成 $Fe(OH)_3$ 和自由基 [化学方程式 (6-10)]。因此，大量且充足的 $SO_4^-\cdot$ 和 $\cdot OH$ 通过 Fe(Ⅱ) 的活化产生 [化学方程式 (6-5)～化学方程式 (6-6)]，这是导致 S-AOMs 被去除的原因。进一步地，S-AOMs 的脱附引起细胞表面 Zeta 电位绝对值的降低。另外，藻类细胞遭受氧化刺激而死亡或者活性降低，使其更不稳定且易于聚集。同时，$Fe(OH)_2$ 和 $Fe(OH)_3$ 之间通过脱水反应生成 Fe_3O_4 [化学方程式 (6-11)]。剩下的 $Fe(OH)_2$ 可被溶解氧氧化成原位 Fe(Ⅲ) [化学方程式 (6-12)]。包含部分 MC-LR 和 DBPs 前体物的 AOMs 可被 Fe_3O_4 及其他 Fe 水解产物有效吸附，这有利于对 DOC 的去除。此外，在 Fe(Ⅱ)/PMS 工艺中大量产生的自由基，尤其是 $SO_4^- \cdot$，被认为可以有效地将部分 AOMs 矿化为 H_2O 和 CO_2，这有助于进一步提高对 DOC 的去除效能 [化学方程式 (6-13)]。在随后的沉淀过程中，附着有 Fe_3O_4 的磁性藻类絮体中铜绿微囊藻及 AOMs 的比重大幅增加，这不利于藻类细胞在水中保持稳定的悬浮状态，因此，絮体沉降性能得到极大改善。

$$Fe^{2+} + 2OH^- \longrightarrow Fe(OH)_2 \tag{6-9}$$

$$Fe(OH)_2 + HSO_5^- \longrightarrow Fe(OH)_3 + SO_4^- \cdot \tag{6-10}$$

$$Fe(OH)_2 + 2Fe(OH)_3 \longrightarrow Fe_3O_4 + 4H_2O \tag{6-11}$$

$$Fe(OH)_2 + O_2 \longrightarrow in\ situ\ Fe(Ⅲ) \tag{6-12}$$

$$AOMs + SO_4^- \cdot \longrightarrow CO_2 + H_2O + SO_4^{2-} \tag{6-13}$$

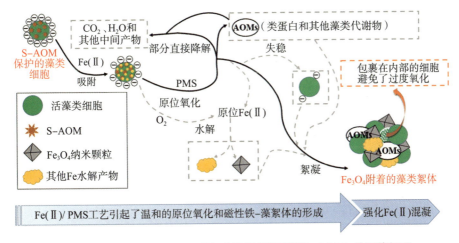

图 6-11　PMS 强化 Fe(Ⅱ) 混凝去除铜绿微囊藻和 AOMs 的可能机理

参考文献

[1] JIA P, ZHOU Y, ZHANG X F, et al. Cyanobacterium removal and control of algal organic matter (AOM) release by UV/H_2O_2 pre-oxidation enhanced Fe(Ⅱ) coagulation[J]. Water Research, 2018, 131(1): 122-130.

[2] LIU B, QU F S, CHEN W, et al. *Microcystis aeruginosa*-laden water treatment using enhanced coagulation by persulfate/Fe(Ⅱ), ozone and permanganate: comparison of the simultaneous and successive oxidant dosing strategy[J].

Water Research, 2017, 125: 72-80.

[3] MA M, LIU R P, LIU H J, et al. Effects and mechanisms of pre-chlorination on *Microcystis aeruginosa* removal by alum coagulation: significance of the released intracellular organic matter[J]. Separation & Purification Technology, 2012, 86: 19-25.

[4] CHENG X X, WU D J, LIANG H, et al. Effect of sulfate radical-based oxidation pretreatments for mitigating ceramic UF membrane fouling caused by algal extracellular organic matter[J]. Water research, 2018, 145: 39-49.

[5] ANTONIOU M G, DE LA CRUZ A A, DIONYSIOU D D. Degradation of microcystin-LR using sulfate radicals generated through photolysis, thermolysis and e-transfer mechanisms[J]. Applied Catalysis B: Environmental, 2010, 96(3): 290-298.

[6] WANG J L, WANG S Z. Activation of persulfate (PS) and peroxymonosulfate (PMS) and application for the degradation of emerging contaminants[J]. Chemical Engineering Journal, 2018, 334: 1502-1517.

[7] CHEN J-J, YEH H-H. The mechanisms of potassium permanganate on algae removal[J]. Water Research, 2005, 39(18): 4420-4428.

[8] RASTOGI A, AL-ABED S R, DIONYSIOU D D. Effect of inorganic, synthetic and naturally occurring chelating agents on Fe(II) mediated advanced oxidation of chlorophenols[J]. Water Research, 2009, 43(3): 684-694.

[9] WANG L, QIAO J L, HU Y H, et al. Pre-oxidation with $KMnO_4$ changes extra-cellular organic matter's secretion characteristics to improve algal removal by coagulation with a low dosage of polyaluminium chloride[J]. Journal of Environmental Sciences, 2013, 25(3): 452-459.

[10] YANG Y, BANERJEE G, BRUDVIG G W, et al. Oxidation of organic compounds in water by unactivated peroxymonosulfate[J]. Environmental Science & Technology, 2018, 52(10): 5911-5919.

[11] QI J, LAN H C, LIU R P, et al. Fe(II)-regulated moderate pre-oxidation of *Microcystis aeruginosa* and formation of size-controlled algae flocs for efficient flotation of algae cell and organic matter[J]. Water Research, 2018, 137: 57-63.

[12] PIVOKONSKY M, KLOUCEK O, PIVOKONSKA L. Evaluation of the pro-

duction, composition and aluminum and iron complexation of algogenic organic matter[J]. Water Research, 2006, 40(16): 3045-3052.

[13] CHEN J J, YEH H H, TSENG I C, et al. Effect of ozone and permanganate on algae coagulation removal: pilot and bench scale tests[J]. Chemosphere, 2009, 74(6): 840-846.

[14] WERT E C, DONG M M, ROSARIO-ORTIZ F L. Using digital flow cytometry to assess the degradation of three cyanobacteria species after oxidation processes[J]. Water Research, 2013, 47(11): 3752-3761.

[15] GU N, WU Y X, GAO J L, et al. *Microcystis aeruginosa* removal by *in situ* chemical oxidation using persulfate activated by Fe^{2+} ions [J]. Ecological Engineering, 2017, 99: 290-297.

[16] SUN J L, BU L J, DENG L, et al. Removal of *Microcystis aeruginosa* by UV/chlorine process: inactivation mechanism and microcystins degradation[J]. Chemical Engineering Journal, 2018, 349: 408-415.

[17] LIU B, QU F S, YU H R, et al. Membrane fouling and rejection of organics during algae-laden water treatment using ultrafiltration: a comparison between *in situ* pretreatment with Fe(Ⅱ)/persulfate and ozone[J]. Environmental Science & Technology, 2018, 52(2): 765-774.

[18] PIVOKONSKY M, NACERADSKA J, KOPECKA I, et al. The impact of algogenic organic matter on water treatment plant operation and water quality: a review[J]. Critical Reviews in Environmental Science and Technology, 2016, 46(4): 291-335.

[19] PLUMMER J D, EDZWALD J K. Effect of ozone on algae as precursors for trihalomethane and haloacetic acid production[J]. Environmental Science & Technology, 2001, 35(18): 3661-3668.

[20] ROBERTSON P K J, LAWTON L A, CORNISH B J P A. The involvement of phycocyanin pigment in the photodecomposition of the cyanobacterial toxin, microcystin-LR [J]. Journal of Porphyrins and Phthalocyanines, 1999, 3(6-7): 544-551.

[21] LU J F, ZHANG T, MA J, et al. Evaluation of disinfection by-products formation during chlorination and chloramination of dissolved natural organic matter fractions isolated from a filtered river water[J]. Journal of Hazardous

Materials, 2009, 162(1): 140-145.

[22] CHEN Y Q, XIE P C, WANG Z P, et al. UV/persulfate preoxidation to improve coagulation efficiency of *Microcystis aeruginosa* [J]. Journal of Hazardous Materials, 2017, 322: 508-515.

[23] PRADHAN S, SINGH S, RAI L C. Characterization of various functional groups present in the capsule of *Microcystis* and study of their role in biosorption of Fe, Ni and Cr[J]. Bioresource Technology, 2007,98(3):595-601.

[24] MA M, LIU R P, LIU H J, et al. Mn(Ⅶ)-Fe(Ⅱ) pre-treatment for *Microcystis aeruginosa* removal by Al coagulation: simultaneous enhanced cyanobacterium removal and residual coagulant control[J]. Water Research, 2014, 65: 73-84.

[25] XU L J, WANG J L. Fenton-like degradation of 2, 4-dichlorophenol using Fe_3O_4 magnetic nanoparticles [J]. Applied Catalysis B: Environmental, 2012, 123-124: 117-126.

[26] LI C X, WU J E, PENG W, et al. Peroxymonosulfate activation for efficient sulfamethoxazole degradation by $Fe_3O_4/\beta-FeOOH$ nanocomposites: coexistence of radical and non-radical reactions[J]. Chemical Engineering Journal, 2019, 356: 904-914.

[27] IIDA H, TAKAYANAGI K, NAKANISHI T, et al. Synthesis of Fe_3O_4 nanoparticles with various sizes and magnetic properties by controlled hydrolysis[J]. Journal of Colloid and Interface Science, 2007, 314(1): 274-280.

第7章　含藻水源水氧化-混凝-膜过滤联用处理技术

　　超滤凭借对藻类细胞几乎 100% 的截留作用而被认为是处理高藻水的可靠途径，但藻类细胞及其代谢产物引起的膜污染是超滤工艺广泛应用的关键障碍。同样地，在野外环境中以高藻水为水源水时，严峻的膜污染问题迫使净水车等设施设备需要频繁地反洗和更换，无法达到军事行动中连续、足量的供水要求。对藻源膜污染而言，一般认为，高藻水水体中微米级大小的藻类细胞显著大于超滤膜孔径，因此较易在膜表面形成厚密的滤饼层；而溶解性藻类有机物（AOMs）通常是诱导膜表面凝胶层产生和膜孔堵塞的主要原因[1]。因此，通过引入合适的预处理工艺实现膜前进水中藻类细胞和 AOMs 的高效预脱除，对于减缓藻源膜污染、保证设施设备稳定运行具有重要作用。

　　为了减缓藻源膜污染，研究者们提出了用于膜过滤之前的多种预处理策略。除了传统混凝[2]、吸附[3]预处理之外，通过基于 O_3 和 UV-AOPs 等的途径对高藻水进行预氧化也被证明可有效减缓膜污染[4]。然而，O_3 量的不易控制性常使藻类细胞暴露在强氧化环境下，导致细胞的过度裂解并释放大量胞内有机物（IOM）及嗅味物质，从而导致出水水质恶化。此外，尽管 UV-AOPs 对各种有机污染物和微生物表现出优异的降解和灭活效能，但对于水中引起浊度的杂质，尤其是高藻水中的藻类细胞，其空间位阻限制了 UV 在水中的扩散和传质，这可能导致 UV 利用率降低而给实际应用带来困难[5]。Liu 等[6]采用 PS/Fe（Ⅱ）预处理工艺在微絮凝模式下处理高藻水时发现，PS/Fe（Ⅱ）工艺的原位氧化/混凝效应对膜污染减缓和有机物去除具有积极的作用。需要注意的是，混凝-超滤耦合工艺中，微絮凝模式和混凝-沉淀模式对膜污染的影响有着本质的区别。瞿芳术[7]在研究混凝预处理对 AOMs 膜污染作用的影响时发现，混凝-沉淀模式相比于微絮凝模式有着更优异的膜污染减缓效能。

由前述章节的介绍可知，Fe(Ⅱ)/PMS 比 Fe(Ⅱ)/PS 工艺更具除藻潜力，Fe(Ⅱ)/PMS 工艺的反应时间更快、氧化能力更适中、藻类细胞及 AOMs 的去除效能更好且絮体沉降更快。因此，在野外条件下，PMS 强化 Fe(Ⅱ) 混凝-沉淀模式凭借较短的预处理周期和较高的除藻效能的优势，在减缓超滤膜污染方面展现出巨大的理论可行性。综上，在前述章节研究的基础上，本章进一步耦合超滤过程，比较了 $Fe(Ⅵ)O_4^{2-}/Fe(Ⅱ)$、Fe(Ⅱ)/PMS 及常规 Al 混凝 3 种不同预处理工艺下膜通量衰减、膜污染可逆性和模型拟合情况，系统考察了 3 种不同预处理工艺对藻源膜污染行为的影响。进一步地，通过对预处理后膜前进水水质的评估，以及对超滤后污染膜表面特性的表征，揭示不同预处理工艺对藻源膜污染的作用机制，提出野外条件下净化高藻水的最佳预处理-超滤耦合策略。

7.1 不同预处理工艺对藻源膜污染影响的比较

7.1.1 常规 Al 混凝-沉淀预处理对藻源膜污染的影响

图 7-1 所示为不同浓度下以 $Al_2(SO_4)_3$ 和 PACl 为代表的常规 Al 混凝预处理对高藻水超滤过程中比通量及膜污染阻力的影响。由图 7-1a 可知，在不采取任何预处理措施的情况下，静沉对藻悬液几乎没有任何作用，原高藻水对膜的污染作用显著，可造成严重的膜通量衰减，在第二过滤周期末，比通量急剧下降至 0.35。投加 $Al_2(SO_4)_3$ 和 PACl 的常规 Al 混凝预处理均对藻源膜污染表现出积极的减缓作用，尤其是 $Al_2(SO_4)_3$ 和 PACl 的投加量分别增加至 50 μmol/L 和 10 mg/L 时，混凝-沉淀预处理可大幅减缓膜污染，过滤周期末比通量分别提高至 0.70 和 0.56。一般认为，进水中藻类细胞浓度越大，在膜表面形成滤饼层的厚度越大，膜通量的衰减作用就越明显。由于常规 Al 混凝对原水中有机物的去除能力十分有限，因此可将该过程中膜通量衰减的减缓效果归因于 Al 混凝-沉淀预处理对原水藻类细胞浓度的有效降低作用。Qi 等[8]采用混凝-气浮工艺处理高藻水时，在仅投加 50 μmol/L $Al_2(SO_4)_3$ 的情况下获得了 89% 的藻类细胞去除率，但需要注意的是，继续增加 $Al_2(SO_4)_3$ 的投加量可能面临 Al 超标的风险，因而进一步提出了将 $KMnO_4$-Fe(Ⅱ) 联合工艺作为 Al 盐混凝前的预氧化手段，以期进一步提高

藻类细胞去除效能，同时降低 Al 盐投加量。对高分子混凝剂 PACl 而言，当投加量增加至 12 mg/L 时，膜污染减缓作用下降，过滤周期末比通量降至 0.51。瞿芳术在进行相关研究时得到了类似的结果[7]。笔者分析认为，Al 盐混凝剂可以依靠降低藻类细胞表面的负电性使其脱稳聚集，而过量投加 PACl 可导致藻悬液的 Zeta 电位变为正值，藻类细胞之间产生正电性的静电排斥，从而造成藻类细胞重新分散，因此该混凝–沉淀过程对藻类细胞的去除能力下降，继而对后续膜过程的污染减缓作用减弱。

图 7-1b 所示为不同 Al 混凝预处理下膜污染阻力的变化情况。由图 7-1b 可知，原高藻水引起膜的可逆和不可逆污染阻力分别达到 9.05×10^{12} m^{-1} 和 0.84×10^{12} m^{-1}。笔者分析认为，随着超滤过程的进行，藻类细胞和胞外有机物（EOM）中的大分子组分在超滤膜表面不断沉积，由此产生了比不可逆污染更为严重的可逆膜污染。当采用常规 Al 混凝工艺进行膜前预处理时，观察到各组实验中可逆膜污染显著减少，而不可逆污染无减缓现象，甚至轻微增加。例如，当投加 50 μmol/L $Al_2(SO_4)_3$ 和 10 mg/L PACl 时，可逆膜污染阻力（R_r）分别大幅降至 0.52×10^{12} m^{-1} 和 0.87×10^{12} m^{-1}，而不可逆膜污染阻力（R_i）则分别略微升高至 1.42×10^{12} m^{-1} 和 1.09×10^{12} m^{-1}。笔者分析认为，Al 混凝–沉淀预处理通过降低藻类细胞数量、改变滤饼层结构的方式提高膜的渗透性，减少可逆污染；而不可逆污染主要受进水中污染物负荷（包括藻类细胞和 AOMs）和藻类细胞表面电性共同作用的影响。降低污染物负荷是延缓藻源不可逆膜污染的重要机制，而引入荷正电的 Al 盐后，藻类细胞表面负电性减弱，这会促进细胞吸附在膜表面，导致不可逆污染恶化。因此，在适宜的 Al 盐混凝剂投加量下，大量藻类细胞及部分 AOMs 随混凝–沉淀预处理被去除，降低的污染物负荷对膜通量衰减的减缓起关键作用，而过量投加 Al 盐混凝剂时，藻类细胞的不充分去除及残余细胞在膜表面吸附作用的加强对不可逆膜污染的贡献占主导地位，从而出现膜的不可逆污染加剧的现象。此外，有研究证明，近中性条件下 PACl 以一定聚合体的形式存在，其自身在超滤过程中可沉积在膜表面或停留在膜孔中而造成一定的膜污染[9]。因此，本组实验中投加 50 μmol/L $Al_2(SO_4)_3$ 的预处理比投加 PACl 获得了更好的膜污染减缓效果。

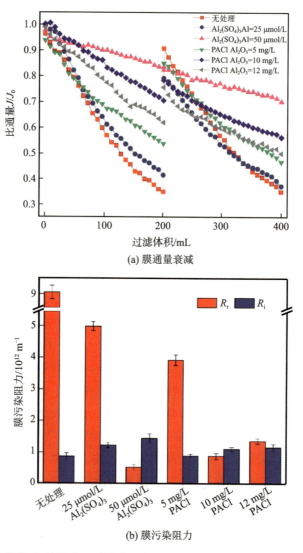

(a) 膜通量衰减

(b) 膜污染阻力

图 7-1　常规 Al 混凝-沉淀预处理对高藻水超滤过程中膜污染的影响 [实验条件：初始藻类细胞浓度为 2.0×10^6 个/mL，初始 pH 值为 8.33，温度为 25 ℃，混凝 7 min，沉淀 10 min，膜截留分子量为 100 kDa；误差棒表示标准偏差（$n=3$）]

7.1.2　$Fe(Ⅵ)O_4^{2-}$ 预氧化强化 $Fe(Ⅱ)$ 混凝预处理对藻源膜污染的影响

图 7-2 给出了 $Fe(Ⅵ)O_4^{2-}/Fe(Ⅱ)$ 预处理对高藻水超滤过程中比通量及膜污染阻力的影响。由图 7-2a 可知，和未经预处理的原含藻水相比，当单

独投加 80 μmol/L Fe(Ⅱ) 时，超滤过程中的膜通量衰减有所减缓，过滤周期末比通量从 0.35 提升至 0.54。由第 5 章可知，单独 Fe(Ⅱ) 混凝 (80 μmol/L) 对藻类细胞的去除率仅为 2.9%，这说明本节实验中膜通量衰减的延缓效果主要来自滤饼层结构的改变。Qu 等[9]认为阳离子混凝剂的引入可使 AOMs 分子发生聚集，使有机物沉积后所形成的滤饼层的孔隙率增大，从而减少了由滤饼层引起的可逆膜污染 (图 7-2b)，即使单独 Fe(Ⅱ) 混凝–沉淀过程几乎没有降低进水中藻类细胞的负荷，超滤过程的通量仍表现为一定程度的提升 (图 7-2a)。当单独投加 20 μmol/L Fe(Ⅵ)O$_4^{2-}$ 时，可观察到略优于 Fe(Ⅱ) 预处理的通量提升效果，过滤周期末比通量提升至 0.57，这说明单独 Fe(Ⅵ)O$_4^{2-}$ 预处理形成的滤饼层结构略优于单独 Fe(Ⅱ) 预处理形成的滤饼层结构，这得益于 Fe(Ⅵ)O$_4^{2-}$ 的预氧化和自絮凝作用，其使一定比例的藻类细胞失活且发生聚集[10]。由图 7-2b 可知，单独 Fe(Ⅵ)O$_4^{2-}$ 和 Fe(Ⅱ) 预处理均对藻源膜污染的可逆阻力的降低起积极作用，可逆膜污染阻力 (R_r) 分别从 8.75×10^{12} m^{-1} 降低至 1.86×10^{12} m^{-1} 和 3.31×10^{12} m^{-1}。

当采用 Fe(Ⅵ)O$_4^{2-}$/Fe(Ⅱ) 预处理时，可观察到其对膜通量衰减有显著的减缓作用，随着 Fe(Ⅵ)O$_4^{2-}$ 投加量从 10 μmol/L 提高至 20 μmol/L，第二周期末比通量从 0.64 提升至 0.77 (图 7-2a)。然而，继续提高 Fe(Ⅵ)O$_4^{2-}$ 投加量至 50 μmol/L 时，比通量降低至 0.66，且其在第二过滤周期前期的比通量表现不如 Fe(Ⅵ)O$_4^{2-}$ 投加量为 10 μmol/L 时。笔者分析认为，过高的 Fe(Ⅵ)O$_4^{2-}$ 投加量导致藻类细胞过度氧化并引起 IOM 的大量释放，这增加了进水中有机物的负荷，可引起不可逆污染的加剧。由图 7-2 可知，Fe(Ⅵ)O$_4^{2-}$ 投加量为 50 μmol/L 时，反洗后膜通量恢复能力明显下降，且不可逆膜污染阻力 (R_i) 显著提高至 2.02×10^{12} m^{-1}。Wan 等[4]在采用单独 UV 辐照和 UV/PS 预处理时，同样观察到不可逆膜污染阻力显著升高的现象。图 7-2b 也表明，随着 Fe(Ⅵ)O$_4^{2-}$ 投加量从 10 μmol/L 提高至 50 μmol/L，可逆膜污染阻力 (R_r) 从 1.71×10^{12} m^{-1} 单调降至 0.78×10^{12} m^{-1}。究其原因，可能是本章实验采用了较短的预处理工艺周期 (混凝–沉淀总时间约为 20 min)，较高的 Fe(Ⅵ)O$_4^{2-}$ 投加量有利于短时间内藻类细胞的充分灭活和原位 Fe(Ⅲ) 的形成，从而获得较好的藻类细胞去除效果，从降低藻类细胞污染负荷的角度实现可逆膜污染的减缓。但值得注意的是，取而代之的不可逆膜污染的加剧同样显著影响着膜通量的衰减。

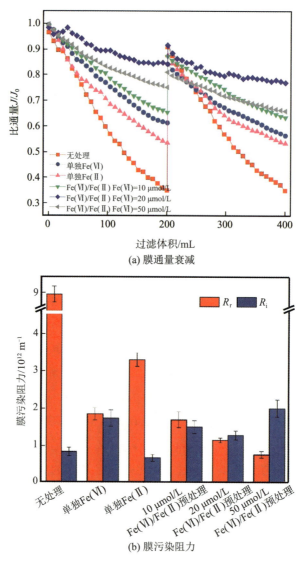

(a) 膜通量衰减

(b) 膜污染阻力

图 7-2 Fe(Ⅵ)O$_4^{2-}$ 预氧化强化 Fe(Ⅱ) 混凝-沉淀预处理对高藻水超滤过程中膜污染的影响 [实验条件: 初始藻类细胞浓度为 2.0×10^6 个/mL, 初始 pH 值为 8.21, 温度为 25 ℃, Fe(Ⅱ) 和 Fe(Ⅵ)O$_4^{2-}$ 单独投加量分别为 80 μmol/L 和 20 μmol/L, 氧化/混凝 10 min, 沉淀 10 min, 膜截留分子量为 100 kDa; 误差棒表示标准偏差 (n=3)]

7.1.3 PMS 强化 Fe(Ⅱ) 混凝-沉淀预处理对藻源膜污染的影响

图 7-3 所示为 Fe(Ⅱ)/PMS 预处理对高藻水超滤过程中膜通量衰减及膜污染可逆性的影响。和对照组相比, 单独投加 50 μmol/L PMS 时, 过滤周

期末比通量下降至 0.29 （图 7-3a），相应地，可逆膜污染阻力升高至 $9.87\times$ 10^{12} m^{-1}（图 7-3b）。由第 6 章 6.2 节可知，单独 PMS 可在无明显活化剂存在的条件下直接和部分有机化合物反应[11]，导致 S-AOMs 解吸。因此，单独 PMS 预处理引起的膜污染恶化现象可归因于藻类细胞表面特性的改变，即 S-AOMs 的脱附改变了过滤过程中藻类细胞和膜表面的界面作用及含藻滤饼层的特性，使滤饼层渗透性能降低。与图 7-2 中单独投加量为 80 $\mu mol/L$ Fe（Ⅱ）的实验组相比无明显区别，单独投加 90 $\mu mol/L$ Fe（Ⅱ）的预处理所得到的过滤周期末比通量、可逆膜污染阻力 R_r 及不可逆膜污染阻力 R_i 分别略微提高至 0.57、3.10×10^{12} m^{-1} 和 0.66×10^{12} m^{-1}。当采用 PMS 强化 Fe（Ⅱ）混凝-沉淀预处理时，膜通量衰减得到大幅减缓，随着 PMS 投加量从 20 $\mu mol/L$ 增加到 100 $\mu mol/L$，第一周期末的比通量从 0.76 升高至 0.95 （图 7-3a）。据 Wan 等[4]报道，当采用 UV/PS 预处理且在最佳投加量 PS 为 1 mmol/L 的条件下，第一周期末可以实现高达 0.9 左右的比通量。对比发现，在对膜通量衰减达到相似的减缓效果下，本研究中所耗费的试剂量更少。这是因为，UV/PS 体系主要依靠高浓度的氧化自由基实现对藻类细胞及 AOMs 的彻底降解或矿化，但过滤过程中仍然会有细胞残体和难降解的残留 DOM 通过膜表面沉积、膜孔堵塞或孔内吸附造成膜污染。本研究中，除了利用 Fe（Ⅱ）/PMS 体系的自由基的氧化作用外，强化混凝中产生的各种类型的活性 Fe 水解产物，尤其是 Fe_3O_4，在较短时间内即可完成 Fe_3O_4- Cell-Fe 水解产物-AOMs 复合体的聚集、交联和沉降，约进行 20 min 的预处理，即可实现进水中高达 92.3% 的藻类细胞沉降和 58.3% 的有机物去除 （第 6 章 6.1 节）。进水污染物负荷的大幅降低是实现膜通量衰减大幅减缓的根本原因。

　　然而，在反冲洗后进行第二周期的过滤实验时发现了一个有趣的实验现象。从图 7-3a 可以看到，PMS 投加量 ≥50 $\mu mol/L$ 的两个 Fe（Ⅱ）/PMS 实验组在反洗后出现了"负的通量恢复"，即反冲洗操作后，第二周期初始比通量从第一周期末的 0.95 和 0.93 急剧下降至 0.82 和 0.79。而对于 20 $\mu mol/L$ 投加量下的 Fe（Ⅱ）/PMS 实验组，膜反洗后，比通量从第一过滤周期末的 0.76 提升到第二周期初始的 0.86，符合传统意义上通过反冲洗去除部分可逆膜污染的一般规律。笔者分析认为，当 PMS 投加量为 20 $\mu mol/L$ 时，Fe（Ⅱ）/PMS 预处理的混凝-沉淀效果并不充分，比如对藻类细胞的去除率约为 50%（第 6 章 6.3 节），因此该实验组仍有大部分藻类细胞和大分子 AOMs 沉积在膜表面并形成可逆膜污染，因此反冲洗后出现了一定的通量恢复。而对于 PMS 投加量≥50 μmol/L 的实验组，预处理后实现了进水污染物负荷的极大降低，对藻类细胞及 DOM 分别达到了 90% 和 50% 以上的去除率。因此可以认为，这两个实验组在有限的过滤循环内不会造成滤膜表面滤饼层的形成。从图 7-4 中可以直观地看到，预处理后各实验组残余藻类细胞浓度的高低和膜表面沉积层颜色的深浅显著相关。由于 Fe(Ⅱ)/PMS 和 Fe(Ⅵ)O$_4^{2-}$/Fe(Ⅱ) 两个预处理实现了对藻类细胞较高的去除率，尤其是 Fe(Ⅱ)/PMS 预处理，因此膜表面分别呈现出淡黄色和微黄绿色。图 7-3b 所示的膜污染阻力计算结果表明，PMS 投加量≥50 μmol/L 的两个实验组可逆膜污染阻力（R_r）分别为 $-1.47×10^{12}$ m^{-1} 和 $-1.36×10^{12}$ m^{-1}，说明在这两个过滤过程中，不但没有产生可逆污染，反而随着超滤过程的进行产生了有利于提高渗透性的正向作用。此外，第一过滤周期后的反冲洗操作似乎消除了这种正向作用，表现为比通量的急剧下降。可以猜测，在 PMS 投加量≥50 μmol/L 的情况下，Fe(Ⅱ)/PMS 体系中产生的某种微粒沉积在膜表面，且其对膜渗透通量的提升起显著作用，该强化机制将在后续讨论中详细论证。另外，对于不可逆污染，随着 PMS 投加量从 20 μmol/L 提高至 100 μmol/L，不可逆膜污染阻力（R_i）从 $1.25×10^{12}$ m^{-1} 单调递增至 $2.04×10^{12}$ m^{-1}，这被认为与氧化刺激诱导的 IOM 释放有关，因为研究者普遍认为 IOM 是造成不可逆膜污染的重要原因[4,12]。

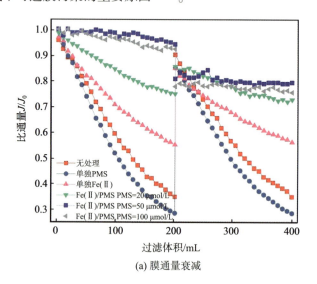

(a) 膜通量衰减

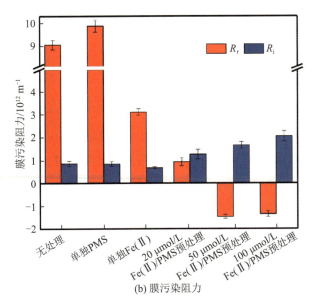

(b) 膜污染阻力

图 7-3　PMS 强化 Fe(Ⅱ) 混凝–沉淀预处理对高藻水超滤过程中膜污染的影响 [实验条件：初始藻类细胞浓度为 2.0×10⁶ 个/mL，初始 pH 值为 8.50，温度为 25 ℃，PMS 和 Fe(Ⅱ) 单独投加量分别为 50 μmol/L 和 90 μmol/L，氧化/混凝 10 min，沉淀 10 min，膜截留分子量为 100 kDa；误差棒表示标准偏差 (n=3)]

图 7-4　过滤后部分膜样品表面宏观照片

　　综合图 7-1~图 7-3 所示的结果可以得出，在基于膜过程的高藻水处理中，Fe(Ⅱ)/PMS 预处理比 Fe(Ⅵ)O$_4^{2-}$/Fe(Ⅱ) 及常规 Al 混凝预处理具有更优异的膜污染减缓能力。3 种预处理工艺对膜污染的减缓效果呈现出如下规律：Fe(Ⅱ)/PMS>Fe(Ⅵ)O$_4^{2-}$/Fe(Ⅱ) >常规 Al 混凝。

7.2 膜前进水特性

7.2.1 DOC 浓度的变化

图 7-5 显示了不同预处理对高藻水超滤过程前后 DOC 浓度变化的影响。对未采取任何预处理的原高藻水直接进行膜过滤时，进、出水的 DOC 浓度分别为 3.69 mg/L 和 2.47 mg/L，结果表明单独采用超滤工艺可以实现高藻水 33.1% 的 DOC 去除效能，Liu 等[6] 在使用截留分子量为 60 kDa 的 PVDF 超滤膜对与本实验相同藻类细胞密度的高藻水进行直接过滤时获得了 44% 的 DOC 去除率。当预处理投加 25 μmol/L $Al_2(SO_4)_3$ 或 5 mg/L PACl 时，观察到进水 DOC 浓度分别略微升高至 3.95 mg/L 和 4.55 mg/L（图 7-5a）。同样的现象发生在单独使用 Fe(Ⅱ) 或 Fe(Ⅵ)O_4^{2-} 或 PMS 的实验组中（图 7-5b~c）。笔者分析认为，造成以上实验组 DOC 浓度小幅升高的原因有以下几点：① 为了筛选满足野外供水需求的高藻水快速处理工艺，本章将包括氧化/混凝/沉淀过程的总预处理时间设定为 20 min，低剂量常规混凝剂（如 Al^{3+}、PACl 或 Fe^{2+}）的引入在短时间内不足以建立有效的混凝环境，藻类絮体的形成、生长和沉淀都是不完全的，因此很难在该过程中实现对 DOC 的去除；② 投加的常规 Al 盐或 Fe 盐混凝剂与藻类细胞表面 S-AOMs 之间可能存在交换作用，对 PACl 而言，OH^- 的架桥作用与多价阴离子的聚合作用都可能使藻类细胞表面的 S-AOMs 发生重组、破坏并脱附到溶液中，而低剂量的混凝剂不足以形成有效的混凝效应，进水 DOC 的浓度随着部分 S-AOMs 的脱附而略微升高；③ PMS 和 Fe(Ⅵ)O_4^{2-} 的投加均可引起 S-AOMs 的破坏和脱附，尤其是 Fe(Ⅵ)O_4^{2-} 还有可能造成部分细胞 IOM 的释放，而其自身所诱导的自絮凝作用已被证明是微弱的，因此不足以实现对 DOC 的明显去除。需要注意的是，低投加量的 $Al_2(SO_4)_3$、PACl 或 Fe(Ⅱ) 可通过螯合、架桥或网捕卷扫等作用使小分子有机物发生聚集而被超滤膜截留，因此在其投加量分别为 25 μmol/L、5 mg/L 和 80 μmol/L 时，DOC 截留率分别升高至 47.8%、48.6% 和 41.3%。当 $Al_2(SO_4)_3$ 和 PACl 的投加量分别增加至 50 μmol/L 和 10 mg/L 时，出水 DOC 的浓度分别降至 1.88 mg/L 和 1.73 mg/L，这得益于足量混凝剂下混凝效应的发挥，一部分有机物通过预处理过程中絮体的吸附、沉降而被去除，另一部分则通过膜对残留絮体及大分子组分的截留作

用去除。当 PACl 的投加量从 10 mg/L 进一步提高到 12 mg/L 时，进水 DOC 的浓度从 3.32 mg/L 升高至 3.71 mg/L，该进水污染物浓度恶化的现象可归因于 PACl 的过量投加，和 7.1 节中的通量衰减结果一致。

由图 7-5b~c 可知，$Fe(VI)O_4^{2-}/Fe(II)$ 和 $Fe(II)/PMS$ 预处理均可有效降低进水中的 DOC 浓度。在 $Fe(VI)O_4^{2-}$ 和 PMS 的最优投加量分别为 20 μmol/L 和 50 μmol/L 的条件下，$Fe(VI)O_4^{2-}/Fe(II)$ 和 $Fe(II)/PMS$ 预处理可使进水 DOC 浓度分别降至 2.39 mg/L 和 1.78 mg/L。相比之下，$Fe(II)/PMS$ 预处理的表现更优。一方面，$Fe(II)/PMS$ 工艺中原位生成的具有高表面活性的 Fe 水解产物通过吸附/沉淀作用去除部分 DOC；另一方面，该过程产生的自由基，尤其是 $SO_4^-·$，可有效矿化部分 AOMs[13-14]。然而，在基于氧化强化 $Fe(II)$ 混凝的实验组中观察到膜过滤过程对 DOC 的截留效能显著降低。在最优氧化剂投加量下，虽然 $Fe(VI)O_4^{2-}/Fe(II)$ 和 $Fe(II)/PMS$ 预处理均达到了进、出水中 DOC 浓度最低的水平，但是超滤膜对 DOC 的截留率分别为 17.1% 和 15.4%，远低于其他实验组。笔者分析认为，$Fe(VI)O_4^{2-}/Fe(II)$ 及 $Fe(II)/PMS$ 工艺诱导的 $SO_4^-·$ 和 $·OH$ 可使高藻水中的有机化合物从高分子量向低分子量转变，从而导致膜对 DOC 的截留效能降低[4]。但应当注意的是，这种以牺牲膜分离效能为代价的让步也是膜污染减缓的重要机制之一。当进一步提高氧化剂投加量时，可同时观察到进、出水中 DOC 浓度的升高，尤其是 $Fe(VI)O_4^{2-}$ 剂量为 50 μmol/L 的实验组，这被认为与藻类细胞破损并释放大量 IOM 有关。

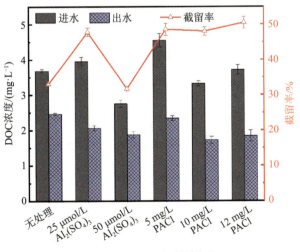

(a) $Al_2(SO_4)_3$ 和 PACl 混凝预处理

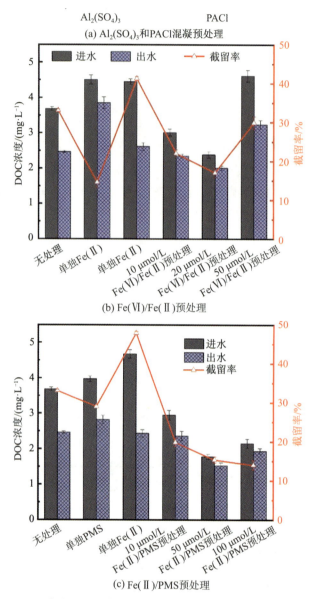

(a) Al$_2$(SO$_4$)$_3$和PACl混凝预处理

(b) Fe(Ⅵ)/Fe(Ⅱ)预处理

(c) Fe(Ⅱ)/PMS预处理

图7-5 不同预处理下膜前进水及膜后出水中 DOC 浓度的变化 [实验条件：初始藻类细胞浓度为 2.0×10^6 个/mL，初始 pH 值为 8.35±0.14，温度为 25 ℃，Fe(Ⅵ)O$_4^{2-}$ 和 Fe(Ⅱ) 单独投加量分别为 20 μmol/L 和 80 μmol/L，PMS 和 Fe(Ⅱ) 单独投加量分别为 50 μmol/L 和 90 μmol/L，常规 Al 混凝 7 min，氧化强化 Fe(Ⅱ) 混凝 10 min，沉淀 10 min，膜截留分子量为 100 kDa；误差棒表示标准偏差 (n=3)]

7.2.2　荧光特性分析

图 7-6 所示为不同预处理后高藻水的三维 EEM 荧光光谱图。根据 Chen 等[15]提出的方法，EEM 荧光光谱可分为 5 个区域，以定性分析水中各类溶解性有机物。如图 7-6a 所示，未经处理的原高藻水在区域 Ⅳ （E_x/E_m = 250~400/280~380）和区域 Ⅴ （E_x/E_m = 250~400/380~540）出现 2 个峰，指示原高藻水中 AOMs 主要包含可溶性微生物副产物（SMP）和腐殖酸类有机物。其中，SMP 主要是藻类细胞在新陈代谢活动中产生的多糖、蛋白质、氨基酸和胞外酶等有机成分[15]。在投加低浓度的常规 Al 混凝剂时（即 25 μmol/L $Al_2(SO_4)_3$ 和 5 mg/L PACl），没有发现 EEM 荧光光谱发生明显的变化，因此未列于图 7-6 中。当进一步提高 Al 混凝剂投加量，分别采用 50 μmol/L $Al_2(SO_4)_3$ 和 10 mg/L PACl 预处理时，均观察到区域 Ⅳ 中的 SMP 峰和区域 Ⅴ 中的腐殖酸类有机物峰的强度显著减弱（图 7-6b~c）。这说明在适宜的 Al 混凝剂投加量下，混凝–沉淀预处理对高藻水中 SMP 和腐殖酸类有机物具备一定的去除能力，这和图 7-5a 中显示的 DOC 结果吻合。当采用 Fe(Ⅱ)/PMS 预处理且在最佳 PMS 投加量 50 μmol/L 条件下，区域 Ⅳ 和区域 Ⅴ 中的荧光强度进一步减弱（图 7-6d）。通常认为，减少有机物的膜表面沉积和改变进水中有机物的结构是采用预处理方式减缓膜污染的两大关键原因[14,16]。本研究中，Fe(Ⅱ)/PMS 预处理获得了最佳的 DOC 去除效果（图 7-5c），表明除了藻类细胞外，有机物在膜表面的沉积也大幅减少。另外，进水中 AOMs 结构的改变同样对膜污染的减缓起着至关重要的作用，图 7-6d 中指示藻类细胞代谢产物的荧光强度显著地减弱。对于 Fe(Ⅵ)O$_4^{2-}$/Fe(Ⅱ) 预处理，在适宜的 Fe(Ⅵ)O$_4^{2-}$ 投加量下，同样观察到区域 Ⅳ 和区域 Ⅴ 中峰的强度明显减弱，这和图 7-2 及图 7-5b 中显示的实验组中较好的膜污染减缓效果和 DOC 去除效能的结果一致。然而，当 Fe(Ⅵ)O$_4^{2-}$ 投加量增至 50 μmol/L 时，区域 Ⅳ 和区域 Ⅴ 的交界处出现了一个荧光强度明显的新峰，这被认为是藻类细胞遭到过度氧化并引起 IOM 释放的结果，同时，引入过量的氧化剂可使高分子量的蛋白质类组分转化为低分子量的多糖、腐殖酸类有机物等，会造成区域 Ⅴ 中的荧光强度增强。

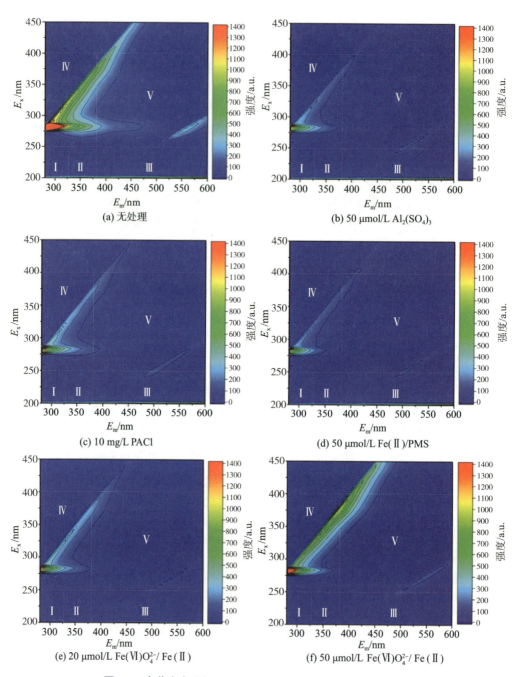

图 7-6　高藻水在进行不同预处理后的三维 EEM 荧光光谱图

7.2.3　亲疏水性分析

本研究进一步分析了不同预处理下沉后水中有机物亲疏水性的变化，结果如图 7-7 所示。一般认为，高藻水过滤过程中超滤膜主要截留 AOMs 的疏水性有机组分（HPO），而难以去除的亲水性有机组分（HPI）则倾向于引起膜的不可逆污染[16-17]。由图 7-7 可知，HPO 成分占高藻水中有机物组成的绝大部分，未经处理的藻悬液中 HPO、HPI 及 TPI（过渡亲水性组分）的浓度分别为 2.44 mg/L、0.48 mg/L 和 0.75 mg/L。常规 Al 混凝–沉淀过程主要可去除 AOMs 中的 HPO，投加 $Al_2(SO_4)_3$ 和 PACl 后，HPO 浓度分别降低了 31.7% 和 17.4%，而 HPI 和 TPI 的含量没有显著变化。对于单独 $Fe(VI)O_4^{2-}$ 预处理，除了 HPO 显著增加外，HPI 浓度升高至 0.72 mg/L，这可归因于氧化刺激下亲水性腐殖类细胞基质的释放[18]。此外，该结果和单独 $Fe(VI)O_4^{2-}$ 预处理后不可逆膜污染阻力升高的现象一致（图 7-2b）。单独 PMS 预处理后，仅观察到 HPO 出现轻微的增加，浓度升高到 2.70 mg/L。当采用 $Fe(VI)O_4^{2-}/Fe(II)$ 和 $Fe(II)/PMS$ 预处理时，HPO 分别显著降低了 49.0% 和 63.9%，达到 1.24 mg/L 和 0.88 mg/L。因此可以得出，除了藻类细胞的影响外，膜通量显著提升的原因主要在于对进水中 HPO 的去除（图 7-2a 和 7-3a）。

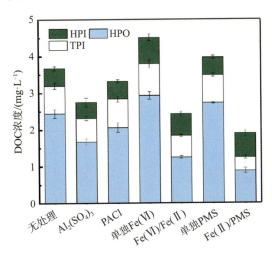

图 7-7　不同预处理对藻类有机物亲疏水性的影响 [实验条件：初始藻类细胞浓度为 2.0×10^6 个/mL，初始 pH 值为 8.35±0.14，$Fe(VI)O_4^{2-}$ 和 PMS 单独投加量分别为 20 μmol/L 和 50 μmol/L，其余实验组为最优投加量，常规 Al 混凝 7 min，氧化强化 $Fe(II)$ 混凝 10 min，沉淀 10 min，膜截留分子量为 100 kDa；误差棒表示标准偏差（$n=3$）]

　　然而值得注意的是，和常规 Al 混凝预处理相比，$Fe(VI)O_4^{2-}/Fe(II)$ 和 $Fe(II)/PMS$ 预处理在对引起不可逆膜污染的关键成分 HPI 的控制方面表现不佳。从图 7-7 中可以看出，$Fe(VI)O_4^{2-}/Fe(II)$ 和 $Fe(II)/PMS$ 预处理后，HPI 浓度分别升高至 0.59 mg/L 和 0.65 mg/L。因此，$Fe(VI)O_4^{2-}/Fe(II)$ 和 $Fe(II)/PMS$ 预处理对减缓膜的不可逆污染不利（图 7-2b 和图 7-3b）。笔者分析认为，氧化过程尤其是在 $SO_4^-\cdot$ 和 $\cdot OH$ 存在的氧化过程中，AOMs 包括释放的 IOM 等有机化合物被破坏后可产生许多亲水性功能基团，造成水中小分子 HPI 浓度升高[19]。另外，无论是 $Fe(VI)O_4^{2-}$ 的作用还是自由基的作用，藻类细胞都不可避免地受到不同程度的损伤，IOM 的释放造成体系内亲水性腐殖类有机物浓度升高。与无处理和 Al 混凝实验组相比，造成 $Fe(VI)O_4^{2-}/Fe(II)$ 和 $Fe(II)/PMS$ 实验组中不可逆膜污染恶化的原因还在于膜过程中 HPI 的孔内沉积。具体地，超滤过程中，未经预处理和经 Al 混凝预处理的实验组由于对藻类细胞和有机物的去除能力有限，特别是对具有较高污染物负荷的原高藻水，其藻类细胞、HPO 和其他 SMP 成分在膜表面积累形成厚度和致密程度不同的滤饼层，该滤饼层可充当另一个物理滤层的角色，从而可提高对 HPI 的截留能力。本研究中，强化 $Fe(II)$ 混凝预处理，尤其是 $Fe(II)/PMS$ 体系，有效地抑制了膜表面滤饼层的形成，而水中 HPI 又因 AOMs 和藻类细胞受氧化刺激有所增加，即使自由基对 DOC 具有一定的矿化作用，也导致更多的 HPI 穿过膜表面而不断在膜孔内沉积，宏观上表现为不可逆膜污染阻力的明显上升（图 7-3c）。

7.3　膜表面特性变化

7.3.1　ATR-FTIR

　　使用衰减全反射-傅里叶变换红外光谱仪（ATR-FTIR）分别对原始膜和不同预处理/超滤后的污染膜进行膜表面功能基团的表征分析，结果如图 7-8 所示。对未经处理的高藻水进行直接超滤，可观察到膜在 3280，2925，1535 cm⁻¹处有强烈的吸收峰。位于 3280 cm⁻¹处的宽吸收峰被认为和 O—H 的弹性振动有关，而 2925 cm⁻¹处的峰则指示 C—H 的拉伸振动，两者同时存在可定性表征藻类有机物中的多糖[4,20]。指示 N—H 弹性振动的特征峰在 1535 cm^{-1}处观察到，表明蛋白质类有机物在膜表面沉积。ATR-FTIR 表征结果和三维 EEM 荧光光谱指示的结果吻合（图 7-6），即 AOMs 中包含相当大比例的蛋白质和多糖类藻类代谢产物。此外，据 Chiou 等[21]报道，位于 1040 cm^{-1}附近的峰指示 C—O—C 的弹性振动，也可佐证多糖类 AOMs 的沉积。比较可得，以上特征峰的强度在单独 Fe(Ⅱ) 混凝-超滤和单独 PMS 预处理-超滤（未在图 7-8 中列出）后未发生明显的改变，而使用 $Al_2(SO_4)_3$ 和 PACl 的常规 Al 混凝-超滤工艺可使峰的强度在一定程度上减弱。当采用 Fe(Ⅵ)O_4^{2-}/Fe(Ⅱ) 和 Fe(Ⅱ)/PMS 的强化 Fe(Ⅱ) 混凝预处理时，以上峰的强度显著减弱，尤其是 Fe(Ⅱ)/PMS 预处理的实验组，最接近未污染的原始膜样品的表面特性。该结果表明，以多糖类和蛋白质类为主的 AOMs 在 Fe(Ⅱ)/PMS 预处理过程中得到了充分的去除，$SO_4^- \cdot$ 和 $\cdot OH$ 的氧化作用引起部分有机物的矿化或者向低分子量组分转变，以及原位 Fe 水解产物的吸附沉淀作用的协同避免了在超滤膜表面产生明显的滤饼/凝胶层，这可以解释图 7-3 中显示的渗透通量显著提升及可逆膜污染大幅减少的现象。

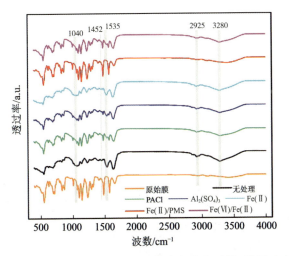

图 7-8 原始膜和不同预处理/超滤后的污染膜的衰减全反射-傅里叶变换红外光谱图
[实验条件：初始藻类细胞浓度为 2.0×10^6 个/mL，初始 pH 值为 8.35±0.14，温度为 25 ℃，单独 Fe(Ⅱ) 投加量为 80 μmol/L，其余实验组为最优投加量，常规 Al 混凝 7 min，氧化强化 Fe(Ⅱ) 混凝 10 min，沉淀 10 min，膜截留分子量为 100 kDa]

7.3.2 FESEM

为了进一步直观地分析膜表面污染状况，利用场发射扫描电子显微镜

（FESEM）对原始膜及不同预处理–超滤工艺净化高藻水后的膜样品进行分析，结果如图7-9所示。图7-9a清楚地展示了原始超滤膜没有被任何外来杂质污染的光滑表面。直接过滤未经预处理的高藻水后，从图7-9b中可观察到大量的藻类细胞和有机物团聚体紧密地覆盖在超滤膜表面，形成压实的滤饼层。这表明，原高藻水引起的膜污染主要归因于大量藻类细胞和AOMs沉积形成的致密且厚实的滤饼层，但这种外部的污染可通过水力反冲洗轻易地消除[12]。当采用$Al_2(SO_4)_3$或PACl的常规Al混凝沉淀预处理时，在最优投加量下，可观察到膜表面沉积的藻类细胞密度显著降低，藻类细胞之间不再紧密挤压且没有明显的团聚体物质（图7-9c~d）。当采用单独$Fe(Ⅵ)O_4^{2-}$预处理时，和无处理的对照组相比，可观察到膜表面沉积细胞的密度有一定程度的下降（图7-9e），这和单独$Fe(Ⅵ)O_4^{2-}$预处理时膜渗透通量和可逆膜污染得到一定改善的结果相吻合（图7-2）。当采用$Fe(Ⅵ)O_4^{2-}/Fe(Ⅱ)$预处理时，膜表面沉积的藻类细胞数量进一步减少，且观察到$Fe(Ⅵ)O_4^{2-}$预氧化过程造成小部分藻类细胞破损，以及膜表面沉积细碎絮状物（图7-9f）。对于单独$Fe(Ⅱ)$混凝预处理，图7-9g展示了一个有别于对照组的相对疏松的滤饼层，细胞之间的紧密程度有所降低，这进一步证明了单独$Fe(Ⅱ)$预处理对膜通量轻微的提升作用来自滤饼层结构的改变。当采用$Fe(Ⅱ)$/PMS预处理时，对沉后水进行超滤后几乎观察不到截留的藻类细胞，这进一步证明了$Fe(Ⅱ)$/PMS预处理对高藻水超滤过程表现出的优异的通量提升和可逆膜污染减缓效能得益于对膜表面滤饼层的出色控制。但需要注意的是，进行$Fe(Ⅱ)$/PMS预处理–超滤过程后，观察到膜表面沉积一薄层未知物质，和原始超滤膜相比有一定的差异（图7-4）。

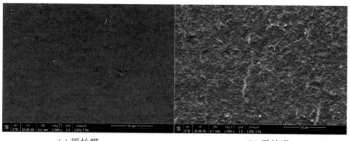

(a) 原始膜　　　　　　　　　　(b) 无处理

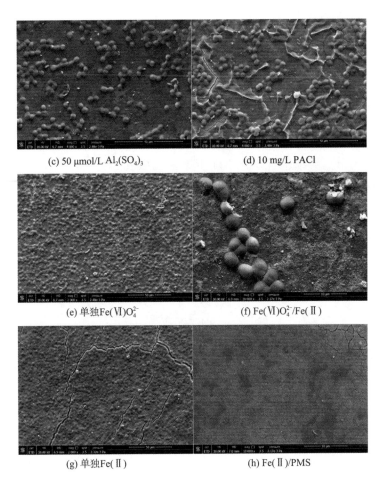

(c) 50 μmol/L Al$_2$(SO$_4$)$_3$　　　　　(d) 10 mg/L PACl

(e) 单独Fe(Ⅵ)O$_4^{2-}$　　　　　(f) Fe(Ⅵ)O$_4^{2-}$/Fe(Ⅱ)

(g) 单独Fe(Ⅱ)　　　　　(h) Fe(Ⅱ)/PMS

图 7-9　原始膜及不同预处理-超滤工艺净化高藻水后膜样品的场发射扫描电子显微镜图
[实验条件：初始藻类细胞浓度为 2.0×10^6 个/mL，初始 pH 值为 8.35±0.14，温度为
25 ℃，单独 Fe(Ⅵ)O$_4^{2-}$ 和 Fe(Ⅱ) 投加量分别为 20 μmol/L 和 80 μmol/L，其余实验组
为最优投加量，常规 Al 混凝 7 min，氧化强化 Fe(Ⅱ) 混凝 10 min，沉淀 10 min，膜截
留分子量为 100 kDa]

7.4　不同预处理的膜污染模型拟合

　　为了更加深入地理解不同预处理对高藻水过滤过程中膜污染的作用机
制，图 7-10 所示为将实验数据拟合为堵塞/滤饼组合过滤模型的结果。依据
式（7-1）~式（7-2），将过滤数据绘制为 dt/dV-d^2t/dV^2 曲线，斜率 n 代表
该工艺膜污染的主导机制及其随过滤进程的转变。同时，图 7-10 中也显示

了 dt/dV-V（V 为过滤体积）曲线，以确定在膜过滤过程的哪个阶段发生了污染机制的转变。如图 7-10a 所示，直接过滤未经处理的原高藻水时，n 值拟合结果分别为 1.169 和 0.054，这说明该过程引起的膜污染主要受中间堵塞机制和滤饼过滤机制的支配。进一步地，大约在过滤 90 mL 藻悬液时发生了污染机制的明显转变。这说明对直接过滤原高藻水的对照组而言，初始阶段膜污染主要表现为由藻类细胞和大分子 EOM 引起的膜表面孔道封堵，然后转变为由藻类细胞沉积并不断压缩密实形成的滤饼层污染[4]。当单独投加 80 μmol/L Fe(Ⅱ) 时，和不采取预处理的直接过滤相比，未发现膜污染机制的明显变化，但是污染机制从中间堵塞机制转变为滤饼过滤机制，该转变发生在过滤体积约为 110 mL 处，这意味着单独 Fe(Ⅱ) 混凝预处理对膜污染的改善起到一定的积极作用，严重影响通量的滤饼层污染现象被延缓，这和图 7-2 和图 7-9g 显示的结果一致。

$$\frac{\mathrm{d}t}{\mathrm{d}V} = \frac{1}{JA} \tag{7-1}$$

$$\frac{\mathrm{d}^2 t}{\mathrm{d}V^2} = -\frac{1}{J^3 A^2}\frac{\mathrm{d}J}{\mathrm{d}t} \tag{7-2}$$

由图 7-10c~d 可知，对于采用常规 Al 混凝的预处理，投加 50 μmol/L Al$_2$(SO$_4$)$_3$ 和 10 mg/L PACl 表现出相似的污染机制，在各自完整的过滤周期内，两阶段的 n 值分别在 1.5 和 1.0 附近，这意味着在常规 Al 混凝预处理-超滤净化高藻水过程中，膜污染机制始终表现为孔道堵塞，没有出现滤饼层污染。这得益于 2 个常规 Al 混凝预处理实验组均可使进水的藻类细胞浓度大幅降低，引起初始过滤阶段膜污染的原因主要在于进入孔道内的小分子 EOM 及其和混凝剂结合后形成的有机复合体，此为标准堵塞机制。随着膜过滤过程的进行，进水中残留的藻类细胞及大分子 EOM 在膜表面不断积累，但其在混凝效应下可能生成较大体积的絮体，从而导致形成的沉积层非常疏松，对渗透性的影响较小，因此，膜污染机制最终分别在大约 150 mL 和 135 mL 的过滤体积处转变为中间堵塞机制，而未发生传统意义上的滤饼层污染。

从图 7-10e~f 可以看出，Fe(Ⅵ)O$_4^{2-}$/Fe(Ⅱ) 和 Fe(Ⅱ)/PMS 预处理对超滤净化高藻水表现出相似的膜污染机理。在 2 个氧化强化混凝预处理-超滤过程中，整个过滤循环的膜污染机理始终由标准堵塞机制支配，各自的 n 值分别为 1.407 和 1.525，未出现向其他膜污染机理转变的现象。这说明在 Fe(Ⅵ)O$_4^{2-}$/Fe(Ⅱ) 和 Fe(Ⅱ)/PMS 预处理中，氧化降解和吸附沉淀的共同作用使进水中污染物的负荷显著降低，这归因于氧化强化混凝-沉淀过程对原高藻水中藻类细胞及 AOMs 较高的去除效能。另外，$Fe(Ⅵ)O_4^{2-}$ 预氧化工艺及可生成大量原位 $SO_4^-\cdot$ 和 $\cdot OH$ 的 $Fe(Ⅱ)/PMS$ 工艺，诱导的氧化刺激可使藻悬液中的 AOMs 破损，其部分转化为低分子量的有机化合物，这可导致有机物在膜表面沉积较少，从而削弱甚至消除滤饼过滤机制的作用[4]。以上结果和膜表面功能基团及表观形貌的表征结果一致（图 7-8 和图 7-9）。

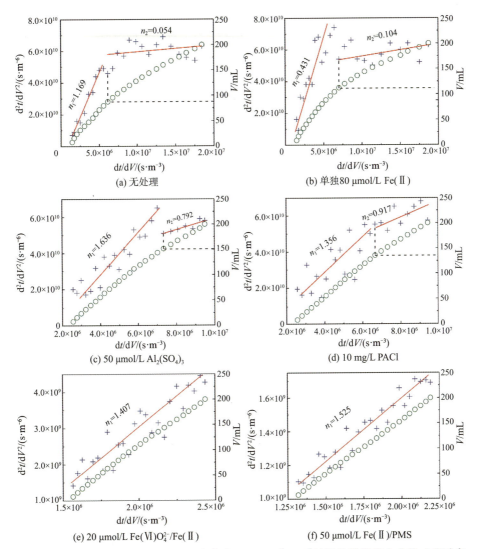

图 7-10　不同预处理-超滤工艺净化高藻水 dt/dV-d^2t/dV^2 的污染模型拟合曲线［实验条件：初始藻类细胞浓度为 $2.0×10^6$ 个/mL，初始 pH 值为 8.35±0.14，温度为 25 ℃，常规 Al 混凝 7 min，氧化强化 $Fe(Ⅱ)$ 混凝 10 min，沉淀 10 min，膜截留分子量为 100 kDa］

7.5 PMS 强化 Fe(Ⅱ) 混凝预处理对膜通量衰减的减缓机制

7.5.1 连续运行无反冲洗操作对 Fe(Ⅱ)/PMS-UF 过程渗透性能的影响

由 7.1 节对基于膜过滤净化高藻水的研究发现，3 种预处理工艺中 PMS 强化 Fe(Ⅱ) 混凝过程表现最佳，对膜前进水中污染物的去除能力最强，对膜过滤渗透性降低的减缓能力最强。综合对比 3 种预处理-超滤过程中膜通量的衰减趋势，观察到在第一过滤周期结束进行反冲洗操作后，仅有 Fe(Ⅱ)/PMS-UF 实验组出现异于传统膜过滤过程的"通量负恢复"与"负可逆污染阻力"现象（图 7-3）。这意味着新一轮过滤循环开始前的水力反冲洗操作可能对膜过滤渗透性产生严重的负面作用。为进一步证实 Fe(Ⅱ)/PMS-UF 工艺中膜表面沉积物质对膜渗透性能有影响，本研究监测了在无反冲洗操作且连续运行条件下膜渗透通量的变化。

如图 7-11 所示，由于没有进行反冲洗操作，在 3 个过滤循环中观察到比通量连续稳定地衰减，未出现图 7-3a 中显示的第一、二过滤周期衔接时比通量"断崖式"下降的现象（PMS 投加量 ≥50 μmol/L 的实验组）。在无反冲洗的条件下，3 个过滤循环末比通量分别达到 0.9592、0.9187 和 0.8679，而在反冲洗条件下，第二个过滤循环末比通量已衰减至 0.8012。这充分说明了 Fe(Ⅱ)/PMS-UF 工艺处理高藻水的过程中，膜表面沉积物对膜渗透通量衰减具有显著的减缓作用。由于不依赖通过频繁的水力反冲洗途径获得通量的恢复，因此 Fe(Ⅱ)/PMS-UF 工艺在实际应用中有望表现出快速、经济和便捷的优越性。

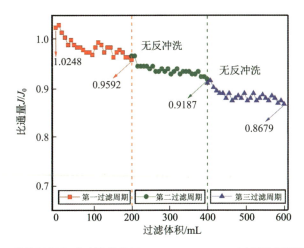

图 7-11　连续运行无反冲洗操作下 Fe(Ⅱ)/PMS-UF 过程渗透通量的变化

7.5.2　膜表面物质识别及其提高渗透通量的作用机理

为了深入理解 Fe(Ⅱ)/PMS-UF 工艺处理高藻水过程中膜污染减缓机制，分别对原始膜和滤后膜进行膜表面表征识别。对比图 7-12a 和图 7-12b 可知，和原始膜相比，经 Fe(Ⅱ)/PMS-UF 工艺处理后，大部分进水中的纳米微粒被超滤膜截留并沉积在膜表面，而过滤前后膜孔内未发生明显的变化。从图 7-12c 可以看到，6 次过滤循环后膜表面形成了一层较厚的沉积物。然而在过滤过程中未观察到显著的通量衰减现象，相反地，通量衰减速率受到显著抑制，这说明该沉积层是疏松多孔而非密实的。不仅如此，还可以推测该沉积层的存在对膜渗透通量的提升起着一定的积极作用。这是因为一般情况下，随着膜过滤过程的进行，进水中的残余藻类细胞及藻类有机物等使膜的可逆和不可逆污染逐渐积累，表现为较快的出水通量衰减，而该沉积层的形成明显延缓了衰减，反而在反冲洗操作去除膜表面沉积层后，出现渗透通量"断崖式"衰减的反常现象（7.1 节）。

进一步地，将沉积物从膜表面小心刮下并富集，然后进行 TEM 测试。如图 7-12d 所示，沉积物的选区电子衍射（SAED）图证实膜表面沉积的水解 Fe 纳米颗粒是具有 {051}、{031} 和 {002} 暴露晶格平面的 γ-FeOOH。能谱分析结果表明，Fe 和 O 是膜表面沉积物的主要组成元素，这和羟基铁化学成分吻合（图 7-12e）。需要注意的是，此处应忽略 C 和 Cu 的占比，这是因为沉积物样品从聚醚砜（PES）超滤膜上刮取收集，且置于铜网普通微栅碳支持膜上进行 TEM 测试，所以能谱分析结果同时呈现出较高的 C、Cu 水平。一些研究者在对 Fe(II) 混凝絮体进行 FTIR 分析时追踪到了 α-FeOOH 的痕迹，认为部分 γ-FeOOH 可在混凝过程中转变为 α-FeOOH[22-23]。笔者在 Fe(II)/PMS 工艺净化高藻水的预处理研究（第 6 章）中得到过相同的结论，区别在于生长较完全且体积较大的 FeOOH 已随藻类絮体的沉降分离到溶液之外，而进水中残余的 FeOOH 是分散且细小的。

此外，对原始膜和滤后膜进行膜表面水接触角的测试，结果如图 7-13 所示。由图 7-13 可知，在 Fe(II)/PMS-UF 工艺处理前后，膜表面水接触角从 58.2°显著下降到 39.3°，这表明过滤后水解 Fe 纳米颗粒的沉积显著提升了膜表面的亲水特性。具体地讲，无论膜表面沉积的是何种 FeOOH，随着膜过滤过程的进行，Fe(II)/PMS 预处理后残留在进水中的具有丰富羟基基团的 FeOOH 都会不断沉积在膜表面，这实质上是对膜表面进行了动态亲水改性，显著提升了膜的亲水性和渗透性，从而引起渗透通量的大幅提升，实际表现为对膜通量衰减的显著减缓。一项研究表明，使用纳滤膜对 AlCl$_3$ 混凝-沉淀过程后的上清液进行预过滤，残留的水解 Al 纳米颗粒可以动态沉积在纳滤膜表面，在对含有双酚 A 和腐殖酸的原水进行过滤时，观察到膜出水中仅保留了 11.5% 的双酚 A，且该过程伴随的比通量衰减仅为 14.5%[24]。本研究中，Fe(II)/PMS 预处理净化高藻水过程中形成的水解 Fe 纳米颗粒同样对减缓膜污染发挥着相似且重要的作用。Fe(II)/PMS-UF 工艺中表现出的优异的膜通量减缓效能得益于以下 2 个方面：① 沉积在膜表面的羟基铁类水解 Fe 纳米颗粒可通过静电相互作用排斥进水中的有机污染物，在一定程度上降低膜的污染负荷；② 膜表面水接触角的大幅降低使膜表面具有强大的亲水性，这可显著提升膜的渗透性能，同时减轻膜表面有机污染。综上，采用 Fe(II)/PMS-UF 工艺净化高藻水时，这种在过滤期间对超滤膜的原位动态亲水改性作用，是膜渗透通量大幅提升的核心机制。该作用可显著减缓膜污染，允许超滤过程在无须频繁反冲洗的条件下长时间连续运行，给实际应用带来极大的便利性，具有较大的应用潜力。

(a) 原始膜断面 SEM 图　　　　　　　　(b) 过滤后膜断面 SEM 图

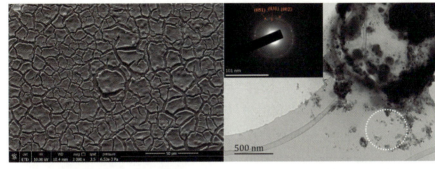

(c) 过滤后膜表面沉积物 SEM 图　　　　(d) 过滤后膜表面沉积物 TEM 和 SAED 图

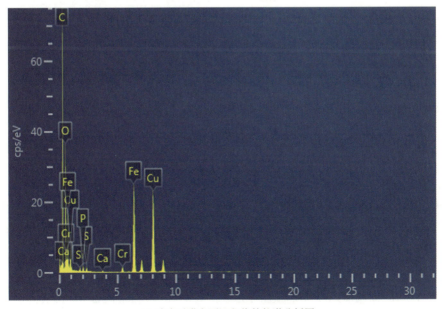

(e) 过滤后膜表面沉积物的能谱分析图

图 7-12　Fe(Ⅱ)/PMS–UF 工艺处理高藻水过程前后超滤膜表面的表征

(a) CA=58.2°±1.8°   (b) CA=39.3°±2.7°

图 7-13　原始膜及 Fe 水解产物沉积膜表面水接触角

参考文献

[1] PIVOKONSKY M, SAFARIKOVA J, BARESOVA M, et al. A comparison of the character of algal extracellular versus cellular organic matter produced by cyanobacterium, diatom and green alga[J]. Water Research, 2014,51:37-46.

[2] TABATABAI S A A, SCHIPPERS J C, KENNEDY M D. Effect of coagulation on fouling potential and removal of algal organic matter in ultrafiltration pretreatment to seawater reverse osmosis[J]. Water Research, 2014, 59: 283-294.

[3] LI K, QU F S, LIANG H, et al. Performance of mesoporous adsorbent resin and powdered activated carbon in mitigating ultrafiltration membrane fouling caused by algal extracellular organic matter[J]. Desalination, 2014,336(1): 129-137.

[4] WAN Y, XIE P C, WANG Z P, et al. Comparative study on the pretreatment of algae-laden water by UV/persulfate, UV/chlorine, and UV/H$_2$O$_2$: Variation of characteristics and alleviation of ultrafiltration membrane fouling[J]. Water Research, 2019, 158: 213-226.

[5] YU H, ZHANG K, ROSSI C. Theoretical study on photocatalytic oxidation of VOCs using nano-TiO$_2$ photocatalyst[J]. Journal of Photochemistry and Photobiology A: Chemistry, 2007, 188(1): 65-73.

［6］ LIU B, QU F S, YU H R, et al. Membrane fouling and rejection of organics during algae-laden water treatment using ultrafiltration: a comparison between *in situ* pretreatment with Fe (Ⅱ)/persulfate and ozone［J］. Environmental Science & Technology, 2018, 52(2): 765-774.

［7］ 瞿芳术. 超滤处理高藻水过程中膜污染特性及控制研究［D］. 哈尔滨: 哈尔滨工业大学, 2012.

［8］ QI J, LAN H C, MIAO S Y, et al. KMnO₄-Fe(Ⅱ) pretreatment to enhance *Microcystis aeruginosa* removal by aluminum coagulation: Does it work after long distance transportation? ［J］. Water Research, 2016, 88: 127-134.

［9］ QU F S, LIANG H, TIAN J Y, et al. Ultrafiltration (UF) membrane fouling caused by cyanobateria: fouling effects of cells and extracellular organics matter (EOM)［J］. Desalination, 2012, 293(3): 30-37.

［10］ ZHOU S Q, SHAO Y S, GAO N Y, et al. Removal of *Microcystis aeruginosa* by potassium ferrate(Ⅵ): impacts on cells integrity, intracellular organic matter release and disinfection by-products formation［J］. Chemical Engineering Journal, 2014, 251: 304-309.

［11］ YANG Y, BANERJEE G, BRUDVIG G W, et al. Oxidation of organic compounds in water by unactivated peroxymonosulfate［J］. Environmental Science & Technology, 2018, 52(10): 5911-5919.

［12］ LIU B, QU F S, LIANG H, et al. Algae-laden water treatment using ultrafiltration: individual and combined fouling effects of cells, debris, extracellular and intracellular organic matter［J］. Journal of Membrane Science, 2017, 528: 178-186.

［13］ WANG Z P, CHEN Y Q, XIE P C, et al. Removal of *Microcystis aeruginosa* by UV-activated persulfate: performance and characteristics［J］. Chemical Engineering Journal, 2016, 300: 245-253.

［14］ ZHANG X L, FAN L H, RODDICK F A. Effect of feed water pre-treatment using UV/H₂O₂ for mitigating the fouling of a ceramic MF membrane caused by soluble algal organic matter［J］. Journal of Membrane Science, 2015, 493: 683-689.

［15］ CHEN W, WESTERHOFF P, LEENHEER J A, et al. Fluorescence excitation: emission matrix regional integration to quantify spectra for dissolved

organic matter[J]. Environmental Science & Technology, 2003, 37(24):
5701-5710.

[16] WEI D Q, TAO Y, ZHANG Z H, et al. Effect of pre-ozonation on mitigation
of ceramic UF membrane fouling caused by algal extracellular organic mat-
ters[J]. Chemical Engineering Journal, 2016, 294: 157-166.

[17] TIAN J Y, WU C W, YU H R, et al. Applying ultraviolet/persulfate (UV/
PS) pre-oxidation for controlling ultrafiltration membrane fouling by natural
organic matter (NOM) in surface water[J]. Water Research, 2018, 132:
190-199.

[18] LI L, GAO N Y, DENG Y, et al. Characterization of intracellular & extra-
cellular algae organic matters (AOMs) of *Microcystic aeruginosa* and
formation of AOM-associated disinfection byproducts and odor & taste com-
pounds[J]. Water Research, 2012, 46(4): 1233-1240.

[19] SARATHY S, MOHSENI M. Effects of UV/H_2O_2 advanced oxidation on
chemical characteristics and chlorine reactivity of surface water natural or-
ganic matter[J]. Water Research, 2010, 44(14): 4087-4096.

[20] ZHOU S Q, SHAO Y S, GAO N Y, et al. Characterization of algal organic
matters of *Microcystis aeruginosa*: biodegradability, DBP formation and
membrane fouling potential[J]. Water Research, 2014, 52: 199-207.

[21] CHIOU Y T, HSIEH M L, YEH H H. Effect of algal extracellular polymer
substances on UF membrane fouling[J]. Desalination, 2010, 250(2):
648-652.

[22] LI X, GRAHAM N J D, DENG W S, et al. The formation of planar crystal-
line flocs of γ-FeOOH in Fe(II) coagulation and the influence of humic
acid[J]. Water Research, 2020, 185: 116250.

[23] KOZIN P A, SALAZAR-ALVAREZ G, BOILY J-F, et al. Oriented aggrega-
tion of lepidocrocite and impact on surface charge development[J]. Lang-
muir, 2014, 30(30): 9017-9021.

[24] WANG P P, WANG F H, JIANG H C, et al. Strong improvement of nano-
filtration performance on micropollutant removal and reduction of membrane
fouling by hydrolyzed-aluminum nanoparticles[J]. Water Research, 2020,
175: 115649.

第8章 含藻水源水化学还原去除技术及其机制

　　水源水富营养化导致的蓝藻水华正成为饮用水安全的最大威胁之一，并已受到了全世界的高度关注。藻类大量繁殖时期的高细胞浓度和大量释放的藻类有机物（AOMs）会通过抑制混凝作用、缩短过滤周期和消除余氯等严重降低饮用水处理厂（DWTPs）的工作效率。混凝-沉淀-过滤是 DWTPs 最常见的处理过程。然而，由于静电排斥、不同的形态和高运动能力，在低混凝剂投加量下，藻类细胞很难通过混凝得到有效去除。因此，为了达到有效去除藻类的目的，通常会使用高投加量的混凝剂，但这可能会导致沉淀后的废水中残留高浓度的金属离子，并产生大量化学污泥。值得一提的是，在混凝过程之前加入化学氧化剂（如 Cl_2、ClO_2、O_3、过硫酸盐、铁酸盐和 $KMnO_4$）可以改变水藻的表面电荷，使藻类细胞失活及细胞内的有机物矿化，并在减少混凝剂用量的情况下提高混凝的除藻效率。然而，过量的氧化剂会破坏藻类细胞并释放出 IOM，这些有机物正是消毒副产物（DBPs）的典型前体物。

　　钛盐自在 20 世纪初被用作混凝剂以来，已经经历了一百多年的发展。相比其他金属混凝剂，钛混凝剂具有如下优点：① 由于钛混凝剂能够完全水解，所以沉淀出水中的 Ti 离子残留物的浓度远远低于其他过渡金属混凝剂；② 钛混凝过程中可以产生目前已被广泛使用的光催化剂 TiO_2，且经过煅烧之后具有比商业 TiO_2 更高的光催化活性；③ 包括 $TiCl_4$、$Ti(SO_4)_2$ 和 $TiOSO_4$ 在内的高电荷钛盐对有机物、重金属、浊度和氟化物离子能够实现更有效的去除。目前最常用的钛混凝剂为 $TiCl_4$，但 $TiCl_4$ 易挥发且在潮湿的空气中易形成浑浊的 TiO_2 和 HCl，对人体有一定的危害。$TiCl_3$ 因具有出色的稳定性和安全性而常被用作有机分子合成和有机物测定的还原剂，近年来被用作混凝剂也得到了一定的发展。目前已有研究人员将 $TiCl_3$ 用作混凝剂去除 DOC，并取得了不错的去除效果。除此之外，$TiCl_3$ 还能够与藻类细胞表面的 AOMs 发生反应并改变藻类细胞电荷，这可能能够加强对藻类细胞的去除效能。因此根据这些已有的研究结果，研究者认为 $TiCl_3$ 可能是一种能够安全、有效地去除藻类细胞的混凝剂。然而，目前并没有关于使用 $TiCl_3$ 去除藻类细胞的研究报道。

本章介绍一种新的策略以去除藻类细胞并同时减小其不利影响，即首次将 $TiCl_3$ 用作混凝剂去除铜绿微囊藻，并评估其对于铜绿微囊藻的去除率和对 AOMs 释放的控制。然后通过考察藻类细胞表面电荷性质的变化、藻类细胞的完整性、MCs 的释放和 DBPFP，评估 $TiCl_3$ 混凝过程的安全性。最后，阐述 $TiCl_3$ 混凝去除铜绿微囊藻的机理。

8.1 钛混凝技术简介

相比铝、铁混凝剂，钛混凝剂的优点之一就是 Ti 的低毒性，此外钛混凝剂的水解程度要高得多，使得混凝出水中残留 Ti 的浓度可以忽略不计[1]。钛混凝剂的另外一个优点就是混凝产生的污泥经过煅烧可以形成具有良好光催化活性的 TiO_2。这些优点使得钛混凝在水处理中具有广阔的应用前景。

8.1.1 钛混凝剂的发展及种类

相比铝、铁混凝剂，钛混凝剂的发展起步较晚，钛盐首次被用作混凝剂可追溯到 20 世纪初。1916 年，Block 等首次将钛盐用作铝盐混凝剂的添加剂，发现其能够提高色度的去除率[2]。1937 年，钛盐 $[Ti(SO_4)_2]$ 首次被单独用作混凝剂用于含氟废水的处理，尽管其对 F^- 的去除率略低于铁、铝等混凝剂，但具有很高的色度去除率，且具有更宽的温度工作范围。受限于当时钛工业水平的发展，将钛盐用作水处理混凝剂的性价比非常低，所以此后几十年，钛混凝几乎没有什么研究进展。最近二十年来，随着钛工业水平的发展，钛盐作为水处理混凝剂得到了迅速的发展，已出现诸多类型的钛混凝剂。

目前主要的钛混凝剂可分为 3 种：① 简单钛混凝剂，如 $TiCl_4$、$Ti(SO_4)_2$、$TiOSO_4$、$Ti(CH_3COO)_4$、$TiCl_3$ 等；② 聚合钛混凝剂，如聚合硫酸钛（PTS）、聚氯化钛（PTC）、聚硅酸钛（PST）、钛干凝胶混凝剂（TXC）等；③ 复合钛混凝剂，如聚合氯化钛铁（PTFC）、聚合氯化钛铝（PTAC）、聚硅硫酸钛铁（PTFS）等。

8.1.2　钛混凝作用机理

影响混凝作用机理的因素有很多，如污染物的物理化学性质、混凝剂的种类、电荷密度等。钛混凝作为混凝的一类，其混凝作用机理既包含混凝通用机理如电荷中和、网捕卷扫和吸附架桥，也有钛混凝与污染物之间的特定的相互作用。

电荷中和是混凝作用的关键机理，影响电荷中和的因素有很多，其中，对于钛混凝来说，pH 是影响电荷中和最重要的因素。钛混凝剂中钛的价态绝大多数为+4，这使得与铁、铝混凝剂相比，钛混凝剂的电荷中和作用更为突出。由于钛混凝剂对于 pH 更为敏感，这导致一般情况下钛混凝剂的等电位点要低于铁、铝混凝剂。因此，在酸性条件下，电荷中和往往在钛混凝剂的混凝机理中起主导作用。为了增强钛混凝的电荷中和作用，往往需要提高钛混凝剂的等电位点。Wang 等[3]的研究表明，可控的溶胶预聚合法可有效提高钛混凝剂水解产物的等电位点，将 $TiCl_4$ 的 pH 4.7 提升至 TXC 的 pH 5.3，此外，在 pH 4.0 时，Wang 等还发现 TXC 的电荷密度（2.78 mmol/g）远高于加碱强制聚合法合成的 PTC 的电荷密度（1.67 mmol/g），这表明 TXC 的电荷中和能力得到了极大的提升。此外，对于钛混凝剂在中性或碱性条件下电荷中和能力不足的缺点，还可以通过与阳离子共聚来弥补。

尽管吸附架桥对于高分子混凝剂来说是关键机理，但是低分子混凝剂也可以通过形成高分子水解产物来产生吸附架桥作用。对于钛混凝剂来说，其形成的高分子水解产物表面往往含有大量的羟基，这使得其能够与胶体颗粒和大分子污染物表面的羟基结合，吸附胶体颗粒和大分子。但值得注意的是，在中性或碱性条件下，钛混凝剂形成的高分子水解产物表面的羟基易去质子化形成 O^-，O^- 与带负电荷的胶体颗粒之间存在静电斥力，这不利于钛混凝剂的高分子水解产物与胶体颗粒之间形成架桥作用。

对于无机金属混凝剂的网捕卷扫作用，絮体的性质是关键。由于钛混凝剂形成的絮体粒径大、沉降性能好，因此相比铁、铝混凝剂，钛混凝剂具有更好的网捕卷扫性能。与电荷中和在酸性条件下起主导作用不同的是，网捕卷扫恰好在碱性条件下起主导作用[4]。因此，在碱性溶液中使用钛混凝剂去除污染物时，要注意控制操作条件，以防絮体破裂，使得粒径变小，影响钛混凝剂对于污染物的去除性能。

钛混凝与污染物之间特定的相互作用包括化学还原、离子交换、吸附及配位作用，这些相互作用使得钛混凝剂对 NO_3^-、PO_4^{3-}、F^- 及重金属具有良好的去除效能，且相比铁、铝混凝剂，其具有独特优势[5-6]。对于不同的污染物，钛混凝剂与其特定的相互作用需要具体分析。对于简单钛混凝剂，还可以通过与污染物形成络合物来实现对污染物的去除。

值得注意的是，在钛混凝剂的混凝过程中，往往是几种作用机理共同作用，很难将每个作用机理完全区分开。因此，在实际研究过程中，研究人员通常研究的是哪种作用机理在混凝过程中起主导作用。但毫无疑问的是，探究清楚钛混凝剂的作用机理对于指导钛混凝去除污染物的研究和应用具有重要意义。

8.1.3　钛混凝在水处理中的应用现状

钛混凝在水处理中的应用主要包括去除藻类、DOC、重金属，以及与膜处理技术联用于减轻膜污染方面。

研究人员在钛混凝除藻及天然有机物（NOM）方面做了许多研究。Xu 等[7]利用 $TiCl_4$ 去除浓度为 1.0×10^6 个细胞/mL 的铜绿微囊藻，发现在 $TiCl_4$ 投加量为50 mg/L（以 Ti 计）时，藻类去除率能够达到98%，同时还能实现47%的 DOC 和53%的 UV_{254} 去除率。Chi 等[8]利用 PTC 处理浓度为 1.0×10^6 个细胞/mL 的铜绿微囊藻，在 PTC 投加量为 40 mg/L 时，藻类去除率、DOC 去除率、UV_{254} 去除率分别为95.42%、67.72%和61.56%，而后他们煅烧含藻污泥得到了 $P-TiO_2$，并利用其处理 Cr(Ⅵ) 和苯酚，通过 150 min 的紫外线照射，可实现90%的 Cr(Ⅵ) 去除率和100%的苯酚去除率，高于商业 $P25-TiO_2$（分别为40%和90%）。钛混凝单独处理 DOC 也有研究人员报道。Hussain 等[9]利用 $TiCl_3$ 处理含 DOC 的水样，在最优操作条件下 DOC 去除率可达71%，高于聚氯化铝在最优操作条件下得到的去除率（56%）。

除了去除藻类和 DOC 等有机物方面，钛混凝在重金属去除方面也有所应用。Sun 等[10]利用 $Ti(SO_4)_2$ 去除初始浓度为 1.0 mg/L 的含 As(Ⅲ) 溶液，当 $Ti(SO_4)_2$ 投加量为 16 mg/L（以 Ti 计）时，在 pH 值为 7.0 和 8.0 的条件下，去除率分别为88%和90%，比相同投加量的 $Fe_2(SO_4)_3$ 高出 10%左右。Kuzin 等[11]利用 $TiCl_3$ 去除 Cr(Ⅵ)，发现 Cr(Ⅵ) 还原为 Cr(Ⅲ) 的效率远高于使用 Na_2SO_3 作为还原剂的效率，最高还原去除率可达 99.5%，这证明了 Ti[3+]具有强还原性。此外，Wang 等[12]还利用 TXC 处理含 Cr 的模拟废水，在最优操作条件下，Cr 去除率最高可达 94.5%，随后研究人员使用 TXC 和聚合硫酸铁分别处理实际含 Cr 的废水，在相同投加量下，残留 Cr 的浓度分别为 12 mg/L 和 58 mg/L，这是因为 TXC 混凝产生的絮体更大且生长速度更快，使得 TXC 的混凝效果要好于聚合硫酸铁。

钛混凝与其他技术的联用也是研究热点，尤其是与膜处理技术联用于减轻膜污染方面。Xu 等[13]使用聚二烯丙基二甲基氯化铵（PDADMAC）复合 TXC 混凝剂对超滤（UF）处理前的高藻水进行预处理，研究发现，相比于 TXC，该复合混凝剂能够更有效地去除藻类细胞和蛋白质，这使得复合混凝剂能够大幅减少由藻类细胞引起的可逆膜污染及由蛋白质等有机物引起的不可逆膜污染，但值得注意的是，该复合混凝剂能够略微地增加滤饼层和膜表面的黏接力，造成轻微的不可逆膜污染。Zhao 等[14]分别使用 $TiCl_4$ 和 $Al_2(SO_4)_3$ 与 UF 联用去除腐殖酸，当 $TiCl_4$ 和 $Al_2(SO_4)_3$ 都在最优投加量时，$TiCl_4$产生的膜污染要小于 $Al_2(SO_4)_3$产生的，这是因为 $TiCl_4$产生的絮体更大、生长速度更快，此外 $TiCl_4$的水解絮体带正电荷，与表面为负电荷的腐殖酸更容易形成紧密的絮体，使得腐殖酸难以进入膜孔内部，从而减少膜污染。

8.1.4 新型钛混凝剂——$TiCl_3$

$TiCl_3$是一种在水处理及工业生产中常用的催化剂，由于 $TiCl_3$的 Ti 为 +3 价，而 Ti 的稳定价态为+4 价，所以 $TiCl_3$常被用作还原剂，主要应用于 α-烯烃聚合等有机合成、偶氮染料分析、水溶液中硝酸盐及高铁离子的测定、醛或酮的还原偶联反应、电镀的预处理及复合材料的储氢性能等领域[5,15]。近年来，研究人员发现 $TiCl_3$还能被当作混凝剂用于水处理领域，且能取得相比于传统混凝剂更好的去除效果。此外，Ti[3+]固有的强还原性使得 $TiCl_3$在处理水中污染物时，能同时达到还原和混凝的去除效果，具有无与伦比的优势。

8.2 钛混凝剂的优势

当混凝剂投加量为 130 μmol/L 时，$TiCl_3$对各项指标的去除率明显高于

TiCl$_4$（图 8-1a）。具体来说，TiCl$_4$ 对 OD$_{680}$、浊度和 DOC 的去除率分别为 64.54%、70.37% 和 53.21%，而 TiCl$_3$ 则分别为 98.1%、92.97% 和 68.34%。

在混凝过程中，电荷中和是提升混凝效果的关键因素，主要通过降低藻类细胞表面的 Zeta 电位来减少藻类细胞之间的电荷排斥。当混凝剂投加量为 130 μmol/L 时，TiCl$_3$ 混凝絮体的 Zeta 电位为 −1.125 mV，而 TiCl$_4$ 则为 13.260 mV（图 8-1a）。Zeta 电位表明，过量的 TiCl$_4$ 能够使藻类细胞表面电荷由负转正且远高于 0 mV，从而阻止了藻类细胞的团聚。在随后的实验中，当 TiCl$_4$ 的投加量减少到 90 μmol/L 时，OD$_{680}$ 和浊度的去除率分别提高到 68.76% 和 74.63%，DOC 的去除率降低为 50.50%，但去除率仍明显低于 TiCl$_3$。

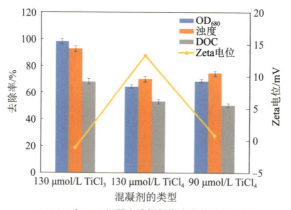

(a) TiCl$_3$ 与 TiCl$_4$ 混凝去除铜绿微囊藻的效果比较

(b) TiCl$_3$ 与 TiCl$_4$ 混凝去除铜绿微囊藻过程中絮体大小比较

图 8-1　TiCl$_3$ 和 TiCl$_4$ 混凝去除铜绿微囊藻的效果［实验条件：初始藻类细胞密度为 2.0×10^6 个/mL，初始 pH 值为 8.16，初始 Zeta 电位为 −45.64 mV，初始 DOC 浓度为 5.02 mg/L，初始浊度为 29.34 NTU，温度为 25 ℃；误差棒代表标准偏差（$n=3$）］

值得一提的是，TiCl$_3$ 和 TiCl$_4$ 的最终水解产物皆为 Ti(OH)$_4$。尽管在混

凝过程中 $TiCl_3$ 可以还原 S-AOMs，但是还原反应增加了藻类细胞表面负电荷的数量，这意味着需要更多的被氧化后形成的 Ti^{4+} 来中和。而后随着更多的 Ti^{4+} 结合在藻类细胞表面，更多的藻类细胞在絮凝过程中聚集在一起，从而产生更大的絮凝物（图 8-1b），而较大的絮体可提高沉降速率和藻类细胞的去除率。因此，相比 $TiCl_4$，具有强还原能力的 $TiCl_3$ 可能是更好的去除铜绿微囊藻的混凝剂。

8.3　$TiCl_3$ 净化高藻水的相关探究

8.3.1　$TiCl_3$ 投加量对去除铜绿微囊藻的影响

研究 $TiCl_3$ 投加量在 40 μmol/L 到 240 μmol/L 之间对去除铜绿微囊藻的影响（图 8-2）。在 40 μmol/L 剂量下，OD_{680} 和浊度的去除率接近于零，没有絮凝体，说明低浓度的 $TiCl_3$ 不能中和表面负电荷形成絮凝体。随着 $TiCl_3$ 浓度从 40 μmol/L 增加到 130 μmol/L，OD_{680} 和浊度的去除率从 1.9% 和 1.7% 分别提高到 98.1% 和 92.97%，说明较高浓度的 $TiCl_3$ 可以中和表面负电荷并引发藻类的絮凝。将 $TiCl_3$ 投加量增加到 240 μmol/L，OD_{680} 和浊度的去除率分别从 98.1% 和 92.97% 降低到 96.48% 和 52.58%。OD_{680} 去除率的略微降低，是由藻类细胞表面的 Zeta 电位升高导致的。然而，对于浊度来说，过量的 $TiCl_3$ 可能会产生大量不溶于水的 $Ti(OH)_4$[16]，这会迅速增加溶液系统的浊度。

正如之前的研究所报道的一样，由于 S-AOMs 的存在可以使藻类细胞免受损坏和保持稳定[17]，因此藻类细胞对大多数常规混凝剂具有一定的抵抗能力。因此为了提高藻类去除率，必须破坏 S-AOMs 使藻类细胞不稳定，这将不可避免地造成 S-AOMs 的解吸并增加溶液中的 DOC 浓度。因此，DOC 去除率也是评价铜绿微囊藻去除效果的重要指标。随着 $TiCl_3$ 的浓度从 40 μmol/L 增加到 240 μmol/L，DOC 的去除率从 11.0% 增加到 80.0%（图 8-2）。尽管在 $TiCl_3$ 混凝过程中，S-AOMs 被破坏并释放到溶液中，但原位形成的 $Ti(OH)_4$ 与有机物具有高亲和性，从而保持了 DOC 的高去除率。值得一提的是，DOC 的去除率在 $TiCl_3$ 投加量为 40 μmol/L 至 130 μmol/L 之间增长得更快，这是由 Zeta 电位逐渐降低导致藻类细胞之间的静电斥力减弱所致。DOC 的去除率在零电位点后仍然在增加，这可以归因于物理截留和絮体的吸附作用[18]。

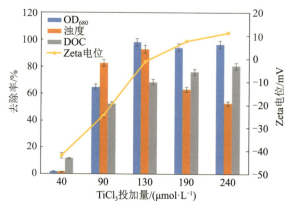

图 8-2 TiCl₃投加量对去除铜绿微囊藻的影响 [实验条件：初始藻类细胞密度为 $2.0×$ 10^6个/mL，初始 pH 值为 8.16，初始 Zeta 电位为 -45.64 mV，初始 DOC 浓度为 5.02 mg/L，初始浊度为 29.34 NTU，温度为 25 ℃；误差棒代表标准偏差 （$n=3$）]

一方面，增加 TiCl₃的投加量能提高藻类细胞的 Zeta 电位及藻类细胞的去除率，表明电荷中和在 TiCl₃混凝过程中具有很重要的作用。另一方面，根据以往的研究，酸性条件下电荷中和作用在钛混凝剂的混凝过程中占据主导地位，碱性条件下则是网捕卷扫作用占据主导地位。而在本研究中藻类溶液的 pH 值保持在弱碱性 （pH 8.16） 的情况下，电荷中和作用比起网捕卷扫作用更为关键。对此可能的解释是 TiCl₃的强还原性破坏了 S-AOMs，TiCl₃被氧化，原位形成的 Ti(OH)₄黏附在藻类细胞表面，提高了藻类细胞表面的 Zeta 电位，使藻类细胞不稳定并相互团聚达到去除的效果。

8.3.2 TiCl₃混凝对藻类细胞完整性和 AOMs 释放、MC-LR、DBPFP 的影响

（1）TiCl₃混凝对细胞完整性的影响

图 8-3 所示为不同 TiCl₃投加量下 K^+ 释放率的变化情况。当 TiCl₃投加量为 40 μmol/L 时 K^+ 释放率就已达到 21.42%，且随着投加量的不断增加，K^+ 释放率基本保持不变。在最优投加量 （130 μmol/L） 下，K^+ 释放率只有 21.41%。结果表明，TiCl₃只会造成轻微的 K^+ 释放，说明只有少量细胞受损，这比其他强氧化剂要温和得多。例如，ClO₂能够导致严重的细胞损伤[19]，而 PS/Fe(Ⅱ) 氧化过程能够在 60 min 内达到 62.6%的藻类细胞破

坏率。因此相比其他强氧化剂，TiCl$_3$的竞争优势在于即使过量投加也不会导致很高的藻类细胞破坏率，这表明 TiCl$_3$ 能创造相对温和的环境，有效去除而不大量破坏藻类细胞。

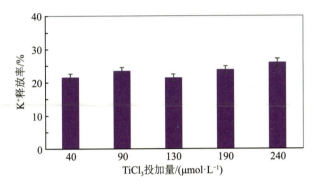

图 8-3　TiCl$_3$投加量对 K$^+$释放率的影响［实验条件：初始藻类细胞密度为 2.0×10^{6}个/mL，初始 pH 值为 8.16，初始 DOC 浓度为 5.02 mg/L，初始浊度为 29.34 NTU，温度为 25 ℃；误差棒代表标准偏差（$n=3$）］

流式细胞术用于评估 TiCl$_3$混凝对藻类细胞完整性的影响。SYTOX 可渗透受损细胞膜并将核酸染色，增加通道 FL1 的荧光强度。同时，在通道 FL3 中，收集对应于活细胞的红色荧光信号。较强的红色荧光强度归因于活细胞，而较强的绿色荧光强度则归因于受损细胞。因此，藻类细胞完整性可以通过一系列的彩图表现出来（图 8-4）。从图 8-4 中可以看出，在 TiCl$_3$投加量为 240 μmol/L 时，受损细胞的比例仅为 10.85%，表明还原作用是温和的。流式细胞术的结果表明 TiCl$_3$混凝工艺适用于藻类去除和 AOMs 释放控制。

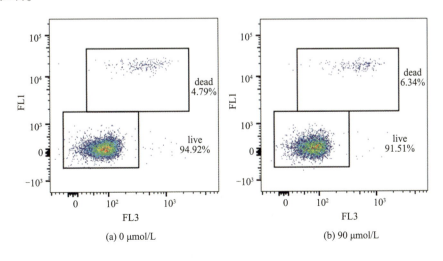

(a) 0 μmol/L　　　　　　　　　　(b) 90 μmol/L

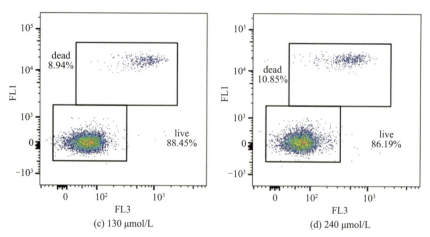

图 8-4 不同投加量 TiCl₃ 混凝过程中流式细胞仪检测藻类细胞的比例

（2）TiCl₃ 混凝对 AOMs 释放、MC-LR 和 DBPFP 的影响

如前所述，TiCl₃具有优异的铜绿微囊藻去除效果，同时不可避免地会导致轻微的藻类细胞破裂。因此，评价 TiCl₃对铜绿微囊藻去除过程中 MC-LR 和 DBPFP 的影响（已被证明与 AOMs 有很大关系），对于 TiCl₃在实际应用中的安全性至关重要。图 8-5 所示为在铜绿微囊藻去除过程中，DOC 的去除率和 MC-LR 的浓度随 TiCl₃投加量的变化情况。一般来说，DOC 的去除率增加，而 MC-LR 的浓度降低，但仍然相对较高。以往的研究发现，传统的水处理工艺可以通过去除藻类细胞来去除细胞内的 MC-LR，但对处理细胞外藻毒素并没有太大作用[20-21]。当 TiCl₃投加量达到 240 μmol/L 时，MC-LR 的浓度为 5.73 μg/L。显然，TiCl₃的强还原性并不能破坏 MC-LR，只能通过吸附去除一小部分 MC-LR。但由于分子量的不同，通过吸附去除的 DOC 明显更多。尽管在去除 MC-LR 方面，钛混凝剂与氧化剂相比处于劣势，但与其他常用的金属混凝剂（如铝、铁混凝剂）相比，钛混凝剂具有优势，并且可以在提高投加量的情况下实现更高的 MC-LR 去除率。值得一提的是，与大多数预氧化和强化混凝除藻的方法相比，添加过量 TiCl₃不会造成大规模藻类细胞破裂，导致 AOMs 释放严重，DOC 去除率显著降低。因此，在实际工程中，可以通过增加 TiCl₃投加量来增强 MC-LR 的去除效果，以满足实际要求。

图 8-6 为 TiCl₃投加量对混凝后上清液氯化过程中 DBPFP 的影响。本研究选择了 2 种 DBPs，分别是以 TCM 为代表的三卤甲烷（THMs）和以 MCAA、DCAA 和 TCAA 为代表的卤代乙酸（HAAs）。从图 8-6 中可以看出，

随着 TiCl₃ 投加量的增加，THMs 和 HAAs 的浓度不断降低。对于 TCM，在最优 TiCl₃ 投加量（130 μmol/L）下，浓度仅为原藻溶液的 42.13%，在 240 μmol/L TiCl₃ 投加量下，TCM 浓度进一步下降为原藻溶液的 34.40%。结果表明，TiCl₃ 能有效去除 TCM 前驱体，这归因于 TiCl₃ 能有效去除类腐殖质和类蛋白质物质，从而达到较高的 DOC 去除率，而且类腐殖质和类蛋白质物质具有更强的 THMs 生成活性[22]。此外，在 TiCl₃ 混凝过程中，HAAs 的生成势低于 THMs。一般而言，类腐殖酸是 HAAs 的主要前体[23]。因此，TiCl₃ 也能通过有效去除类腐殖酸来降低 HAAs 的浓度。因此与其他预氧化处理相比，使用 TiCl₃ 处理含铜绿微囊藻的高藻水时，其可以有效控制 DBPFP。

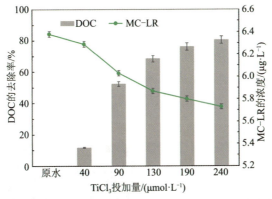

图 8-5　TiCl₃ 投加量对 MC-LR 浓度和 DOC 去除率的影响 [实验条件：初始藻类细胞密度为 2.0×10⁶个/mL，初始 pH 值为 8.16，初始 DOC 浓度为 5.02 mg/L，初始浊度为 29.34 NTU，温度为 25 ℃；误差棒代表标准偏差（ n=3 ）]

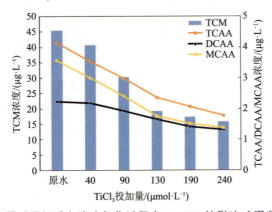

图 8-6　TiCl₃ 投加量对混凝后上清液氯化过程中 DBPFP 的影响 [混凝条件：初始藻类细胞密度为 2.0×10⁶个/mL，初始 pH 值为 8.16，初始 DOC 浓度为 5.02 mg/L，初始浊度为 29.34 NTU，温度为 25 ℃。氯化实验条件：氯投加量（以 Cl₂计）/TOC（以 C 计）为 3:1（质量比），pH 值为 7.0，温度为 25 ℃，反应时间为 72 h（避光）]

8.4 TiCl₃与藻类细胞的作用机制

8.4.1 藻类絮体表面微观形貌分析

为了进一步探究 TiCl₃ 混凝对铜绿微囊藻的影响，本研究观察了不同投加量 TiCl₃ 混凝后藻类絮体表面形貌，如图 8-7 所示。从图 8-7a 可以看出，当 TiCl₃ 投加量为 90 μmol/L 时，藻类细胞表面有少量纳米 TiO₂ 颗粒，絮体还比较松散，与此投加量下混凝效果不佳的实验结果相一致。当投加量增加到 130 μmol/L 时，从图 8-7b 可以看出藻类细胞因纳米 TiO₂ 晶体作用聚集在一起，絮体相当致密。当投加量继续增加到 240 μmol/L 时，从图 8-7c 可以看出藻类细胞表面被纳米 TiO₂ 颗粒所覆盖，藻类细胞的形态不易观察到，表明混凝剂已经过量。此外，从图 8-7 可以看出，无论投加量为多少，藻类细胞都保持相对完整，结构没有被明显破坏，这与之前藻类细胞的完整性结论是一致的。

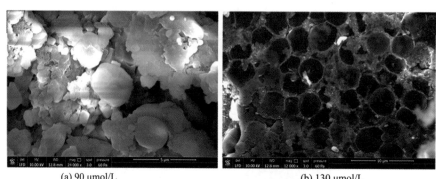

(a) 90 μmol/L (b) 130 μmol/L

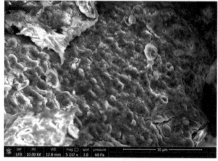

(c) 240 μmol/L

图 8-7 不同 TiCl₃ 投加量下藻类絮体的 FESEM 图

8.4.2　藻类絮体的 FTIR 分析

对 TiCl₃ 混凝前后的藻类絮体进行 FTIR 分析，以确定混凝前后藻类絮体的组成和官能团变化（图 8-8）。2 种絮体样品均在波数 3300 cm⁻¹ 和 2927.9 cm⁻¹ 处出现 2 条谱带，这可能与藻类表面有机多糖的 O—H 和 C—H 的伸缩振动有关。同时，位于 1656.07 cm⁻¹、1383.68 cm⁻¹ 和 1241.93 cm⁻¹ 处的 3 个吸收峰分别归因于蛋白质中的 C=O、脂肪酸中的—COO⁻ 和 DNA 中的磷酸二酯[24]。此外，2 种絮体样品还在 1543.26 cm⁻¹ 处有吸收峰，这通常被认为与类蛋白质有机物的 C—N 伸缩振动有关。与未经 TiCl₃ 混凝的藻类絮体相比，混凝后的藻类絮体的 FTIR 谱图中 1543.26 cm⁻¹ 处的谱带出现了 4.58 cm⁻¹ 的红移，但红移并不明显。FTIR 谱图表明，2 种絮体样品几乎没有显著不同。

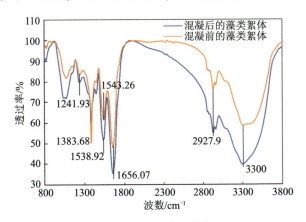

图 8-8　TiCl₃ 混凝前后藻类絮体的 FTIR 谱图

8.4.3　絮体的 XPS 图分析及去除机理阐述

为了更好地解释反应机理，对 TiCl₃ 混凝前后的藻类絮体进行 XPS 广谱扫描，以测定反应前后元素价态和官能团含量的变化。混凝前后的藻类絮体的 C 1s XPS 信号均可分解为 4 个峰（图 8-9a~b）。未经混凝的藻类絮体的 4 个峰的结合能分别为 284.2，284.8，285.7，288.0 eV，对应于 C=C、C—C/C—H、C—N 和 C=O 键。而混凝后的藻类絮体光谱图中的 4 个峰位移到较低的结合能，表明电子从原位形成的 Ti(OH)₃ 转移到藻类的表面有机物，然后增强了藻类细胞外有机物的电子密度。图 8-9c~d 所示为混凝前后藻类絮体的 N 1s 的高分辨率 XPS 图。与未经 TiCl₃ 混凝的藻类絮体相比，混凝后的藻类絮体的 N 1s 信号出现了一个新的峰，说明形成了 N—Ti—O 键[25]，表明被还原后的有机物锚定在了 Ti(OH)$_4$ 中。此外，混凝后絮体的光谱峰均向结合能较低的方向移动，这与 C 1s 峰的变化趋势一致，进一步证实了藻类有机物与原位形成的 Ti(OH)$_3$ 之间发生了氧化还原反应。图 8-9e 显示了混凝后藻类絮体的 Ti 2p 的 XPS 信号。该区域可分为 4 个峰：458.89 eV 和 464.6 eV 的结合能峰分别属于 Ti^{4+} 中的 Ti^{4+} 2p$_{1/2}$ 和 Ti^{4+} 2p$_{3/2}$ 自旋轨道分裂光电子[26]；另外 2 个峰属于 Ti^{3+} 中的 Ti^{3+} 2p$_{1/2}$ 和 Ti^{3+} 2p$_{3/2}$ 自旋轨道分裂光电子[27]。图 8-9e 表明藻类絮体中的主要钛元素是 Ti^{4+}。此外，Ti^{4+} 的 2 个峰之间的距离为 5.71 eV，这与稳定 TiO$_2$ 中 Ti^{4+} 的化学态峰间距相同。

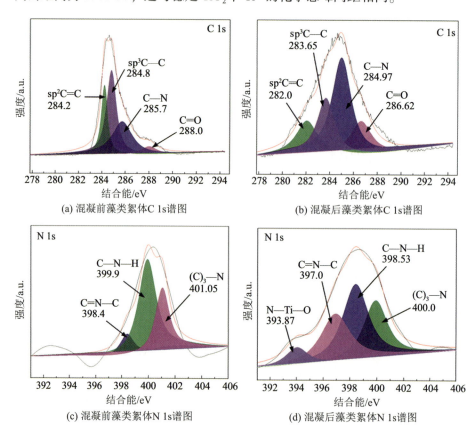

(a) 混凝前藻类絮体C 1s谱图

(b) 混凝后藻类絮体C 1s谱图

(c) 混凝前藻类絮体N 1s谱图

(d) 混凝后藻类絮体N 1s谱图

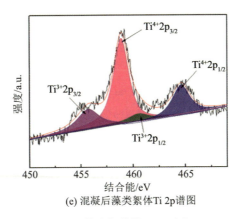

(e) 混凝后藻类絮体 Ti 2p 谱图

图 8-9　藻类絮体的 XPS 表征

　　结合上述结果，基于图 8-10 揭示 $TiCl_3$ 混凝工艺去除藻类细胞的机理：Ti^{3+} 与藻类细胞表面的有机物发生氧化还原反应，改变了藻类有机物的结构性质且使藻类细胞的表面电荷增多，因此需要更多的被氧化后形成的 $Ti(OH)_4$ 来中和细胞的负 Zeta 电位，这有利于形成大絮凝物和去除铜绿微囊藻。

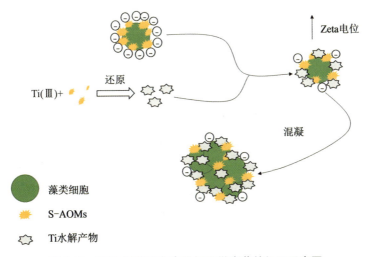

图 8-10　$TiCl_3$ 混凝工艺去除铜绿微囊藻的机理示意图

参考文献

[1] WU Y F, LIU W, GAO N Y, et al. A study of titanium sulfate flocculation for water treatment[J]. Water Research, 2011, 45(12): 3704-3711.

[2] GAN Y H, LI J B, ZHANG L, et al. Potential of titanium coagulants for water and wastewater treatment: current status and future perspectives [J]. Chemical Engineering Journal, 2021, 406: 126837.

[3] WANG X M, GAN Y H, GUO S, et al. Advantages of titanium xerogel over titanium tetrachloride and polytitanium tetrachloride in coagulation: a mechanism analysis[J]. Water Research, 2018, 132: 350-360.

[4] LIAO L N, ZHANG P. Preparation and characterization of polyaluminum titanium silicate and its performance in the treatment of low-turbidity water[J]. Processes, 2018, 6(8): 125.

[5] LIU J W, CHENG S H, CAO N, et al. Actinia-like multifunctional nano-coagulant for single-step removal of water contaminants[J]. Nature Nanotechnology, 2019, 14(1): 64-71.

[6] HUSSAIN S, VAN LEEUWEN J, CHOW C W K, et al. Comparison of the coagulation performance of tetravalent titanium and zirconium salts with alum[J]. Chemical Engineering Journal, 2014, 254: 635-646.

[7] XU J, ZHAO Y X, GAO B Y, et al. Enhanced algae removal by Ti-based coagulant: comparison with conventional Al- and Fe-based coagulants[J]. Environmental Science and Pollution Research, 2018,25(13):13147-13158.

[8] CHI Y T, TIAN C, LI H B, et al. Polymerized titanium salts for algae-laden surface water treatment and the algae-rich sludge recycle toward chromium and phenol degradation from aqueous solution[J]. ACS Sustainable Chemistry and Engineering, 2019,7(15):12964-12972.

[9] HUSSAIN S, AWAD J, SARKAR B, et al. Coagulation of dissolved organic matter in surface water by novel titanium(Ⅲ) chloride: mechanistic surface chemical and spectroscopic characterisation[J]. Separation and Purification Technology, 2019, 213: 213-223.

[10] SUN Y K, ZHOU G M, XIONG X M, et al. Enhanced arsenite removal from

water by $Ti(SO_4)_2$ coagulation[J]. Water Research, 2013,47(13):4340-4348.

[11] KUZIN E N, CHERNYSHEV P I, VIZEN N S, et al. The purification of the galvanic industry wastewater of chromium(Ⅵ) compounds using titanium(Ⅲ) chloride[J]. Russian Journal of General Chemistry, 2018,88(13):2954-2957.

[12] WANG X M, LI M H, SONG X J, et al. Preparation and evaluation of titanium-based xerogel as a promising coagulant for water/wastewater treatment[J]. Environmental Science & Technology, 2016, 50(17):9619-9626.

[13] XU M, WANG X M, ZHOU B, et al. Pre-coagulation with cationic flocculant-composited titanium xerogel coagulant for alleviating subsequent ultrafiltration membrane fouling by algae-related pollutants[J]. Journal of Hazardous Materials, 2021,407:124838.

[14] ZHAO Y X, SUN Y Y, TIAN C, et al. Titanium tetrachloride for silver nanoparticle-humic acid composite contaminant removal in coagulation-ultrafiltration hybrid process: floc property and membrane fouling[J]. Environmental Science and Pollution Research, 2017,24(2):1757-1768.

[15] NIELSEN T K, POLANSKI M, ZASADA D, et al. Improved hydrogen storage kinetics of nanoconfined $NaAlH_4$ catalyzed with $TiCl_3$ nanoparticles[J]. ACS Nano, 2011,5(5):4056-4064.

[16] ZHAO Y X, GAO B Y, SHON H K, et al. The effect of second coagulant dose on the regrowth of flocs formed by charge neutralization and sweep coagulation using titanium tetrachloride ($TiCl_4$)[J]. Journal of Hazardous Materials, 2011, 198:70-77.

[17] TAKAARA T, SANO D, MASAGO Y, et al. Surface-retained organic matter of *Microcystis aeruginosa* inhibiting coagulation with polyaluminum chloride in drinking water treatment[J]. Water Research, 2010,44(13):3781-3786.

[18] CHEKLI L, CORJON E, TABATABAI S A A, et al. Performance of titanium salts compared to conventional $FeCl_3$ for the removal of algal organic matter (AOM) in synthetic seawater: coagulation performance, organic fraction removal and floc characteristics[J]. Journal of Environmental Manage-

ment, 2017, 201: 28-36.

[19] LIN J L, HUANG C P, WANG W M. Effect of cell integrity on algal desta-bilization by oxidation-assisted coagulation[J]. Separation and Purification Technology, 2015, 151: 262-268.

[20] HE X X, PELAEZ M, WESTRICK J A, et al. Efficient removal of micro-cystin-LR by UV-C/H_2O_2 in synthetic and natural water samples[J]. Water Research, 2012, 46(5): 1501-1510.

[21] ZHOU J H, ZHAO Z W, LIU J, et al. Removal of *Microcystis aeruginosa* and control of algal organic matters by potassium ferrate(Ⅵ) pre-oxidation enhanced Fe(Ⅱ) coagulation[J]. Korean Journal of Chemical Engineering, 2019, 36(10): 1587-1594.

[22] MA D F, GAO B Y, SUN S L, et al. Effects of dissolved organic matter size fractions on trihalomethanes formation in MBR effluents during chlorine dis-infection[J]. Bioresource Technology, 2013, 136(1): 535-541.

[23] ZHANG X X, CHEN Z L, SHEN J M, et al. Formation and interdepen-dence of disinfection byproducts during chlorination of natural organic matter in a conventional drinking water treatment plant[J]. Chemosphere, 2020, 242: 125227.

[24] XIONG Q, HU L X, LIU Y S, et al. New insight into the toxic effects of chloramphenicol and roxithromycin to algae using FTIR spectroscopy[J]. Aquatic Toxicology, 2019, 207: 197-207.

[25] HOANG S, GUO S W, HAHN N T, et al. Visible light driven photoelectro-chemical water oxidation on nitrogen-modified TiO_2 nanowires[J]. Nano Let-ters, 2012, 12(1): 26-32.

[26] BIESINGER M C, LAU L W, GERSON A R, et al. Resolving surface chemical states in XPS analysis of first row transition metals, oxides and hydroxides: Sc, Ti, V, Cu and Zn[J]. Applied Surface Science, 2010, 257(3):887-898.

[27] GEMELLI E, RESENDE C X, DE ALMEIDA SOARES G D. Nucleation and growth of octacalcium phosphate on treated titanium by immersion in a simplified simulated body fluid[J]. Journal of Materials Science: Materials in Medicine, 2010, 21(7): 2035-2047.

第9章 水中重金属化学还原–膜过滤联用去除技术

　　相比重金属离子，重金属络合物的毒性更大且更为稳定，而且重金属络合物对于水生动物等生物的毒性更为强烈，因此，亟须开发一种安全有效的方法来处理重金属络合物。目前在降解重金属络合物方面研究得较多的方法是高级氧化法。该方法的工作原理是通过添加化学试剂或其他手段产生许多自由基（如·OH 等），并利用其分解 EDTA，使重金属络合物破络，并通过后续的化学沉淀去除破络后游离的重金属离子。常用的高级氧化法有 Fenton 氧化法、O_3 氧化法、光催化氧化法和其他氧化方法，上述方法已被证明能有效去除重金属络合物，但存在一定缺点。例如，Fenton 氧化法需要处理铁盐产生的污泥；直接 O_3 氧化法的氧化电位较低；以二氧化钛（TiO_2）为介质的光催化氧化法在实际应用中容易受到 TiO_2 的光吸收率和其他环境条件的影响。此外，新兴的先进氧化方法——电化学法虽已被证明能有效降解重金属络合物，但也存在能耗高的缺点。值得一提的是，传统水处理工艺混凝法同样难以实现重金属络合物的有效去除。

　　如前章所述，与其他金属混凝剂相比，$TiCl_3$ 因其独特的强还原性而对某些还原后更易去除的污染物的处理具有天然优势，重金属络合物恰好是此类污染物。此外，$TiCl_3$ 的水解产物也是一种良好的吸附剂，能吸附还原后的金属或其不溶性氧化物及 EDTA 等络合剂并与吸附的物质相互团聚形成絮体，便于后续通过去除絮体将污染物和络合剂从溶液中快速去除。因此，$TiCl_3$ 在处理重金属络合物方面具有广阔的发展前景。与混凝联用的处理技术有很多，其中与膜处理技术的联用是研究热点及重点，因为混凝预处理可以大大减少膜污染，提高出水质量，而膜处理技术又能够快速实现混凝后絮体的去除。

　　本章使用 $TiCl_3$ 混凝–陶瓷微滤膜联用工艺处理水中重金属络合物 Ni-EDTA，分别评价 $TiCl_3$ 混凝工艺和混凝–膜过滤联用工艺对 Ni^{2+} 和 TOC 去除率（以 TOC 去除率代表 EDTA 去除率）的影响，分析联用工艺中的陶瓷膜的膜污染情况，对于不添加 Ni-EDTA 混凝后的絮体和膜表面的滤饼层进行表征，并阐述联用工艺去除 Ni-EDTA 的机理。

9.1 TiCl$_3$还原-混凝预处理

9.1.1 pH 的影响

图 9-1 显示了使用 TiCl$_3$ 去除 Ni-EDTA 时，pH 值对于 Ni^{2+} 和 TOC 去除率的影响。如图 9-1a 所示，Ni^{2+} 的去除率受 pH 值的影响很大。在 pH 值为 10.2 时去除率最高为 97%，略高于 pH 值为 4.2 时的去除率（96%），最低去除率仅为 28%，出现在 pH 值为 6.2 时。总的来说，Ni^{2+} 的去除率随 pH 值的增加呈现出先上升、后下降、再上升的趋势。在低 pH 值（pH 2.2）下，TiCl$_3$相对稳定，难以水解和吸附 Ni^{2+} 并还原去除，这是去除率低的原因[1]。在 pH 值为 4.2~6.2 的范围内，Ni^{2+} 的去除率迅速下降，这也与 Guan 等用类似的金属还原剂（零价铁）去除类似的金属络合物（Cu-EDTA）的研究结果一致[2]。当 pH 值增大，溶液处于碱性环境时，去除率迅速提高。这是因为在碱性环境中，Ti^{3+} 的水解产物表面带有许多负电荷，而电荷中和可以提升对 Ni^{2+} 的吸附能力。更为最重要的是，Ti^{3+} 的强还原性能极大地增强这种吸附能力[3]。

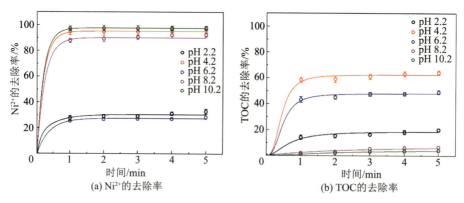

图 9-1 pH 值对 TiCl$_3$混凝去除 Ni-EDTA 的影响 ［实验条件：［Ti］=14.10 mmol/L，［Ni-EDTA］=0.3 mmol/L，温度为 25 ℃；误差棒代表标准方差（$n=3$）］

TOC 的去除率受 pH 值的影响也很大（图 9-1b），但变化趋势与 Ni^{2+} 去除率的变化趋势略有不同。当 pH 值为 4.2 时，TOC 的去除率高达 64%。当 pH 值上升到 6.2、8.2 和 10.2 时，TOC 的去除率分别下降到 49%、7% 和 4%。当 pH 值下降到 2.2 时，TOC 的去除率下降到 20%。如前所述，在较低的 pH 值条件下，Ti^{3+} 的水解受到抑制，难以形成带正电的水解产物，无法通过吸附和电荷中和作用去除 EDTA。对于 EDTA，其表面带负电，在碱性条件下与带负电的 Ti^{3+} 的水解产物存在一定的静电排斥，导致去除率降低。这种去除率的变化趋势也与 Hussain 等[4] 的研究结果一致，但区别在于与 NOM 相比，EDTA 是小分子有机物，很难通过网捕卷扫和架桥作用去除。因此，本研究中的 EDTA 去除率在碱性环境中下降得更为明显。实验结果表明，EDTA 很难被 Ti^{3+} 的还原作用所降解，只能通过吸附和混凝作用实现对 EDTA 的部分去除。上述内容表明，$TiCl_3$ 混凝去除 Ni-EDTA 的最优 pH 值为 4.2。

9.1.2　$TiCl_3$ 投加量的影响

图 9-2 所示为在最优 pH 值（pH 4.2）下，使用 $TiCl_3$ 处理 Ni-EDTA，不同 $TiCl_3$ 投加量（以 Ti 计）对 Ni^{2+} 和 TOC 去除率的影响。如图 9-2a 所示，当 $TiCl_3$ 投加量从 2.35 mmol/L 增加到 4.70、9.40、11.75、14.10 mmol/L 时，Ni^{2+} 的去除率从 20% 分别增加到 53%、66%、87%、96%。当投加量继续增加到 16.45 mmol/L 时，去除率只增加了 1%，达到 97%。尽管相对一般混凝实验来说，本研究中 $TiCl_3$ 投加量偏高，但值得注意的是，与氧化体系相比，在达到相同的 Ni^{2+} 去除率的前提下，本研究中的投加量要小得多。总的来说，Ni^{2+} 的去除率随着 $TiCl_3$ 投加量的增加呈现迅速提高，然后逐渐放缓的趋势。从 TOC 去除率的角度看（图 9-2b），其变化趋势与 Ni^{2+} 的去除率相同，不同的是 TOC 的去除率远低于 Ni^{2+} 的去除率。但是，当 $TiCl_3$ 投加量为 14.10 mmol/L 时，TOC 的去除率仍然可以达到 60%。

从上面的讨论可以知道，尽管 $TiCl_3$ 几乎不能降解 EDTA，但它仍然可以通过混凝作用去除部分 EDTA。因此，原位形成的 Ti^{3+} 水解产物对于 EDTA 的吸附能力也值得研究。值得注意的是，为了消除水解产物还原性能的干扰，实验中使用的水解产物皆为完全氧化后的产物，其对于 EDTA 的吸附能力如图 9-3 所示，图中分别使用 Freundlich ［式（9-1）］ 和 Langmuir ［式

（9-2）］等温线来评估原位形成的 Ti^{3+} 水解产物对 EDTA 的吸附能力。

$$q=K_F C^{\frac{1}{n}} \tag{9-1}$$

$$q=\frac{q_{max}K_L C}{1+K_L C} \tag{9-2}$$

式中，q 是原位形成每单位质量的 Ti^{3+} 水解产物所吸附的 EDTA 的质量，mg/g；K_F 是与吸附能力相关的 Freundlich 常数，$(mg \cdot g^{-1})/(mg \cdot L^{-1})^{1/n}$；$C$ 是 EDTA 的平衡浓度，mg/L；n 是无 Freundlich 常数，代表溶液浓度与吸附之间的非线性程度；K_L 是 Langmuir 常数，L/mg。

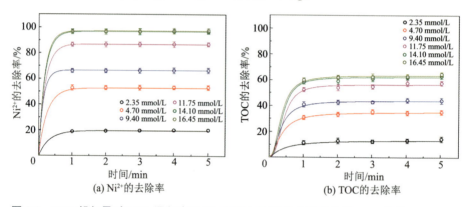

(a) Ni^{2+} 的去除率　　　　(b) TOC 的去除率

图 9-2　$TiCl_3$ 投加量对 $TiCl_3$ 混凝去除 Ni-EDTA 的影响［实验条件：pH 值为 4.2±0.2，［Ni-EDTA］= 0.3 mmol/L，温度为 25 ℃；误差棒代表标准方差（$n=3$）］

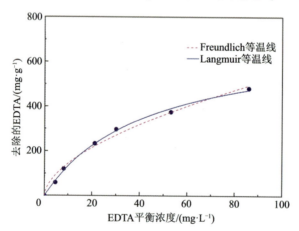

图 9-3　氧化后原位生成的 Ti^{3+} 水解产物对 EDTA 去除能力随 EDTA 平衡浓度的变化曲线（实验条件：［Ti］= 14.10 mmol/L，［Ni-EDTA］= 0.3 mmol/L，pH 值为 4.2±0.2，温度为 25 ℃）

　　两种吸附等温线模型都能很好地模拟吸附过程，具体吸附等温线模型模拟的相关参数见表 9-1。从表 9-1 中可以看出，Langmuir 吸附等温线模型的相关系数高于 Freundlich 吸附等温线模型的相关系数，这说明 EDTA 在原位生成的 Ti^{3+} 水解产物上的吸附更符合 Langmuir 吸附等温线模型。根据 Langmuir 吸附等温线模型，原位生成的 Ti^{3+} 水解产物对于 EDTA 的最大吸附量为 713.07 mg/g，远高于戈壁石（11.78 mg/g）[5]、凝胶型离子交换树脂（137.43 mg/g）[6]、锯末活性炭（153.80 mg/g）[7]等吸附剂，但略低于椰子壳工业活性炭（1005.05 mg/g）[8]。因此，原位生成的 Ti^{3+} 水解产物对 EDTA 有良好的吸附去除效果。

表 9-1　Freundlich 和 Langmuir 等温线模型的相关参数

Freundlich 吸附等温线模型		
$K_F/[(mg \cdot mg^{-1}) \cdot (mg \cdot L^{-1})^{-1/n}]$	n	R^2
39.16	1.757	0.986
Langmuir 吸附等温线模型		
$q_{max}/(mg \cdot g^{-1})$	$K_L/(L \cdot g^{-1})$	R^2
713.07	0.023	0.997

9.2　$TiCl_3$ 混凝–陶瓷微滤膜联用工艺

9.2.1　技术工艺流程

混凝–膜过滤实验装置示意图如图 9-4 所示，该装置主要由可编程混凝实验搅拌机、超滤杯、氮气瓶、减压阀、电子天平、电子计算机组成。混凝步骤与 $TiCl_3$ 混凝实验相同，不同的是本研究中混凝没有经历沉淀期。混凝程序结束后，立即将溶液转移到超滤杯中，开始过滤实验。过滤方式为死端过滤，过滤压力为 50 kPa，有效过滤膜面积为 0.0908 m²。每次过滤后，使用海绵将膜表面的滤饼层擦去，然后使用超纯水对陶瓷微滤膜进行水力反冲洗，完成一个过滤循环，其中反冲洗压力为 100 kPa。为了评价陶瓷膜的可重复使用性，每个陶瓷膜重复过滤 5 次。过滤后的水用烧杯取样进行水质分析。通过电子天平和计算机记录过滤数据，分析膜通量的变化，收集过滤后的陶瓷膜和膜表面的滤饼层，用于后续的表征分析。

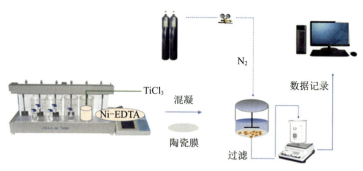

图 9-4 实验装置示意图

9.2.2 联用效能

从 TiCl₃混凝还原实验的结果可以看出，Ni²⁺和 TOC 可以被 TiCl₃有效去除，但如何实现快速固液分离仍然是一个问题，为此，引入陶瓷微滤膜来解决这个问题。图 9-5 所示为在 9.1 节研究所得最优 pH 值和最优 TiCl₃投加量的混凝条件下，混凝-膜过滤联用工艺对 Ni-EDTA 去除率随过滤时间的变化情况。从图 9-5 可以看出，单独的陶瓷膜对 Ni²⁺和 TOC 几乎没有去除效果。随着过滤次数的增加，Ni²⁺的去除率和 TOC 的去除率分别从第 1 次过滤的 95% 和 87% 增加到第 5 次过滤的 97% 和 93%。这是一个有趣的现象，即多次过滤后，Ni²⁺和 TOC 的去除率并没有随着过滤次数的增加而变低，反而在增加，尽管增加的幅度并不明显。值得注意的是，与 TiCl₃单独混凝时 60% 的 TOC 去除率相比，联用工艺下的 TOC 去除率在第 1 次过滤时迅速提高到 87%。这可能是由于膜表面的滤饼层和堵塞的膜孔能够更有效地吸附和拦截 EDTA，使得 TOC 的去除率上升。

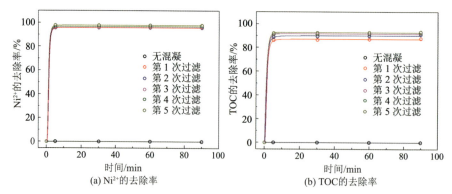

图 9-5 有无混凝及过滤次数对混凝-膜过滤联用工艺去除 Ni-EDTA 的影响（实验条件：[Ti] =14.10 mmol/L，[Ni-EDTA] =0.3 mmol/L，pH 值为 4.2±0.2，温度为 25 ℃）

9.3　联用技术的膜污染

9.3.1　膜渗透通量的变化

图 9-6 所示为过滤不同溶液时渗透通量的变化情况。从图 9-6a 可以看出，经过 1 个过滤周期，过滤超纯水的渗透通量从第 1 次的 75.53 L/(m² · h) 下降到第 2 次过滤时的 49.95 L/(m² · h)。经过 4 个过滤周期，第 5 次过滤超纯水时的渗透通量只有 1.13 L/(m² · h)。图 9-6b 所示为过滤 TiCl₃ 混凝溶液时渗透通量的变化情况。在第 1 个过滤循环中，过滤 1 min 后渗透通量下降到 11.91 L/(m² · h)，3 min 后下降到 2.67 L/(m² · h)，而后保持长时间的下降趋势，90 min 后下降到 0.76 L/(m² · h)。在随后的几个过滤周期中，渗透通量的变化趋势都较为相似。在第 5 次过滤时，90 min 后的渗透通量仅有 0.13 L/(m² · h)。因此，尽管 TiCl₃ 混凝-陶瓷膜过滤联用工艺可以实现很高的 Ni²⁺ 和 TOC 的去除率，但不可避免地会造成相当程度的膜污染。有研究人员报道，随着钛混凝剂投加量的增加，膜的渗透通量会迅速减小且膜污染迅速增加。与 Xu 等[9] 的研究相比，本研究中的 Ti 用量偏高，使得形成的水解产物增多并迅速堵塞膜孔，致使渗透通量迅速下降，而这可能就是膜污染较为严重的原因。

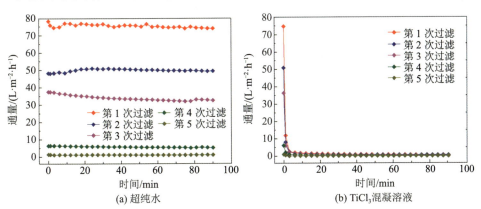

图 9-6　过滤不同溶液的陶瓷膜的渗透通量的变化（实验条件：[Ti] = 14.10 mmol/L，[Ni-EDTA] = 0.3 mmol/L，pH 值为 4.2±0.2，温度为 25 ℃）

9.3.2　膜污染模型

为了探索陶瓷膜的污染机理，使用 4 种膜污染模型对 5 个过滤周期的过滤过程进行模拟。相关的拟合数据见表9-2。使用R^2评价每个模型的拟合程度，R^2越大，模型拟合程度越高。在本研究中，5个过滤过程中R^2最大的是滤饼层堵塞模型，所以滤饼层对膜孔的堵塞是本研究中陶瓷膜的主要污染机制。在前3次过滤中，内部孔隙堵塞、中间孔隙堵塞和滤饼层堵塞模型的R^2都高于0.973，说明内部孔隙堵塞、中间孔隙堵塞和滤饼层堵塞同时发生。在第4次和第5次过滤中，所有模型的R^2都在下降，只有滤饼层堵塞模型的R^2还在0.89以上，说明滤饼层堵塞是此时主要的污染类型。根据以上分析，陶瓷膜的污染过程是：随着过滤的进行，纳米Ti^{3+}水解产物进入膜孔，黏附在膜孔的内壁上，使膜孔缩小，形成中间孔隙堵塞。然后，纳米颗粒沉积在膜表面，与沉积在膜孔内壁的颗粒相互连接，导致膜孔进一步缩小，形成内部孔隙堵塞。之后，大部分的膜孔被堵塞，纳米颗粒沉积在膜表面，没有引起膜孔的变化，形成滤饼层，增加了过滤阻力。当过滤次数增加到4次及以上时，大部分膜孔已被堵塞，纳米颗粒直接在膜表面形成饼层，增加了过滤阻力。

同样，K值代表膜的污损程度，也可以解释陶瓷膜的污染机理[10]。在前3个过滤过程中，内部孔隙堵塞、中间孔隙堵塞和滤饼层堵塞模型的K值均在增大，说明这3种类型的膜污染愈发严重。在后2个过滤周期，除了滤饼层堵塞模型的K值仍在增大外，其他模型的K值都在减小，说明在最后2个过滤周期中，几乎没有内部孔隙堵塞和中间孔隙堵塞，只有滤饼层堵塞越来越严重。

表9-2 每个过滤周期的堵塞模型污染常数K和相关统计分析数据

过滤周期	模型	R^2	K值	K的单位
1	标准堵塞模型	0.59925	3.13497	s^{-1}
	内部孔隙堵塞模型	0.99139	2.08733	$(m \cdot s)^{-0.5}$
	中间孔隙堵塞模型	0.99235	0.82637	m^{-1}
	滤饼层堵塞模型	0.99861	0.07169	s/m^2
2	标准堵塞模型	0.98481	0.97863	s^{-1}
	内部孔隙堵塞模型	0.98486	2.51613	$(m \cdot s)^{-0.5}$
	中间孔隙堵塞模型	0.98618	1.19471	m^{-1}
	滤饼层堵塞模型	0.99579	0.13788	s/m^2

续表

过滤周期	模型	R^2	K 值	K 的单位
3	标准堵塞模型	0.97293	0.86369	s^{-1}
	内部孔隙堵塞模型	0.97300	2.84107	$(m \cdot s)^{-0.5}$
	中间孔隙堵塞模型	0.97495	1.54669	m^{-1}
	滤饼层堵塞模型	0.98999	0.21501	s/m^2
4	标准堵塞模型	0.73424	0.43276	s^{-1}
	内部孔隙堵塞模型	0.80837	0.09519	$(m \cdot s)^{-0.5}$
	中间孔隙堵塞模型	0.90595	0.40723	m^{-1}
	滤饼层堵塞模型	0.98892	0.87497	s/m^2
5	标准堵塞模型	0.03185	0.25405	s^{-1}
	内部孔隙堵塞模型	0.00352	-0.91733	$(m \cdot s)^{-0.5}$
	中间孔隙堵塞模型	0.62288	0.24806	m^{-1}
	滤饼层堵塞模型	0.89376	1.19267	s/m^2

9.3.3　膜污染机理

对陶瓷膜的前 4 个过滤周期的渗透通量恢复率（PFRR）、总污染率（R_t）、可逆膜污染率（R_r）、不可逆膜污染率（R_i）进行评估，以分析其污染程度和恢复能力，结果如图 9-7 所示。随着过滤次数的增加，渗透通量恢复率迅速降低，从第 1 个过滤周期后的 66.1% 下降到第 4 个过滤周期后的 1.50%。这意味着陶瓷膜在 4 个过滤周期后出现了严重的不可逆膜污染。R_i 从第 1 个过滤周期后的 33.9% 增加到第 4 个过滤周期后的 98.5%，同样证明陶瓷膜出现了严重的不可逆膜污染。值得注意的是，尽管陶瓷膜在每个过滤循环中都有严重的膜污染，但前 2 个过滤周期中的可逆膜污染率大于或接近不可逆膜污染率。在第 3 个过滤周期后，不可逆膜污染率迅速上升，占据了总污染的大部分比例。这表明，在第 3 个过滤周期中，陶瓷膜的不可逆膜污染明显增加，导致膜渗透通量的恢复率明显降低，影响其过滤效率。因此，本研究中陶瓷膜的最优过滤次数为 3 次。

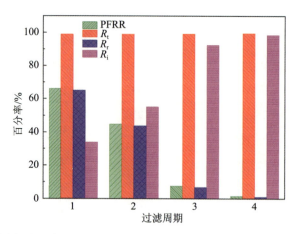

图 9-7　陶瓷膜在每个过滤周期后的渗透通量恢复率及总污染率、可逆膜污染率、不可逆膜污染率

结合前面对膜污染模型的分析，联用工艺的膜污染机理如下：随着过滤的进行，纳米 Ti^{3+} 的水解产物进入陶瓷膜孔隙中，形成中间孔隙堵塞，造成不可逆的膜污染。然后附着在膜表面的纳米颗粒与膜孔内的颗粒相连，造成内部孔隙堵塞，可逆膜污染和不可逆膜污染均增加。最后，纳米颗粒沉积在膜表面，形成滤饼层，使得渗透通量下降、可逆膜污染增加。此外，随着过滤次数的增加，进入膜孔的纳米颗粒数量迅速增加，使得不可逆膜污染迅速增加。

9.4　重金属络合物的去除机制

9.4.1　还原作用下的破络过程

为了评价 $TiCl_3$ 混凝过程中 Ti^{3+} 的还原能力对 Ni-EDTA 的影响，本研究考察了原位形成的 Ti^{3+} 水解产物对 Ni-EDTA 的吸附能力，如图 9-8a 所示。采用 Freundlich 和 Langmuir 吸附等温线模型对其进行拟合，相关拟合数据见表 9-3。从表 9-3 中可以看出，Langmuir 吸附等温线模型比 Freundlich 吸附等温线模型的拟合程度高。根据 Langmuir 吸附等温线模型，与吸附 EDTA（q_{max} 为 713.07 mg/g）相比，水解产物对 Ni-EDTA 的最大吸附量要小得多，仅为 259.33 mg/g。当 Ni-EDTA 浓度为 0.3 mmol/L 时，通过吸附去除的

Ni-EDTA 只有 62.25%，远远低于直接加入 TiCl₃ 时的 Ni²⁺ 的去除率（97%）。这表明，在去除 Ni-EDTA 的过程中，Ti³⁺ 的还原作用远远大于其水解产物的吸附作用。

表 9-3　Freundlich 和 Langmuir 等温线模型的相关参数

Freundlich 吸附等温线模型		
$K_F/[(\mathrm{mg\cdot mg^{-1}})\cdot(\mathrm{mg\cdot L^{-1}})^{-1/n}]$	n	R^2
11.33	1.7197	0.990
Langmuir 吸附等温线模型		
$q_{max}/(\mathrm{mg\cdot g^{-1}})$	$K_L/(\mathrm{L\cdot g^{-1}})$	R^2
259.33	0.016	0.999

　　为了确定 Ni²⁺ 已被 Ti³⁺ 还原，对滤饼层进行 EDS 和 TEM 表征。图 9-8b 为滤饼层样品的 EDS 面扫总谱图及元素映射图。可以看到，滤饼层中存在 Ti、Ni、O 等元素，且 3 种元素都均匀地分布在滤饼层中，而 Cu 和 Si 元素的出现则可归因于测试条件。图 9-8c 为滤饼层样品的 TEM 图，从图中可以看出样品呈团簇状且并不规则。图 9-8d 为滤饼层样品的 HRTEM 图，从图中可以观察到晶格边缘的区域，对每个区域的晶格间距进行测量：左上角的晶格间距为 3.28 Å，这与 TiO₂ 的（110）平面相符；左边和右下角区域的晶格间距为 3.50 Å，这可归因于 TiO₂ 的（101）平面的存在；右上角的晶格间距为 2.06 Å，这与 Ni 的（111）平面相符，证明了 Ni⁰ 的存在，表明 Ni²⁺ 已被 Ti³⁺ 还原为 Ni⁰。除此之外，本研究还对滤饼层进行 Ni 2p XPS 表征，以进一步证明 Ni²⁺ 已被还原。图 9-8e 所示为滤饼层的 Ni 2p 高分辨率 XPS 图。结合能为 852.5 eV 和 858.4 eV 的 Ni 2p₃/₂ 峰分别归属于 Ni⁰ 和 Ni²⁺[11]，证明 Ti³⁺ 可以将 Ni²⁺ 还原为 Ni⁰ 以实现对 Ni²⁺ 的去除，但可以看到滤饼层中仍有 Ni²⁺，这可能是 Ni⁰ 被氧化形成 NiO 的缘故。

　　因此，Ti³⁺ 可以将 Ni²⁺ 还原为 Ni⁰，而后 Ni⁰ 表面被氧化形成一层致密的 NiO 膜，阻止 Ni⁰ 继续被氧化。除此之外，相比完全氧化后的 Ti³⁺ 水解产物对于 Ni-EDTA 的吸附，Ti³⁺ 的还原作用可以大幅提升 TiCl₃ 对 Ni-EDTA 的去除率。

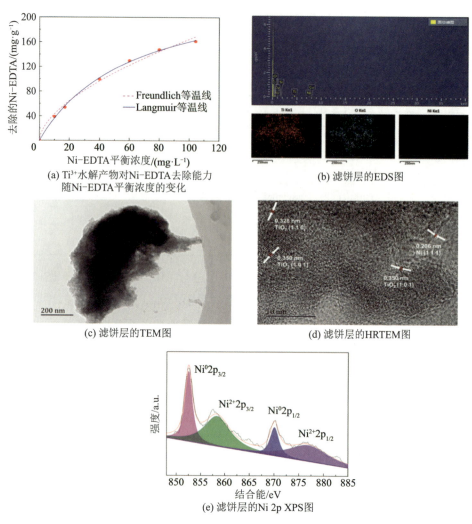

(a) Ti³⁺水解产物对Ni-EDTA去除能力
随Ni-EDTA平衡浓度的变化

(b) 滤饼层的EDS图

(c) 滤饼层的TEM图

(d) 滤饼层的HRTEM图

(e) 滤饼层的Ni 2p XPS图

图 9-8 Ti³⁺水解产物对 Ni-EDTA 的吸附和滤饼层 EDS、TEM 及 Ni 2p XPS 表征

9.4.2 滤饼层的吸附效应分析

图 9-9a 所示为滤饼层和没有加入 Ni-EDTA 的纯水解絮体的 FTIR 谱图。对于没有加入 Ni-EDTA 的纯水解絮体，3180 cm^{-1} 处的吸收峰指示 O—H 的拉伸振动，意味着吸收水或结晶水的存在[12]。1619 cm^{-1} 和 1402 cm^{-1} 处的吸收峰指示 O—H 的弯曲振动，说明絮体中存在 Ti—OH[13]。在 471 cm^{-1} 处宽而强的吸收峰指示 Ti—O—Ti 的拉伸振动，说明在絮体中存在 TiO₂[14]。滤饼层的特征吸收峰位于 3176，1582，1402，1324，486 cm^{-1} 处，指示 O—H

弯曲振动的峰从 1619 cm^{-1} 处转移到 1582 cm^{-1} 处，这说明絮体表面的—OH 基团与 EDTA 发生作用[15]。此外，1582 cm^{-1} 和 1402 cm^{-1} 处的吸收峰的强度明显增加，说明滤饼层吸附了 EDTA，所以有更多的—OH 产生[16]。此外，在 1324 cm^{-1} 处出现了一个指示 C—N 振动的新吸收峰，这进一步证实了 EDTA 的存在。对于 Ti—O—Ti 拉伸振动，其吸收峰从 471 cm^{-1} 处略微移到 486 cm^{-1} 处。因此，Ti—O—Ti 也与水解产物对 EDTA 的吸附有关。图 9-9b 所示为滤饼层和未加入 Ni-EDTA 混凝后的絮体的 Raman 光谱图。在 157 cm^{-1} 处，2 个样品都显示了由 TiO$_2$ 的基本振动模式 E$_g$ 引起的高强度的吸收峰[17]。此外，160~1000 cm^{-1} 范围内的其他吸收峰可以用 TiO$_2$ 的不同振动模式来解释[18]。滤饼层的 1329 cm^{-1} 和 1451 cm^{-1} 处的吸收峰是由 C—N 键的拉伸和振动及 C—H 键的变形引起的，这些都可以归因于 EDTA 的存在[19]。此外，在 2940 cm^{-1} 处检测到代表有机物的 C—H 键拉伸，这进一步证明了 EDTA 在滤饼层中的存在[20]。2 个样品在 3450 cm^{-1} 处的吸收峰可归因于水中的—OH，这也与 FTIR 的结果相一致[21]。

图 9-9c~d 是 2 个样品的 C 1s 的高分辨率 XPS 图。对于没有加入 Ni-EDTA 的纯水解絮体，C—C 和 C—O 键的结合能分别为 284.5 eV 和 285.4 eV[22]。至于滤饼层，结合能为 284.5 eV、285.4 eV 和 288.5 eV 处的吸收峰分别指示 C—C、C—N/C—O 和 C＝O 键[22]。比较发现，C—C 和 C—N/C—O 键的位置发生了偏移且 C—N/C—O 键在不同化学态 C 中的数量占比有所增加。此外，在滤饼层中发现了 C＝O 键，这共同证明了 EDTA 的存在。在不添加 Ni-EDTA 的情况下，混凝后的絮体中的 TiO$_2$（O—Ti—O 键）和 TiO$_2$ 表面的羟基（Ti—OH）在 O 1s 的高分辨率 XPS 图中的结合能分别为 530.2 eV 和 532.2 eV（图 9-9e）[23]。对于滤饼层，结合能为 530.3 eV、531.3 eV、532.3 eV 和 533.7 eV 处的吸收峰分别指示 O—Ti—O、C＝O（含碳物种）、Ti—OH 和吸收水的 H—O—H 键（图 9-9f）。滤饼层中 Ti—OH 在不同化学态 O 中的数量占比急剧上升，说明 TiO$_2$ 表面在吸附 EDTA 的过程中形成了大量羟基。此外，新的 C＝O（含碳物种）键也进一步证明了 EDTA 的存在。

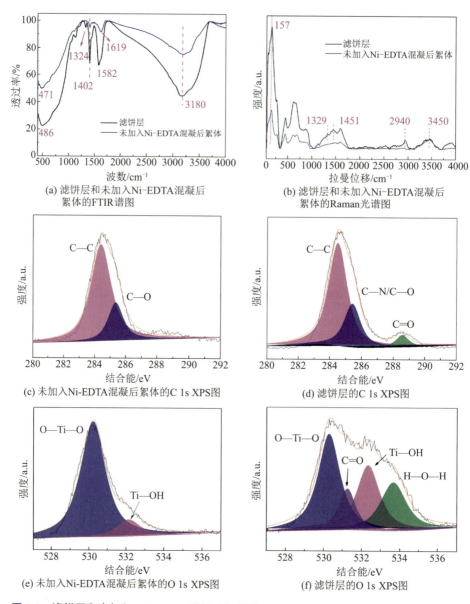

图9-9　滤饼层和未加入 Ni-EDTA 混凝后絮体的 FTIR、Raman 及 C 1s、O 1s XPS 表征

　　图 9-10a~b 是过滤前、后膜表面的 FESEM 图。可以看出，在原始膜表面有许多小颗粒和不规则的孔隙。过滤后，膜表面的微小颗粒和孔隙已无法观察到，取而代之的是光滑的膜表面，并且膜表面上出现了许多大小不一的晶体。如 FESEM 图所示，滤饼层中存在粒径不一的晶体，因此对滤饼层进行 XRD 表征以确定晶体结构，其 XRD 谱图如图 9-10c 所示。可以看

出，滤饼层的 XRD 的特征峰可以对应 PDF 卡片册编号为 71-1168 的锐钛矿的特征峰。值得一提的是，有研究表明，加入 EDTA 可以使 Ti^{3+} 水解产生的 TiO_2 的晶体形式转变成锐钛矿。因此，对于滤饼层来说，表面的晶体可能是由 EDTA 和 TiO_2 络合产生的 Ti-EDTA 形成的，但这种螯合现象并不多，因为滤饼层的 XRD 谱图的特征峰并不明显，说明结晶度不是很好，这也与 TEM 的结果相一致。此外，滤饼层的 N 1s 高分辨率 XPS 图进一步证明了 Ti-EDTA 的存在（图 9-10d），因为结合能为 396.9 eV 处的吸收峰可以归因为 Ti—N 键的存在，而反之没有加入 Ni-EDTA 的纯水解絮体中没有检测到相对应的 N 1s 信号[24]。为了进一步考察没有加入 Ni-EDTA 的纯水解絮体和滤饼层的组成，本研究还对 2 个样品的 Ti 2p 进行高分辨率 XPS 表征，如图 9-10e~f 所示。没有加入 Ni-EDTA 的纯水解絮体的 458.6 eV 和 464.3 eV 处的吸收峰分别代表 Ti^{4+} 的 Ti^{4+} $2p_{3/2}$ 峰和 Ti^{4+} $2p_{1/2}$ 峰。同样，滤饼层的 458.8 eV 和 464.5 eV 处的吸收峰分别代表 Ti^{4+} 的 Ti^{4+} $2p_{3/2}$ 峰和 Ti^{4+} $2p_{1/2}$ 峰，未加入 Ni-EDTA 的纯水解絮体和滤饼层的 2 个结合能处吸收峰的峰间距均为 5.7 eV，这证明其均存在 TiO_2[25]。

　　因此，结合对膜过滤后的水的水质检测，以及对没有加入 Ni-EDTA 的纯水解絮体和滤饼层的 FTIR、Raman、XPS 和 XRD 表征分析可知，滤饼层可以通过吸附去除大部分 EDTA，且主要以 2 种形式实现：一是通过 TiO_2 表面的羟基吸附 EDTA 实现去除；二是通过 Ti-EDTA 络合物的形式实现去除。

(a) 原始陶瓷膜表面FESEM图　　　　　　　(b) 过滤后陶瓷膜表面FESEM图

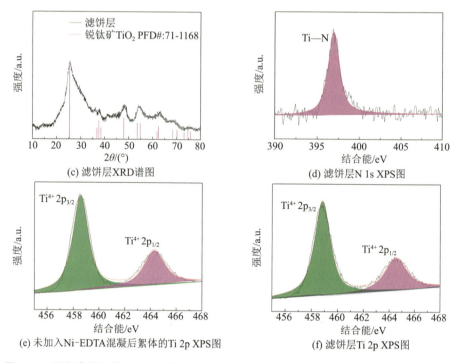

(c) 滤饼层XRD谱图

(d) 滤饼层N 1s XPS图

(e) 未加入Ni-EDTA混凝后絮体的Ti 2p XPS图

(f) 滤饼层Ti 2p XPS图

图9-10 陶瓷膜表面联用技术使用前后 FESEM、滤饼层 XRD 及滤饼层 N 1s、滤饼层和未加入 Ni-EDTA 混凝后絮体的 Ti 2p XPS 表征

参考文献

［1］PECSOK R L, FLETCHER A N. Hydrolysis of titanium（Ⅲ）［J］. Inorganic Chemistry, 1962, 1（1）: 155-159.

［2］GUAN X H, JIANG X, QIAO J L, et al. Decomplexation and subsequent reductive removal of EDTA-chelated Cu Ⅱ by zero-valent iron coupled with a weak magnetic field: performances and mechanisms［J］. Journal of Hazardous Materials, 2015, 300: 688-694.

［3］WANG L, SONG H, YUAN L Y, et al. Effective removal of anionic Re（Ⅶ）by surface-modified Ti_2CT_x MXene nanocomposites: implications for Tc（Ⅶ）sequestration［J］. Environmental Science & Technology, 2019, 53（7）: 3739-3747.

[4] HUSSAIN S, AWAD J, SARKAR B, et al. Coagulation of dissolved organic matter in surface water by Novel titanium(Ⅲ) chloride: mechanistic surface chemical and spectroscopic characterisation[J]. Separation and Purification Technology, 2019, 213: 213-223.

[5] NOWACK B, SIGG L. Adsorption of EDTA and metal-EDTA complexes onto goethite[J]. Journal of Colloid and Interface Science, 1996, 177(1): 106-121.

[6] KIM J, PARK C W, LEE K-W, et al. Adsorption of ethylenediaminetetraacetic acid on a gel-type ion-exchange resin for purification of liquid waste containing Cs ions[J]. Polymers, 2019, 11(2): 297.

[7] KRISHNAN K A, SREEJALEKSHMI K G, VARGHESE S, et al. Removal of EDTA from aqueous solutions using activated carbon prepared from rubber wood sawdust: kinetic and equilibrium modeling[J]. Clean-Soil, Air, Water, 2010, 38(4): 361-369.

[8] ZHU H S, YANG X J, MAO Y P, et al. Adsorption of EDTA on activated carbon from aqueous solutions[J]. Journal of Hazardous Materials, 2011, 185(2-3): 951-957.

[9] XU J, ZHAO Y X, GAO B Y, et al. The influence of algal organic matter produced by *Microcystis aeruginosa* on coagulation-ultrafiltration treatment of natural organic matter[J]. Chemosphere, 2018, 196: 418-428.

[10] ZHANG W X, LIANG W Z, HUANG G H, et al. Studies of membrane fouling mechanisms involved in the micellar-enhanced ultrafiltration using blocking models[J]. RSC Advances, 2015, 5(60): 48484-48491.

[11] QIU H J, ITO Y, CONG W T, et al. Nanoporous graphene with single-atom nickel dopants: an efficient and stable catalyst for electrochemical hydrogen production[J]. Angewandte Chemie International Edition, 2015, 54(47): 14031-14035.

[12] PEARSON D G, BRENKER F E, NESTOLA F, et al. Hydrous mantle transition zone indicated by ringwoodite included within diamond[J]. Nature, 2014, 507(7491): 221-224.

[13] TANG G N, LI W X, CAO X D, et al. *In Situ* microfluidic fabrication of multi-shape inorganic/organic hybrid particles with controllable surface

texture and porous internal structure[J]. Rsc Advances, 2015, 5(17):
12872-12878.

[14] LI J, YU H P, SUN Q F, et al. Growth of TiO_2 coating on wood surface using controlled hydrothermal method at low temperatures[J]. Applied Surface Science, 2010, 256(16): 5046-5050.

[15] LIU J, LI W Y, LIU Y G, et al. Titanium(Ⅳ) hydrate based on chitosan template for defluoridation from aqueous solution[J]. Applied Surface Science, 2014, 293(1): 46-54.

[16] WANG T C, CAO Y, QU G Z, et al. Novel Cu(Ⅱ)-EDTA decomplexation by discharge plasma oxidation and coupled Cu removal by alkaline precipitation: underneath mechanisms[J]. Environmental Science & Technology, 2018, 52(14): 7884-7891.

[17] STROYUK O L, DZHAGAN V M, KOZYTSKIY A V, et al. Nanocrystalline TiO_2/Au films: photocatalytic deposition of gold nanocrystals and plasmonic enhancement of Raman scattering from titania[J]. Materials Science in Semiconductor Processing, 2015, 37: 3-8.

[18] NASSOKO D, LI Y F, WANG H, et al. Nitrogen-doped TiO_2 nanoparticles by using EDTA as nitrogen source and soft template: simple preparation, mesoporous structure, and photocatalytic activity under visible light[J]. Journal of Alloys and Compounds, 2012, 540: 228-235.

[19] MCEWEN G D, WU Y Z, TANG M J, et al. Subcellular spectroscopic markers, topography and nanomechanics of human lung cancer and breast cancer cells examined by combined confocal Raman microspectroscopy and atomic force microscopy[J]. Analyst, 2013, 138(3): 787-797.

[20] HO S P, SENKYRIKOVA P, MARSHALL G W, et al. Structure, chemical composition and mechanical properties of coronal cementum in human deciduous molars[J]. Dental Materials, 2009, 25(10): 1195-1204.

[21] HOANG S, GUO S W, HAHN N T, et al. Visible light driven photoelectrochemical water oxidation on nitrogen-modified TiO_2 nanowires[J]. Nano Letters, 2012, 12(1): 26-32.

[22] XU P, HONG J, QIAN X M, et al. "Bridge" graphene oxide modified positive charged nanofiltration thin membrane with high efficiency for Mg^{2+}/Li^+

separation[J]. Desalination, 2020, 488: 114522.

[23] DIAO Y B, YAN M, LI X M, et al. *In-situ* grown of g−C_3N_4/Ti_3C_2/TiO_2 nanotube arrays on Ti meshes for efficient degradation of organic pollutants under visible light irradiation[J]. Colloids and Surfaces A: Physicochemical and Engineering Aspects, 2020, 594: 124511.

[24] Panepinto A, Cossement D, Snyders R. Experimental and theoretical study of the synthesis of N-doped TiO_2 By N ion implantation of TiO_2 thin films[J]. Applied Surface Science, 2021, 541: 148493.

[25] BROWNE M P, URBANOVA V, PLUTNAR J, et al. Inherent impurities in 3D-printed electrodes are responsible for catalysis towards water splitting[J]. Journal of Materials Chemistry A, 2020, 8(3): 1120−1126.

第 10 章 水中放射性污染物还原-原位混凝去除技术

 与传统化石燃料发电相比，核能发电有着清洁、高效、安全等特点，极大地缓解了能源短缺及环境污染状况。据统计，全世界核能发电已经占到了世界发电总电力的 16% 以上[1]。此外，对我国来说，核能发电占到了全国发电总量的 2% 以上，虽然相比于发达国家，核能发电总量不大，但是按照国家中长期发展规划，核能发电正处于高速发展时期。因此，有效处理核废水至关重要。$^{99}TcO_4^-$ 是一种核废水中常见的放射性物质，由于其具有放射性危害，且 Re 和 Tc 及其氧化物具有高度相似的化学物理性质，因此研究人员常以 ReO_4^- 作为 $^{99}TcO_4^-$ 的非放射性化学替代物[2-4]。从水溶液中去除 $ReO_4^-/^{99}TcO_4^-$ 的方法很多，如萃取、离子交换、分子识别、生物还原和化学还原。其中，化学还原法是将 $^{99}TcO_4^-$ 还原为微溶的 $^{99}TcO_2 \cdot nH_2O$，并通过后续过滤和吸附等物理方法将 $^{99}TcO_2 \cdot nH_2O$ 从水溶液中去除，其因具有速度快、效率高的优点而被认为是最有效的处理技术之一。

 尽管目前并没有关于利用混凝技术去除放射性元素 Tc 的报道，但关于利用混凝技术去除放射性元素 U 的报道较多，表明利用混凝技术去除 Tc 具有一定的发展潜力。相比传统金属混凝剂，钛混凝剂凭借其一系列优点而得到了广泛的关注。在钛混凝剂中，$TiCl_3$ 是一种较为特殊的混凝剂，相比其他钛混凝剂，$TiCl_3$ 最突出的优点便是其强还原性，这使得 $TiCl_3$ 对去除某些还原后更易于去除的污染物具有天然优势。如前所述，$^{99}TcO_4^-$ 便是一种还原后更易于去除的污染物。因此，使用 $TiCl_3$ 处理 $^{99}TcO_4^-$ 能兼具还原与混凝的优势，既能将 $^{99}TcO_4^-$ 还原为 $^{99}TcO_2 \cdot nH_2O$，也能通过混凝将 $^{99}TcO_2 \cdot nH_2O$ 从水溶液中去除。值得一提的是，目前还未见关于 $TiCl_3$ 去除 $^{99}TcO_4^-$ 的相关研究被报道。

 基于此，本章从独特视角切入水中放射性物质的处理，选取核废水中常见的放射性污染物 $^{99}TcO_4^-$ 的非放射化学替代物 ReO_4^- 作为目标污染物，首次将 $TiCl_3$ 用作还原剂与混凝剂去除 ReO_4^-，研究在不同操作条件下（包括 pH 值、Ti 与 Re 的摩尔比及混凝时间）$TiCl_3$ 对 ReO_4^- 的去除性能，探索共存离子对于去除效能的影响，揭示 $TiCl_3$ 去除 ReO_4^- 的机理。

10.1　还原−混凝联用去除水中放射性物质的优势

本节研究了 $TiCl_3$、$TiCl_4$ 和 $FeSO_4$ 3 种混凝剂对水溶液中 ReO_4^- 去除率的影响，结果如图 10-1a 所示。可以看出，当使用 $FeSO_4$ 作为混凝剂时，其对 ReO_4^- 几乎没有什么去除效果，这可能是由于 Fe（Ⅱ/Ⅲ）的氧化还原电位为 0.771 V，高于 Re（Ⅶ/Ⅳ）的 0.51 V，导致 Fe^{2+} 和 ReO_4^- 之间没有电子转移[5]。在水溶液中加入 $TiCl_4$ 可以生成含 Ti（Ⅳ）的水解产物，它与重金属有很强的亲和力。因此，使用 $TiCl_4$ 作为混凝剂可以去除大约 16.9% 的 ReO_4^-。此外加入 $TiCl_4$ 后，溶液中出现了稳定的胶体体系而不是絮状物。在 $TiCl_3$ 混凝过程中，加入 $TiCl_3$ 后立即出现了易被观察到的大的黑色絮状物（图 10-1b），在静态条件下，絮状物在 5 min 内沉降到底部（图 10-1c），同时，对 Re 的去除率接近 100%。与 $TiCl_4$ 相比，$TiCl_3$ 水解的产物是具有高还原能力的 Ti（Ⅲ）水合物，可与 ReO_4^- 快速反应。原位形成的 ReO_2 可能黏附在钛的水解产物表面并改变其表面电位，导致颗粒聚集和絮状物的形成。

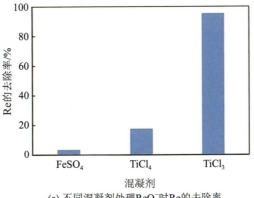

(a) 不同混凝剂处理 ReO_4^- 时 Re 的去除率

(b) 添加TiCl₃后产生的絮状物　　(c) 絮状物的沉降

图 10-1　混凝剂处理 ReO₄⁻ 的去除效果及 TiCl₃ 添加后的絮体沉降特性研究

10.2　还原-混凝联用技术的适用条件

探索出最优操作条件对于还原混凝实验相当重要。因此，本实验对去除率与 Ti-Re 摩尔比、pH 值和混凝时间等操作条件之间的关系进行了深入研究。

10.2.1　摩尔比的影响

图 10-2 所示为当 ReO₄⁻ 的浓度为 54 μmol/L，pH 值为 6.2 时，Re 的去除率和溶液浊度随摩尔比的变化情况。可以看出，Ti 与 Re 的摩尔比从 30∶1 降低到 5∶1，Re 的去除率呈现下降趋势，从最高去除率为 99.6% 降到最低去除率为 21.3%。此外，当 Ti 与 Re 的摩尔比为 25∶1 时，上清液的浊度最低能达到 1 NTU，这与使用 TiCl₃ 混凝剂处理其他污染物的结果一致[6]。当摩尔比较高时，过量的 Ti(Ⅲ) 水解形成的过量的水解产物导致溶液浊度升高。然而，当摩尔比较低时，由于混凝剂的用量不足，因此无法在水中形成足够大且稳定的絮状物，这既不利于污染物的有效去除，也不利于水解产物的沉淀，同样会导致浊度的增加。

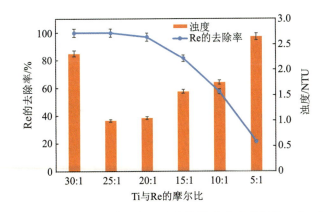

图 10-2　Ti 与 Re 的摩尔比对 Re 去除率和浊度的影响 [实验条件：[Re] = 54 μmol/L (10 mg/L)，pH 值为 6.2±0.2，混凝时间为 6 min，温度为 25 ℃；误差棒代表标准偏差 (n = 3)]

10.2.2　pH 值的影响

　　如图 10-3 所示，当 pH 值在 3.2~6.2 的范围内时，Re 的去除率接近 100%。值得注意的是，当 pH 值为 2.2 时，Re 的去除率接近 0。这是因为 Ti(Ⅲ) 在 pH 值小于 3 时非常稳定，难以水解吸附 ReO_4^- 并还原从而无法去除 Re。当 pH 值增加到 4 以上时，Re 的去除率迅速提高到 97% 以上，同时烧杯中开始出现絮状物。随着 pH 值的升高，Ti(Ⅲ) 变得不稳定，并开始还原 ReO_4^-，生成不溶于水的含 Re 氧化物。同时，Ti(Ⅲ) 被氧化成 Ti(Ⅳ)，而 Ti(Ⅳ) 作为混凝剂在此时达到了最佳的工作 pH 值范围，因此水解产物开始相互凝结，形成絮状物。随着 pH 值升至 7.2 以上，Re 的去除率开始下降。这是因为在高 pH 值下，Ti 的水解产物带有较高的负电荷，难以吸附 ReO_4^- 并使其还原[7]。值得注意的是，当 pH 值超过 7.2 时，溶液中没有观察到絮状物。这是由于在较高 pH 值下，Ti(Ⅲ) 迅速被氧化导致其水解产物的尺寸急剧减小，形成的颗粒变得更为细小且分散。因此，此时水解产物不易相互聚集而形成易于观察的絮状物[7]。当 pH 值为 2.2 时，没有发生还原反应，此时，反应体系没有产生不溶性的含 Re 氧化物，这也是浊度没有增加的原因。随着 pH 值的升高，这种含 Re 氧化物的含量急剧上升，导致浊度急剧增加。当 pH 值在 4.2~6.2 之间时，继续增加 pH 值，反应体系产生絮状物，导致浊度急剧下降；当进一步增加 pH 值，直至 pH 值大于 7.2 时，此时浊度一直维持在较高的水平，这是因为此时反应体系不会产生絮状物，而且尽管在高 pH 值条件下会生成易溶于水的物质 $[ReO(OH)_3]^-$，但 Ti 的水解产物在不断增加，因此浊度一直保持在较高水平而没有太大变化[8]。

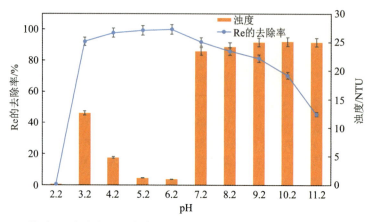

图 10-3 pH 值对 Re 去除率和浊度的影响 [实验条件：[Re] =54 μmol/L（10 mg/L），Ti 与 Re 的摩尔比为 25：1，混凝时间为 6 min，温度为 25 ℃；误差棒代表标准偏差（n=3）]

10.2.3 混凝时间的影响

图 10-4 所示为不同 pH 值和不同 Ti 与 Re 摩尔比对 Re 的去除率随混凝时间的变化情况。从图 10-4 中可以看出，在反应的前几秒，反应基本达到了各自操作条件下较大的去除率（80%左右），说明大部分还原反应几乎是瞬间完成的。当混凝时间延长到 2 min 时，各种反应条件下的 Re 去除率接近或达到最大去除率。表 10-1 比较了 $TiCl_3$ 与其他还原剂对 $^{99}TcO_4^-/ReO_4^-$ 的还原能力。虽然 $TiCl_3$ 在还原能力上与其他还原剂相比优势不明显，但在还原反应速度上却具有明显优势。值得一提的是，尽管直接比较反应速度是不恰当的，但很明显，其他还原剂不可能以如此快的反应速度达到如此高的还原能力。

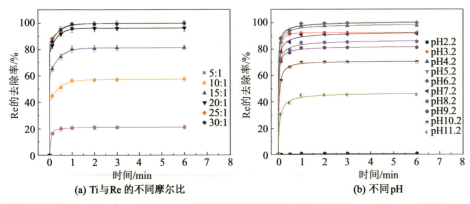

(a) Ti 与 Re 的不同摩尔比　　　　**(b) 不同 pH**

图 10-4　混凝时间对 Re 去除率的影响 [实验条件：[Re] = 54 μmol/L（10 mg/L），温度为 25 ℃；误差棒代表标准偏差（n=3）]

表 10-1　不同还原剂对 $^{99}TcO_4^-/ReO_4^-$ 还原去除能力的比较

还原剂	还原能力	Re/^{99}Tc 初始浓度	还原时长
TiCl$_3$	99.70%	10 mg/L	6 min
TiO$_2$+HCOOH	98%	10 mg/L	2.5 h
γ 射线辐照+H$_2$O	93.60%	3 mmol/L	2 h
Fe(Ⅱ)（aq）	100%	14 μmol/L	1 d
nZVI+Na$_2$S	99.70%	6 μmol/L	0.5 h
Ni-doped Fe(OH)$_2$（s）	80%	100 μmol/L	3 d

10.2.4　共存离子的影响

　　为了探索 TiCl$_3$ 在实际环境中的应用潜力，本节研究了核废水中常见的不同浓度的阴离子 NO_3^-、SO_4^{2-}、ClO_4^- 对 Re 去除率的影响。从图 10-5 可以看出，当 NO_3^- 浓度为 10 mmol/L 时，Re 的去除率迅速下降至 34.5%，表明 NO_3^- 对 Ti(Ⅲ) 吸附还原去除 ReO_4^- 有较大的影响，而这可能是由于相比 ReO_4^-，NO_3^- 的氧化性较强。Deng 等报道了使用光催化还原 ReO_4^-，其中 NO_3^- 对 Re 去除率的影响与本研究一致[8]。对于 SO_4^{2-} 来说，在 10 mmol/L 的浓度下，Re 的去除率降低到 85%，表明 SO_4^{2-} 对 Re 的去除率有一定影响，但影响非常有限，因为即使在 100 mmol/L 的浓度下，Re 的去除率仍可达到 79%。SO_4^{2-} 的影响可以用离子交换中的能量学来解释，即 SO_4^{2-} 可以占据 Ti(Ⅲ) 的水解产物的部分吸附位点，导致部分 ReO_4^- 不能被有效吸附而被还原去除。在含有 ClO_4^- 的情况下，即使在 ClO_4^- 浓度达到 100 mmol/L 的情况下，Re 的去除率仍可达到 94%。这是因为 ClO_4^- 在 pH 为 6.2 时相对稳定，并且氧化性非常弱[9]，使得 Ti（Ⅲ）的水解产物倾向于还原 ReO_4^-，而这种"倾向还原"能够促进Ti（Ⅲ）的水解产物对 ReO_4^- 的选择性吸附。

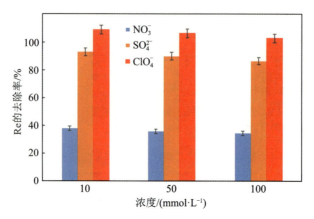

图 10-5 不同浓度的共存离子对 Re 去除率的影响 ［实验条件：［Re］= 54 μmol/L（10 mg/L），Ti 与 Re 的摩尔比为 25∶1，pH 值为 6.2±0.2，混凝时间为 6 min，温度为 25 ℃；误差棒代表标准偏差（n=3）］

10.3 还原-混凝去除放射性物质的机理

10.3.1 絮状物表观的变化

首先，使用 TEM 表征确定混凝过程中产生的絮状物样品的元素成分和晶体结构。图 10-6 所示为纯 Ti（Ⅳ）氧化物和絮状物的形态。一般来说，分子量较大的元素具有较高的电子密度，导致电子穿透力较小，在 TEM 图中形成暗区[10]。从图 10-6b 可以看出，与纯 Ti（Ⅳ）氧化物（图 10-6a）相比，絮状物的部分区域的颜色较深，表明一些超细颗粒附着在了絮状物表面。这是因为 Re 的分子量比 Ti 大，Re 存在于絮状物中，也就是说，ReO_4^- 已被还原为氧化物且生成的氧化物附着在 Ti（Ⅳ）氧化物的表面。一方面，纯 Ti（Ⅳ）氧化物的高分辨 TEM（HRTEM）图中没有出现晶格边缘（图 10-6c），表明固体为非晶态结构。另一方面，絮状物的 HRTEM 图中出现了晶体且晶格间距为 0.195 nm（图 10-6d），这与 Re_2O_7 的（060）平面相符。正如其他文献所报道的，ReO_2 可以在水溶液中被溶解的氧气氧化[5,8]，所以絮状物中存在的 Re_2O_7 可能来自 ReO_2 的氧化，也就是来自 Ti(Ⅲ) 的水解产物还原 ReO_4^- 产生的 ReO_2 的氧化。

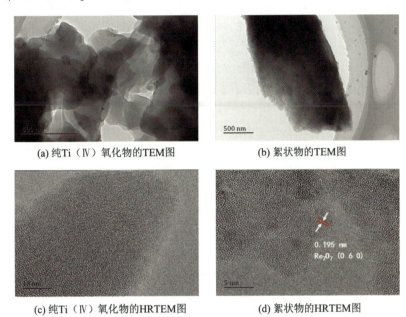

(a) 纯Ti（Ⅳ）氧化物的TEM图　　　　(b) 絮状物的TEM图

(c) 纯Ti（Ⅳ）氧化物的HRTEM图　　　　(d) 絮状物的HRTEM图

图 10-6　纯 Ti(Ⅳ) 氧化物和絮状物的 TEM 图和 HRTEM 图

为了确定 Re 在絮状物上的分布，还对絮状物进行了元素映射检测，如图 10-7 所示。从图 10-7 中可以看出，少量的 Re 原子随机地分布在絮状物上（图 10-7c），表明 Re 稳定锚定在 Ti(Ⅳ) 水合物的内部结构中。

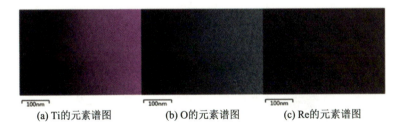

(a) Ti的元素谱图　　　　(b) O的元素谱图　　　　(c) Re的元素谱图

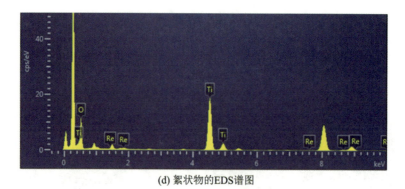

(d) 絮状物的EDS谱图

图 10-7 Ti、O、Re 元素谱图及絮状物 EDS 谱图分析

10.3.2 还原反应的特异性

为了进一步探索反应机制，通过 XPS 分析确定在正常大气和厌氧条件下获得的絮状物的元素价位。图 10-8 比较了 2 个样品的 XPS 图。2 个絮状物样品的 Re 4f 区域的 XPS 图拟合显示，2 个样品中均有 2 组自旋轨道分裂的双化合物。其中结合能在 43.1 eV 和 45.5 eV 附近的峰对应于 Re(Ⅳ) $4f_{7/2}$ 和 Re(Ⅳ) $4f_{5/2}$ 的 ReO_2[11-12]，而 46.2 eV 和 48.6 eV 的峰则分别对应于 Re(Ⅶ) $4f_{7/2}$ 和 Re(Ⅶ) $4f_{5/2}$，说明固体中存在 Re(Ⅶ)[12]。根据这 2 种絮状物样品的 XPS 图，可以推断出 O_2 对还原产物的氧化状态至关重要。在 N_2 保护下，絮状物中 ReO_2 的含量远远高于正常大气条件下，可以推断，在缺乏 O_2 的条件下，Re 更倾向于以 ReO_2 的形态稳定存在；而一旦暴露于正常大气中，ReO_2 则有可能被水中的溶解氧进一步氧化，最终转化为 Re_2O_7。

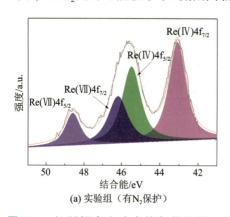

(a) 实验组（有N_2保护）

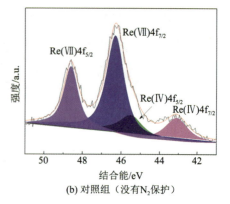

(b) 对照组（没有N_2保护）

图 10-8 机制探索实验中的絮状物样品的 XPS 图（实验条件：[Re] = 54 μmol/L（10 mg/L），Ti 与 Re 的摩尔比为 25∶1，pH 值为 6.2±0.2，混凝时间为 6 min，温度为 25 ℃）

根据之前的研究报道，Re_2O_7 可以与水进一步反应形成 ReO_4^-，并重新释放到溶液中[13]。因此，我们进行了长期的静置实验，以评估在好氧条件下附着在絮状物上的 ReO_2 的氧化和溶解情况（图 10-9）。在低 pH 值条件下，Re 的去除率随着固体在溶液中停留时间的增加而缓慢下降。在 pH 值为 4.2 时，2 h 后的 Re 去除率下降到 78.4%。然而在高 pH 值条件下，水溶液中的 Re 的去除率随停留时间的增加而迅速增加，在 2 h 后达到平衡，此时只有 17.6% 的 Re 仍然黏附在絮状物的表面，且絮状物的颜色由黑色变成灰色。对于高 pH 值来说，与其他 pH 值相比，水溶性物质 $[ReO(OH)_3]^-$ 的形成和 Re_2O_7 的溶解的共同作用使得 Re 的去除率下降明显[13]。

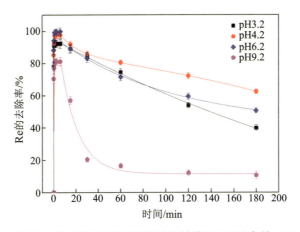

图 10-9　不同 pH 值下 Re 的去除率随静置时间变化的情况［实验条件：［Re］=54 μmol/L（10 mg/L），Ti 与 Re 的摩尔比为 25∶1，温度为 25 ℃；误差棒代表标准偏差（n=3）］

基于以上分析，还原混凝过程的反应路径可以用以下反应方程式表示：

$$Ti^{3+}+3H_2O \longrightarrow Ti(OH)_3+3H^+ \tag{10-1}$$

$$H^++ReO_4^-+3Ti(OH)_3+H_2O \longrightarrow ReO_2+3Ti(OH)_4 \tag{10-2}$$

$$4ReO_2+3O_2 \longrightarrow 2Re_2O_7 \tag{10-3}$$

$$Re_2O_7+H_2O \longrightarrow 2HReO_4 \tag{10-4}$$

10.3.3　原位混凝机理

图 10-10 所示为还原混凝实验中不同 pH 值条件下的絮状物表面的 Zeta 电位。絮状物表面的 Zeta 电位随着 pH 值的增大而逐渐降低并由正变负。在没有添加 NaOH 溶液的情况下，初始 Zeta 电位为 30.6 mV。当 pH 值增加到 4.2~6.2 时，Zeta 电位迅速下降并变为负值，此时能够在溶液中观察到絮状

物的出现。随着 pH 值的增大，溶液呈碱性，Zeta 电位再次经历了快速下降过程，然后保持相对稳定。Hussain 等报道，Ti(Ⅲ) 絮状物的等电点是 pH 3.0，比本实验中的等电点（pH 3.8）略低[6]，这可能是由于絮状物与原位形成的 ReO_2 相结合使得等电点略微提升。当 pH 值从 2.2 增加到 6.2 时，Zeta 电位从 30.6 mV 下降到-9.8 mV，混凝效果得到明显改善。这表明，电荷中和可能是该还原混凝实验中混凝过程的关键机制。

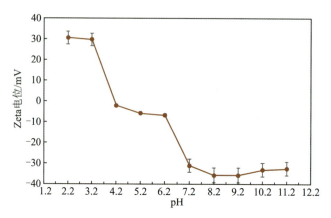

图 10-10 还原混凝实验中不同 pH 值条件下絮状物表面的 Zeta 电位 [实验条件：[Re] = 54 μmol/L（10 mg/L），Ti 与 Re 的摩尔比为 25:1，温度为 25 ℃；误差棒代表标准偏差（n=3）]

根据还原混凝实验的实验结果及絮状物的各项特征，$TiCl_3$ 去除 NH_4ReO_4 的机理如下（图 10-11）：第一步是吸附还原过程。Ti(Ⅲ) 开始与 H_2O 反应，然后 Ti(Ⅲ) 的水解物吸附 ReO_4^-，接着发生原位氧化还原反应，ReO_4^- 被还原成 ReO_2。第二步是混凝过程。原位氧化形成的 Ti(Ⅳ) 的水解产物相互碰撞形成絮状物，沉淀下来以去除 ReO_2。在好氧条件下，原位形成的 ReO_2 可能被氧化并再次溶解。

一般来说，与 Re 相比，Tc 的氧化物的性质更为稳定，且氧化性更强的离子如 NO_3^- 对 Tc(Ⅶ) 的干扰更小[14-15]。因此，当使用 $TiCl_3$ 作为混凝剂处理含有 Tc(Ⅶ) 的废水时，可能会取得更好的效果。所以，$TiCl_3$ 可以作为一种潜在的混凝剂来处理含有 ^{99}Tc(Ⅶ) 的核废水。

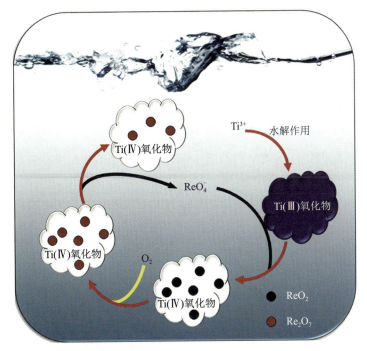

图 10-11　还原混凝实验反应机理示意图

参考文献

［1］杨帆. 零价纳米铁还原铼和锝的动力学研究［D］. 太原：太原科技大学，2012.

［2］WANG L, SONG H, YUAN L Y, et al. Effective removal of anionic Re（Ⅶ）by surface-modified Ti$_2$CT$_x$ mxene nanocomposites：implications for Tc（Ⅶ）sequestration［J］. Environmental Science & Technology, 2019, 53（7）：3739-3747.

［3］FU L X, ZU J H, HE L F, et al. An adsorption study of ^{99}Tc using nanoscale zero-valent iron supported on D001 resin［J］. Frontiers in Energy, 2020, 14（1）：11-17.

［4］HU H, JIANG B Q, WU H X, et al. Bamboo（*Acidosasa edulis*）shoot shell biochar：its potential isolation and mechanism to perrhenate as a chemical surrogate for pertechnetate［J］. Journal of Environmental Radioactivity,

2016, 165: 39-46.

[5] WANG T, QIAN T W, ZHAO D Y, et al. Immobilization of perrhenate using synthetic pyrite particles: effectiveness and remobilization potential[J]. Science of the Total Environment, 2020, 725: 138423.

[6] HUSSAIN S, AWAD J, SARKAR B, et al. Coagulation of dissolved organic matter in surface water by novel titanium(Ⅲ) chloride: mechanistic surface chemical and spectroscopic characterisation[J]. Separation and Purification Technology, 2019, 213: 213-223.

[7] WANG Y X, ZHAO Y G, LIU Y C. Effect of solution chemistry on aqueous As(Ⅲ) removal by titanium salts coagulation[J]. Environmental Science and Pollution Research, 2021, 28(17): 21823-21834.

[8] DENG H, LI Z J, WANG X C, et al. Efficient photocatalytic reduction of aqueous perrhenate and pertechnetate[J]. Environmental Science & Technology, 2019, 53(18): 10917-10925.

[9] LIEN H L, YU C C, LEE Y C. Perchlorate removal by acidified zero-valent aluminum and aluminum hydroxide[J]. Chemosphere, 2010, 80(8): 888-893.

[10] LIU J, ZHAO Z W, FENG H, et al. One-pot synthesis of Ag-Fe_3O_4 nanocomposites in the absence of additional reductant and its potent antibacterial properties[J]. Journal of Materials Chemistry, 2012, 22(28): 13891-13894.

[11] CAO H Z, HU L L, ZHANG H B, et al. The significant effect of supporting electrolytes on the galvanic deposition of metallic rhenium[J]. International Journal of Electrochemical Science, 2020, 15(7): 6769-6777.

[12] CLARK P, DHANDAPANI B, TED OYAMA S. Preparation and hydrodenitrogenation performance of rhenium nitride[J]. Applied Catalysis A: General, 1999, 184(2): L175-L180.

[13] XIONG Y, WOOD S A. Experimental determination of the solubility of ReO_2 and the dominant oxidation state of rhenium in hydrothermal solutions[J]. Chemical Geology, 1999, 158(3): 245-256.

[14] ICENHOWER J P, QAFOKU N P, ZACHARA J M, et al. The Biogeochemistry of technetium: a review of the behavior of an artificial element in

the natural environment[J]. American Journal of Science, 2010, 310(8):
721-752.

[15] SARRI S, MISAELIDES P, ZAMBOULIS D, et al. Rhenium(Ⅶ) and tech-
netium(Ⅶ) separation from aqueous solutions using a polyethylenimine-epi-
chlorohydrin resin[J]. Journal of Radioanalytical and Nuclear Chemistry,
2016, 307(1): 681-689.

第11章 农药污染水光催化氧化强效净化技术

对于水中有机磷农药类化合物来说，氧化降解是目前主流的去除方法。由于地下水普遍的微碱性环境限制了传统 Fenton 反应的氧化能力[1]，因此需要寻求其他合适的氧化技术。一些研究发现[2-4]，基于高铁酸盐的高级氧化工艺（ferrate-based AOP）在降解微碱性水中难降解的有机污染物方面有独特优势，其活性中间态物质 $Fe(IV/V)$ 可以在碱性环境中仍保持较高的氧化电位，这类中间态铁物质比 $Fe(VI)$ 的反应活性高 2~6 个数量级。

目前普遍认为，通过向 $Fe(VI)$ 溶液中添加一些诸如亚硫酸盐、碳化材料等物质可以促使 $Fe(VI)$ 分解产生更多的 $Fe(IV/V)$，从而进一步提升体系的氧化性[3-4]。一般来说，根据反应第一步生成的是 $Fe(V)$ 还是 $Fe(IV)$，可将$Fe(VI)$的活化机理分为单电子转移机理和双电子转移（又叫氧原子转移）机理。大多数研究表明[3,5]，溶液中 $Fe(V)$ 的反应活性比 $Fe(IV)$ 高出 3 个数量级，因此开发出一种可以基于单电子转移机理选择性生成 $Fe(V)$ 的高效活化剂一直是广大研究人员所追求的目标。

作为一种具有良好光催化性能的氮化碳衍生材料，氧掺杂的石墨烯氮化碳（oxygen-doped graphene carbon nitride，OCN）具有与被报道的可以有效活化 $Fe(VI)$ 的碳化材料相似的表面性质，如含氧官能团。这些表面含氧结构被证实可以与 $Fe(VI)$ 分子结合，实现电子转移，是实现 $Fe(VI)$ 活化的关键，因此可以推断 OCN 也具备活化 $Fe(VI)$ 的能力。此外，相比于普通的 $g-C_3N_4$，OCN 表面的含氧官能团不仅可以引入中间能级，从而增强材料的可见光吸收，还由于其空间位阻效应可以减缓光生电子扩散，从而阻碍光照下自由基的产生。因此，如果使用 OCN 作为 $Fe(VI)$ 的光活化剂，就有可能提高 $Fe(VI)$ 的光生电子利用率，从而高效地实现 $Fe(V)$ 的选择性生成。

本章主要分析 OCN 及碳化壳聚糖-氮化碳这种复合碳化材料作为 Fe(Ⅵ) 高效活化剂的可能性，并且考察其用于实现水中有机磷农药快速氧化降解的能力。通过以毒死蜱为目标污染物的降解实验发现，OCN 可以有效活化 Fe(Ⅵ) 并且其活化作用随着可见光的引入进一步增强。我们利用淬灭实验、ESR、LC-MS、*in-situ* FTIR、^{13}C NMR 以及相关性分析和理论计算等方法手段对体系反应过程中的活性物质、降解产物、活化位点、电子转移特征等关键性指标进行深入探究，并在此基础上提出体系的活化机理。最后利用壳聚糖包裹尿素一步烧结法造粒，借助连续流柱实验考察新的催化氧化体系对实际地下水水样中多种有机磷农药的氧化降解效果，证实碳化壳聚糖组分在复合物中的贡献，评估体系的应用潜力。

11.1　吸附法的缺陷

11.1.1　不同 pH 值下的吸附效能评估

第 3 章中提到的 Al-CPCM 树脂及第 4 章中制备的壳聚糖包埋 Fh@ ZrO$_2$ 颗粒在不同 pH 水溶液中对 6 种有代表性的有机磷农药的吸附去除效能如图 11-1 所示。可以看出，Al-CPCM 树脂对部分有机磷农药有一定的吸附去除效能，但总体上看去除效果不佳，特别是在接近自然水体 pH 值（5~9）的条件下，其针对所有有机磷农药的吸附率均低于 30%，尤其是对乐果（dimethoate）和敌敌畏（dichlorvos）几乎无吸附效果。但相比于对 6 种有机磷农药都没有明显吸附能力的壳聚糖包埋 Fh@ ZrO$_2$颗粒，Al-CPCM 树脂的吸附去除效能还是稍好一些。通过比较 6 种有机磷农药的分子结构可以发现，在 Al-CPCM 上有一定吸附效果的毒死蜱（chlorpyrifos）、二嗪磷（diazinon）、辛硫磷（phoxim）均具有苯环或者 N 杂环结构，草甘膦（glyphosate）具有亚氨基结构，这些富电子部分很容易与 Al-CPCM 上的氨基磷酸基团产生一定的相互作用，从而有利于吸附过程的进行，这是包埋颗粒所不具备的。

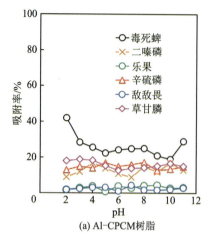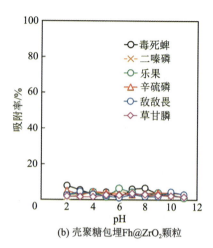

(a) Al-CPCM 树脂　　　　(b) 壳聚糖包埋Fh@ZrO₂颗粒

图 11-1　Al-CPCM 树脂及壳聚糖包埋 Fh@ZrO₂颗粒在不同 pH 值下对水中 6 种典型有机磷农药的吸附去除效能（实验条件：有机磷初始浓度为 10 μmol/L，吸附剂投加量为 3 g/L，温度为 25 ℃）

11.1.2　不同投加量下的吸附效能评估

　　为了寻找针对有机磷农药吸附的最适吸附剂投加量，我们探究了不同投加量的 Al-CPCM 树脂及壳聚糖包埋 Fh@ZrO₂颗粒对水中 6 种有机磷农药的吸附率，其结果如图 11-2 所示。可以看出，增加在 pH 值因素实验中已被证实对有机磷农药几乎没有吸附效果的壳聚糖包埋 Fh@ZrO₂颗粒的投加量后，6 种有机磷农药的吸附率也没有明显提升。相比之下，之前实验中发现在 Al-CPCM 树脂上有一定吸附量的毒死蜱、二嗪磷、辛硫磷、草甘膦 4 种有机磷农药，其吸附率随着树脂投加量的增加而增大。然而，即使投加量已经增至 10 g/L，这 4 种有机磷的吸附率依然不到 40%，并且这仅仅是静态条件下的结果，如果考虑到实际条件下的柱实验运行，由于接触时间更短且传质更不利，其结果必然会更加不理想。

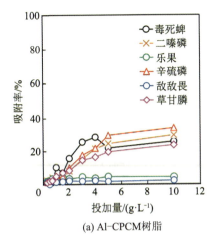
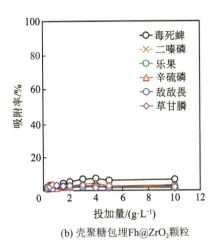

（a）Al-CPCM树脂　　　　（b）壳聚糖包埋Fh@ZrO₂颗粒

图 11-2　Al-CPCM 树脂及壳聚糖包埋 Fh@ZrO₂颗粒在不同投加量条件下对水中 6 种典型有机磷农药的吸附去除效能（实验条件：有机磷初始浓度为 10 μmol/L，溶液 pH 值为 8.0，温度为 25 ℃）

11.1.3　实际地下水的吸附效能评估

　　为了评估 Al-CPCM 树脂在最接近真实应用环境中的吸附效能，我们直接使用云南、广西、新疆 3 处采样点的 3 个受污染地下水水样进行静态吸附实验，记录 6 种有机磷农药的吸附率，其结果如图 11-3 所示。可以看出，树脂在实际水体中对其中所含有机磷污染物的吸附效能并不显著。以毒死蜱为例，即使在高于模拟配水的 5 g/L 吸附剂投加量下，在云南、广西两地实际水样中的吸附率分别仅有 22.7% 和 8.4%，而对于浓度更低的其他类型的有机磷农药则吸附率更低，这可能是由低浓度有机磷农药具有更强的与水中小分子酸一类天然有机物的竞争作用导致的[6]。由此可见，Al-CPCM 树脂并不适合用作地下水中有机磷污染物的吸附剂。

　　总结以上实验结果可以得出，Al-CPCM 树脂和壳聚糖包埋 Fh@ZrO₂颗粒对水中有机磷污染物的吸附去除效果均相当有限，不适合用作地下水有机磷污染物的去除材料。为了实现有效去除有机磷污染物的目标，且考虑到有机磷富集带来的二次污染问题，应首先考虑使用氧化处理手段。

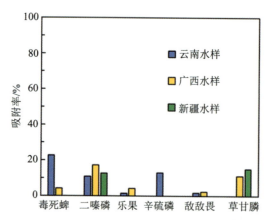

图 11-3 Al-CPCM 树脂吸附去除地下水中有机磷农药的效能 （实验条件：吸附剂投加量为 5 g/L；温度为 25 ℃)

11.2 增强型非金属光催化材料

11.2.1 氧掺杂 g-C₃N₄ 的制备

氧掺杂 g-C_3N_4 是通过简单的水热法二次处理 g-C_3N_4 纳米片合成的。首先以尿素为前驱体，通过热聚合法制备 g-C_3N_4：将尿素在马弗炉中以 5 ℃/min 的升温速率加热至 550 ℃，保温 4 h 后即得到纯的 g-C_3N_4 纳米片（简写为 CN)。随后，将 0.3 g 的 g-C_3N_4 分散到 40 mL 30% H_2O_2 溶液中，然后转移至水热反应釜中在不同温度下保温 4 h。待反应釜冷却后取出内衬，离心分离其中固体，将所得固体用去离子水清洗数次后在 60 ℃下烘干 12 h，即为 OCN。最终所得样品根据各自 110 ℃、130 ℃、150 ℃ 和 170 ℃ 的水热温度分别记为 OCN-110、OCN-130、OCN-150 和 OCN-170。

11.2.2 微观形貌分析

我们利用透射电子显微镜（TEM）对纯 g-C_3N_4 和不同水热温度下制备得到的氧掺杂 g-C_3N_4 样品的微观形貌进行表征，其结果如图 11-4 所示。可以看出，经过水热处理后得到的 OCN 基本上保留了 g-C_3N_4 原有的二维片层状特征，为片状纳米材料，但是随着水热温度的升高，其二维平面结构出现了不同程度的损坏，这是因为在高温下高浓度的 H_2O_2 氧化性很强，足以氧化破坏常温下稳定的 g-C$_3$N$_4$平面环状结构。当水热温度为 110 ℃时，可见相较于 g-C$_3$N$_4$，OCN-110 纳米片边缘出现了一定程度的扭曲；当温度升高至 130 ℃时，OCN-130 样品片层出现大量褶皱，边缘开始裂解；进一步升温到 150 ℃，OCN-150 整个大片层碎裂成很小的片层；至 170 ℃后，OCN-170 片层变得更微小直至被完全氧化而消失。如上所述的不同水热温度下所观察到的 OCN 形貌变化与之前类似研究里的报道基本一致。

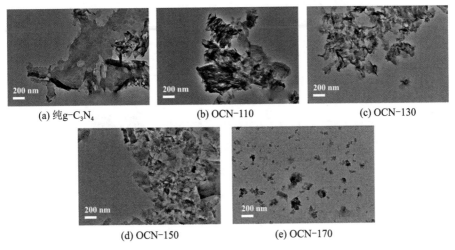

(a) 纯g-C$_3$N$_4$ (b) OCN-110   (c) OCN-130

(d) OCN-150   (e) OCN-170

图 11-4 纯 g-C$_3$N$_4$及不同水热温度下合成的 4 种氧掺杂 g-C$_3$N$_4$的透射电镜照片

11.2.3 BET 分析

在 4 种不同水热温度下合成的氧掺杂 g-C$_3$N$_4$样品及纯 g-C$_3$N$_4$的 BET 氮气吸附-脱附等温线及相关物性参数分别如图 11-5 和表 11-1 所示。从等温线可以看出，相较于纯 g-C$_3$N$_4$，OCN-110 和 OCN-130 曲线闭合趋势没有明显变化，这一点从三者的比表面积可以得到印证，其 BET 比表面积分别为 62.245 m^2/g、66.548 m^2/g、62.407 m^2/g，相差不大；相比之下，OCN-150 和 OCN-170 则出现了明显的回滞环，这说明当水热温度升高后，二维纳米片碎裂、相互堆叠，出现了更丰富的介孔结构，这一点从表 11-1 中孔类型占比结果也能看出。但是，从孔结构数据来看，样品的孔体积测定值随着水热温度的升高而减小，这可能是因为氧化过程导致纳米片的层间结构损坏，预示着过高的水热温度可能不利于材料性能的发挥。

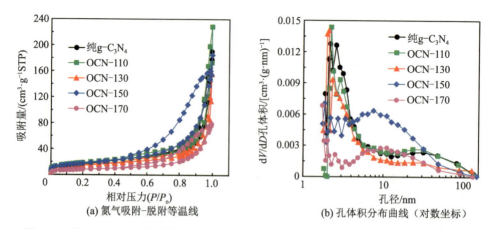

(a) 氮气吸附-脱附等温线   (b) 孔体积分布曲线（对数坐标）

图 11-5 纯 g-C₃N₄ 和不同水热温度下合成的 4 种氧掺杂 g-C₃N₄ 的氮气吸附-脱附等温线及孔体积分布曲线（对数坐标）

表 11-1 纯 g-C₃N₄ 和不同水热温度下合成的 4 种氧掺杂 g-C₃N₄ 的 BET 分析相关参数

	BET 比表面积/ （$m^2 \cdot g^{-1}$）	孔体积/ （$cm^3 \cdot g^{-1}$）	平均孔径/ nm	微孔率/%	介孔率/%	大孔率/%
纯 g-C₃N₄	62.245	0.298	18.481	17.6	78.0	4.4
OCN-110	66.548	0.271	16.368	29.8	69.2	1
OCN-130	62.407	0.244	18.246	17.4	82.2	0.4
OCN-150	51.043	0.241	14.076	13	82.6	4.3
OCN-170	29.256	0.123	16.291	0	100	0

11.2.4 XRD 晶体构型分析

使用 X 射线衍射（XRD）对经 4 种不同水热温度处理得到的氧掺杂 g-C₃N₄ 样品的晶体结构进行表征并与纯 g-C₃N₄ 的晶体结构进行比较，其结果如图 11-6 所示。可以看出，氧掺杂 g-C₃N₄ 的衍射特征与纯 g-C₃N₄ 基本相同，比较明显的有 2θ 角 13.1°处的（100）晶面和 27.3°处的（002）晶面的 2 个衍射峰，前者是 Melon 结构的均三嗪线性排列的特征，后者则是 C₃N₄ 二维结构的组成基元三均三嗪定向排列的特征。在纯 g-C₃N₄ 的衍射谱图中，（100）和（002）晶面的峰强度比值是 0.5∶100，而随着水热温度的升高，（100）晶面的衍射峰信号逐渐增强，这说明在更高的温度下，H₂O₂ 将原有二维结构氧化为线性的均三嗪单元，展现出了更多的 Melon 特征，这和 TEM 比较分析的结果是一致的。对比 5 个样品的衍射谱图，可以看出 OCN-170

中不仅（100）晶面强度极为明显，还出现了许多（100）和（002）晶面之外的杂峰，这可能是均三嗪结构进一步裂解而成的含氮基团信号，间接说明处理温度达到 170 ℃可能会让材料失去 g-C₃N₄的基本特征。

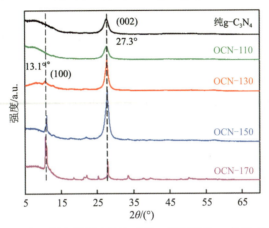

图 11-6　纯 g-C₃N₄和不同水热温度下合成的 **4** 种氧掺杂 g-C₃N₄的 **XRD** 衍射谱图

11.2.5　红外光谱分析

为了探究所合成的氧掺杂 g-C₃N₄样品表面掺杂态氧的具体存在形式，我们利用红外光谱对样品表面官能团进行确认，并与纯 g-C₃N₄进行比较，其结果如图 11-7 所示。

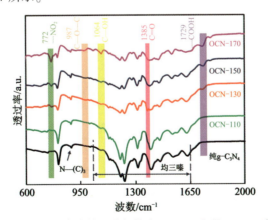

图 11-7　不同水热温度下合成的 **4** 种氧掺杂 g-C₃N₄和纯 g-C₃N₄的红外光谱图

可以看出，氧掺杂 g-C₃N₄的红外特征和纯 g-C₃N₄的基本相同，主要的振动吸收带包括 1050~1650 cm⁻¹之间的均三嗪结构吸收带和 810 cm⁻¹处的 N—(C)₃连接节点的伸缩振动吸收峰。但仔细比对不难发现，氧掺杂

g-C$_3$N$_4$与纯 g-C$_3$N$_4$在红外光谱上还是存在一些细微的差异的，这些差异是由表面不同形态掺杂氧的吸收振动导致的。经与文献对照可知[7]，合成的氧掺杂 g-C$_3$N$_4$表面的掺杂态氧有 5 种存在形式，包括振动信号在 772 cm^{-1}处的硝基（—NO$_2$）、在 987 cm^{-1}处的醚键（C—O—C）、1064 cm^{-1}处的羟基（C—OH）、1385 cm^{-1}处的羰基（C=O）和 1729 cm^{-1}处的羧基（—COOH）。根据前人对一些碳化材料的研究结论[8]，这些含氧官能团与 Fe(Ⅵ) 的活化紧密相关，但具体哪一种官能团起了关键作用还不得而知，需要进行定量考察，红外光谱只能对此进行定性分析，定量分析需要借助别的表面化学状态分析手段。

11.2.6 XPS 表面化学状态分析

借助 X 射线光电子能谱（XPS）定量分析 g-C$_3$N$_4$样品表面的含氧官能团，其结果如图 11-8 所示。

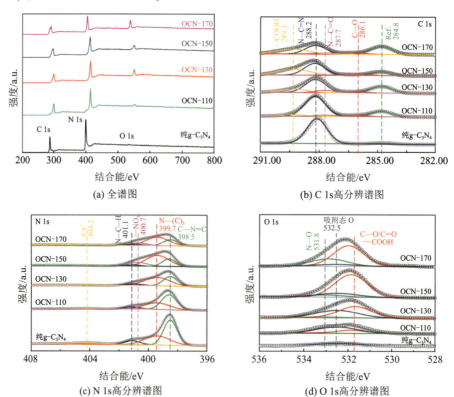

图 11-8 不同水热温度下合成的 4 种氧掺杂 g-C$_3$N$_4$和纯 g-C$_3$N$_4$的 XPS 全谱图、C 1s 高分辨谱图、N 1s 高分辨谱图和 O 1s 高分辨谱图

从全谱扫描结果（图 11-8a）可以看出，样品中的氧含量随水热温度的升高而增加。如表 11-2 所示，纯 g-C$_3$N$_4$ 中的氧元素质量分数为 1.22%，这可能是因为在空气气氛中聚合导致少量氧掺杂；相比之下，OCN-110 至 OCN-170 样品的氧元素质量分数就比较可观，OCN-170 中甚至高达 22.03%。值得注意的是，O 元素增多的同时，N 元素的质量分数却随着水热温度的升高而下降，而 C 元素基本不变，这说明大部分的 O 元素通过与 C 元素结合形成含氧官能团，而三嗪中的 N 则大概率在 H$_2$O$_2$ 氧化处理过程中脱落下来被释放掉了。

表 11-2　纯 g-C$_3$N$_4$ 和 4 种氧掺杂 g-C$_3$N$_4$ 的 XPS 元素质量分数分析结果

	C/%	N/%	O/%	C/N
纯 g-C$_3$N$_4$	33.92	63.88	1.22	0.5310
OCN-110	32.27	59.52	8.23	0.5422
OCN-130	31.04	53.04	15.93	0.5852
OCN-150	30.11	50.69	19.27	0.5940
OCN-170	31.63	46.34	22.03	0.6826

图 11-8b 所示为包括纯 g-C$_3$N$_4$ 在内 5 个样品的 C 1s 高分辨谱图。从分峰的结果可以看出，除了 284.8 eV 处的校正 C 外，对于纯 g-C$_3$N$_4$ 来说，其中只有一种 C，即均三嗪环中的 N—C≡N 交替结构，其对应的结合能为 288.2 eV。相比之下，氧掺杂 g-C$_3$N$_4$ 还含有别的 C 形态，经过与之前的报道比对可知，其均为 C 的含氧官能团，包括位于 286.1 eV 处的 C—O、位于 287.7 eV 处的 N—C=O 和位于 289.3 eV 处的—COOH，这些掺杂氧形态对于后续的研究很重要，其相对含量连同 N—C≡N 可使用峰面积法定量算出，结果列在表 11-3 中。可以发现，样品中—COOH 的含量随着水热温度的升高而逐渐增加，而 C=O 的含量随着水热温度的升高先增加，至水热温度为 130 ℃ 时 OCN-130 样品达到最大值 11.58%，之后便逐渐减小至约为 0，这可能是因为 C=O 在更高温度下被进一步氧化为—COOH。需要额外说明的是，与红外光谱分析的结果相比，C 1s 高分辨谱并没有区分出 C—O—C 与 C—OH，也没有分别对其进行定量，这是因为 XPS 是原子光谱，其只能辨别元素的成键信息，不可能像属于分子光谱的红外光谱一样对相同成键的不同结构进行区分，故 C 1s 高分辨谱仅可利用 C—O 对 C—O—C 与 C—OH 的含量总和进行定量分析。

表 11-3　纯 g-C₃N₄和 4 种氧掺杂 g-C₃N₄中表面 C 化学状态的 XPS 定量分析结果

样品	不同化学状态 C 的质量分数			
	N—C≡N/%	C—O/%	C=O/%	—COOH/%
纯 g-C₃N₄	99.90	0.10	0.00	0.00
OCN-110	81.35	6.02	5.36	7.26
OCN-130	62.00	5.64	11.58	20.78
OCN-150	52.47	5.30	1.62	40.61
OCN-170	49.15	12.30	0.81	37.74

图 11-8c 所示为 N 1s 高分辨谱图及其分峰结果。由分峰结果可知，在纯 g-C₃N₄中一共含有 4 种不同的 N 类型，包括位于 398.5 eV 处的三嗪结构中的 C—N≡C 交替结构、位于 399.7 eV 处的三均三嗪 N—(C)₃节点、位于 401.1 eV 处的悬垂氨基 C—N—H 键以及位于 404.2 eV 处的层间 N 的 π—π* 作用。氧掺杂 g-C₃N₄的 N 信号与纯 g-C₃N₄大致相同，仅当水热温度升至 150 ℃ 时，OCN-150 样品在 400.7 eV 处出现了一个新的 N—O 结合能信号，这是—NO₂生成的标志。和 C 一样，所有含 N 的表面化学状态类型的含量也可利用峰面积进行定量，其结果如表 11-4 所示。

表 11-4　纯 g-C₃N₄和 4 种氧掺杂 g-C₃N₄中表面 N 化学状态的 XPS 定量分析结果

样品	不同化学状态 N 的质量分数			
	C—N≡C/%	N—(C)₃/%	N—O/%	C—N—H/%
纯 g-C₃N₄	64.11	24.81	0.00	11.09
OCN-110	70.74	17.67	0.00	11.60
OCN-130	33.95	56.45	0.02	5.59
OCN-150	20.73	59.94	10.63	8.70
OCN-170	26.43	52.12	13.66	7.79

图 11-8d 所示为所有样品的 O 1s 高分辨谱图及分峰结果。可以看出，在纯 g-C₃N₄中仅含有位于 532.5 eV 处由 O₂或者 H₂O 所致的吸附态 O 峰，而氧掺杂 g-C₃N₄中则出现了随水热温度升高而含量逐渐增加的碳氧物质的信号，以及在 150 ℃ 后出现的 N—O 结合信号，这和 C 1s 和 N 1s 谱图的分析结果是一致的。碳氧物质已在 C 1s 中进行了定量分析，这里不再对其进一步定量。

11.3　氧掺杂 g-C₃N₄ 活化 Fe(Ⅵ) 增强光催化体系的效能评估

11.3.1　光照的影响

为了评估氧掺杂 g-C₃N₄ 活化 Fe(Ⅵ) 的性能，并选出最优的水热温度，毒死蜱被选作目标污染物用于催化氧化实验，其结果如图 11-9 所示。从图 11-9a 可知，g-C₃N₄ 以及氧掺杂 g-C₃N₄ 对水中的毒死蜱几乎没有吸附效果，因此在接下来的氧化降解实验中，活化剂对目标污染物的吸附可以不予考虑。

从图 11-9b 和图 11-9c 的动力学拟合结果可以发现，毒死蜱在所有体系中的氧化降解过程均符合拟一级反应动力学模型，其拟合所得的反应速率常数 k_{obs} 及 R^2 如表 11-5 和图 11-9d 所示。可以看出，在黑暗条件下，与未添加活化剂 Fe(Ⅵ) 溶液相比，纯 g-C₃N₄ 的加入对毒死蜱的降解率几乎没有明显提升，这说明 g-C₃N₄ 本身并不能活化 Fe(Ⅵ)。相比之下，在添加氧掺杂 g-C₃N₄ 后，Fe(Ⅵ) 溶液对毒死蜱的氧化去除效能有了不同程度的提升，这说明氧掺杂 g-C₃N₄ 对于 Fe(Ⅵ) 具有活化作用，其中 OCN-130 样品的活化效果最佳，毒死蜱在 OCN-130/Fe(Ⅵ) 体系中的氧化降解 k_{obs} 值为 0.239 min^{-1}，约为 Fe(Ⅵ) 单独氧化时（0.113 min^{-1}）的 2.1 倍。

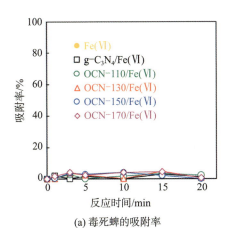

(a) 毒死蜱的吸附率

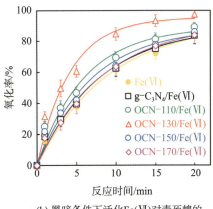

(b) 黑暗条件下活化Fe(Ⅵ)对毒死蜱的氧化率的影响

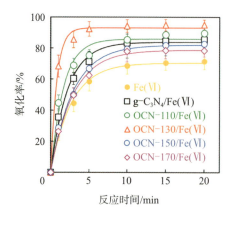

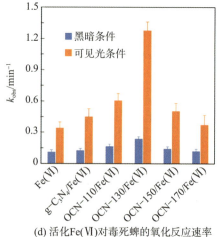

(c) 可见光条件下活化Fe(Ⅵ)对毒死蜱的
氧化率的影响

(d) 活化Fe(Ⅵ)对毒死蜱的氧化反应速率
常数的影响

图 11-9　纯 g-C₃N₄ 和 4 种氧掺杂 g-C₃N₄ 对毒死蜱的吸附及活化 Fe(Ⅵ) 氧化降解毒死蜱效能 [实验条件：pH=8.0（10 mmol/L 硼酸盐缓冲液），[Fe(Ⅵ)]$_0$=100 μmol/L，[催化剂]$_0$=50 mg/L，[毒死蜱]$_0$=10 μmol/L，温度为 25 ℃]

表 11-5　毒死蜱在不同体系中降解的拟一级反应速率常数（k_{obs}）

样品	黑暗		可见光照射	
	k_{obs}/min^{-1}	R^2	k_{obs}/min^{-1}	R^2
Fe(Ⅵ)	0.113±0.009	0.989	0.342±0.056	0.989
g-C₃N₄/Fe(Ⅵ)	0.127±0.011	0.984	0.451±0.077	0.991
OCN-110/Fe(Ⅵ)	0.168±0.014	0.968	0.607±0.067	0.980
OCN-130/Fe(Ⅵ)	0.239±0.015	0.973	1.278±0.116	0.993
OCN-150/Fe(Ⅵ)	0.144±0.016	0.972	0.505±0.076	0.994
OCN-170/Fe(Ⅵ)	0.121±0.013	0.988	0.373±0.093	0.991

当体系处于可见光照射环境中时，所有体系的反应速率都有了明显的提升。经过比较可知，在所有样品中，仍然是 OCN-130 的光活化效果最佳，毒死蜱在 OCN-130/Fe(Ⅵ)/可见光体系中降解的 k_{obs} 值高达 1.278 min^{-1}，约为 Fe(Ⅵ)/可见光体系中的 3.7 倍、g-C₃N₄/Fe(Ⅵ)/可见光体系中的 2.8 倍。效能测试的结果说明，可见光照射对于氧掺杂 g-C₃N₄ 活化 Fe(Ⅵ) 有极大促进作用，氧掺杂 g-C₃N₄ 具备作为 Fe(Ⅵ) 良好光活化剂的潜能，且 130 ℃ 是考察范围内最佳的氧掺杂 g-C₃N₄ 水热改性处理温度，OCN-130 可作为最优材料用于接下来的研究。值得注意的是，Fe(Ⅵ) 单独暴露在光照

下对毒死蜱进行氧化时，虽然体系反应速率提升了，但是毒死蜱最终的去除率却相较于对应的黑暗条件下的实验结果低，这可能是因为光照不仅可促进 Fe(Ⅵ) 往 Fe(Ⅳ/Ⅴ) 转化，也可促进其与水反应生成 Fe(Ⅲ) 而损耗，从而导致体系不具备持续氧化能力。相较而言，OCN-130/Fe(Ⅵ)/可见光体系没有类似问题，这意味着 OCN-130 的光生电子对 Fe(Ⅵ) 的利用效率可能较高。

11.3.2　活化剂投加量的影响

在选定 OCN-130 为最优活化剂后，我们针对其投加量进行了进一步优化，考察了在不同 OCN-130 投加量条件下毒死蜱在 OCN/Fe(Ⅵ)/可见光体系中的降解去除率，其结果如图 11-10 所示。可以看出，在 OCN-130 投加量为 0~50 mg/L 之间，毒死蜱在体系中的去除率随着活化剂投加量的增加而逐渐增大，继续增其投加量至 100 mg/L 时，其对应的去除率增大幅度已很小，并且其 k_{obs} 值（如表 11-6 所示）也仅仅从 1.278 min^{-1} 增加至 1.314 min^{-1}，提升幅度有限。而当活化剂投加量增加至 200 mg/L 时，毒死蜱的去除率却明显下降，对应的 k_{obs} 也降低至 0.842 min^{-1}，这可能是因为活化剂浓度过高致使生成的中间态活性 Fe 增多，而 Fe(Ⅳ/Ⅴ) 在浓度超过一定限度时会出现明显的自淬灭，从而导致体系氧化性降低。综合实验结果来看，体系的最优活化剂投加量应选择 50 mg/L。

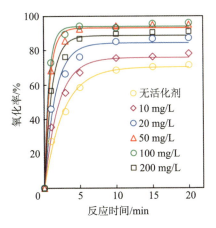

图 11-10　不同活化剂投加量对毒死蜱在 OCN-130/Fe(Ⅵ)/可见光体系中降解效能的影响 ［实验条件：pH=8.0（10 mmol/L 硼酸盐缓冲液），［Fe(Ⅵ)］$_0$=100 μmol/L，［毒死蜱］$_0$=10 μmol/L，温度为 25 ℃]

表 11-6　不同活化剂投加量下毒死蜱降解的拟一级动力学反应速率常数（k_{obs}）

投加量/（mg·L^{-1}）	OCN-130/Fe(Ⅵ)/可见光		Fe(Ⅵ)/CaSO$_3$	
	k_{obs}/min^{-1}	R^2	k_{obs}/min^{-1}	R^2
0	0.342±0.056	0.989	0.113±0.009	0.989
10	0.501±0.055	0.986	0.520±0.074	0.976
20	0.637±0.089	0.979	0.911±0.149	0.975
50	1.278±0.116	0.993	1.322±0.083	0.997
100	1.314±0.098	0.996	1.699±0.118	0.991
200	0.842±0.106	0.988	1.703±0.138	0.993

11.3.3　其他体系的比较

为了全面地评估 OCN-130/Fe(Ⅵ)/可见光体系的氧化降解能力，将其与传统的 Fe(Ⅵ)/SO$_3^{2-}$ 及 Fe(Ⅵ)/CaSO$_3$ 活化体系进行横向比较。图 11-11a 为在不同 CaSO$_3$ 投加量下毒死蜱在 Fe(Ⅵ)/CaSO$_3$ 体系中对应的氧化去除率，相应的 k_{obs} 值一并列在表 11-6 中，以便与本研究的 OCN-130/Fe(Ⅵ)/可见光体系进行比较。可以看出，作为一种被公认的高性能 Fe(Ⅵ) 非均相活化剂，相比于 OCN-130，Fe(Ⅵ)/CaSO$_3$ 体系达到相同活化效果时 CaSO$_3$ 的投加量更小，如同样在 20 mg/L 的投加量下，Fe(Ⅵ)/CaSO$_3$ 体系中毒死蜱降解的 k_{obs} 为 0.911 min^{-1}，而 20 mg/L OCN-130 在光照下对应的 k_{obs} 仅有 0.637 min^{-1}，并且随着投加量的进一步增加，CaSO$_3$ 的活化效能仅仅是表现出瓶颈，并没有出现如 OCN-130 表现出的效能降低。然而，虽然 CaSO$_3$ 名义上是非均相活化剂，但活化过程的本质其实是 SO$_3^{2-}$ 的缓慢溶出，其本身是在逐渐消耗且无法实现回收复用的；并且在其 50 mg/L 的最佳投加量条件下，与相同活化剂投加量的 OCN-130/Fe(Ⅵ)/可见光体系相比，毒死蜱的去除率及反应的 k_{obs} 也接近，因此只要控制得当，OCN-130/Fe(Ⅵ)/可见光体系完全可以比 Fe(Ⅵ)/CaSO$_3$ 更具优势。毒死蜱在均相 Fe(Ⅵ)/SO$_3^{2-}$ 体系下的降解效果及其反应速率常数如图 11-11b 所示，可以发现与之 3.587 min^{-1} 的 k_{obs} 相比，OCN-130/Fe(Ⅵ)/可见光体系在活化效率上还是远不及的，但是作为一种非均相体系，一味追求与均相体系近似的 k_{obs} 也是不现实的。

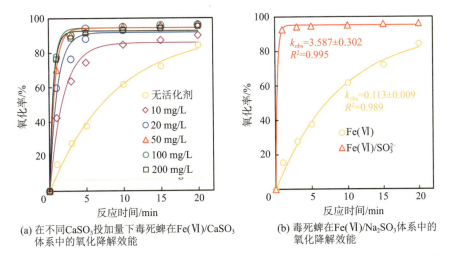

(a) 在不同CaSO₃投加量下毒死蜱在Fe(Ⅵ)/CaSO₃
体系中的氧化降解效能

(b) 毒死蜱在Fe(Ⅵ)/Na₂SO₃体系中的
氧化降解效能

图 11-11　毒死蜱在不同 CaSO₃ 投加量 Fe(Ⅵ)/CaSO₃ 体系和在 Fe(Ⅵ)/Na₂SO₃ 体系中的氧化降解效能 [实验条件：pH = 8.0（10 mmol/L 硼酸盐缓冲液），[Fe(Ⅵ)]₀ = 100 μmol/L，[OCN−130]₀ = [CaSO₃]₀ = 50 mg/L，[Na₂SO₃]₀ = 50 μmol/L，[毒死蜱]₀ = 10 μmol/L，温度为 25 ℃]

11.4　强化光催化体系的机理

11.4.1　体系活性氧物种的鉴定

我们使用电子顺磁共振（ESR）对 OCN/Fe(Ⅵ)/可见光体系中可能存在的活性氧物种种类进行定性分析，Fe(Ⅵ) 溶液、OCN/Fe(Ⅵ) 以及 OCN/Fe(Ⅵ)/可见光体系在有捕获剂存在时的 ESR 谱图如图 11-12 所示。可以发现，OCN/Fe(Ⅵ) 和 OCN/Fe(Ⅵ)/可见光体系中的活性氧物种种类与纯 Fe(Ⅵ) 溶液中的基本相同，这些物种的信号峰包括与磁场中心对称的强度比为 1:2:2:1 的羟基自由基（·OH）共振峰，位于 ·OH 自旋信号间；由五价铁自旋变形 [Fe(Ⅴ)══O ⟶ Fe(Ⅳ)—O·] 产生的更为低矮的连续 7 个单电子信号峰；以及单线态氧（¹O₂）的三重信号峰。除 Fe(Ⅴ) 外，Fe(Ⅵ) 溶液中存在 ·OH 和 ¹O₂ 其实并不奇怪，之前的研究已经证实，Fe(Ⅵ) 与水反应会产生 H_2O_2，H_2O_2 与 Fe(Ⅵ) 的还原产物 Fe(Ⅱ/Ⅲ) 作用，引发类 Fenton 反应即产生 ·OH，生成的 ·OH 再进一步与溶解氧作用生成 ¹O₂。此外，OCN/Fe(Ⅵ)/可见光体系中 ·OH 和

Fe(Ⅳ)—O·的自旋信号强度有了明显增强，这说明可见光条件下 OCN 对 Fe(Ⅵ) 还原产生 Fe(Ⅳ/Ⅴ) 有促进作用。虽然多种活性氧物种在体系中存在已被证实，但体系中哪一类活性氧物种对氧化降解起关键性作用还需要进一步探究。此外需要说明的是，虽然 ESR 没有检测到超氧自由基（·O_2^-)，但在一般碱性环境中，·OH 与 ·O_2^-可相互转化，因此在接下来的研究中需考察·O_2^-的作用。

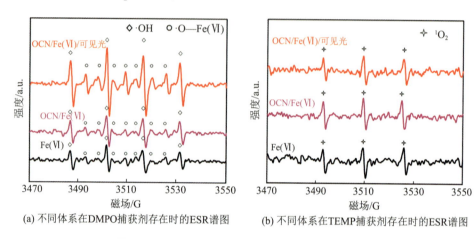

(a) 不同体系在DMPO捕获剂存在时的ESR谱图 (b) 不同体系在TEMP捕获剂存在时的ESR谱图

图 11-12   不同捕获剂存在时各体系的 ESR 谱图

11.4.2   淬灭实验

为了确认体系中哪一种活性氧物种对毒死蜱氧化降解起关键性作用，我们设计并开展淬灭实验。选用邻苯二甲酸二钠盐（STP）、对苯醌（BQ）、色氨酸（tryptophan）和甲基苯基亚砜（PMSO）分别作为·OH、·O_2^-、$^1O_2$ 和 Fe(Ⅳ/Ⅴ) 的淬灭剂，分别考察在某种淬灭剂存在时 OCN/Fe(Ⅵ) 及 OCN/Fe(Ⅵ)/可见光体系中毒死蜱的去除率，其结果如图 11-13 所示，相关动力学拟合参数列在表 11-7 中。从结果可以看出，无论是在黑暗条件下还是在可见光照射下，体系对于毒死蜱的氧化降解效能并没有因 STP 及 BQ 存在而受影响，这说明·OH 和·O_2^-不是起关键性作用的活性氧物种，其没有参与毒死蜱的降解。相较而言，体系中色氨酸及 PMSO 的添加则造成降解率降低，其中色氨酸的影响略轻微，其加入后毒死蜱在黑暗和光照下降解的 k_{obs} 分别从 0.239 min^{-1} 和 1.278 min^{-1} 下降至 0.209 min^{-1} 和 0.791 min^{-1}；而 PMSO 的加入则造成毒死蜱氧化速率大幅降低，其在黑暗和光照下降解的 k_{obs} 降低至仅有 0.097 min^{-1}和 0.229 min^{-1}。

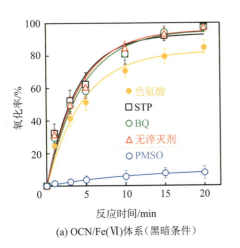

(a) OCN/Fe(Ⅵ)体系（黑暗条件）

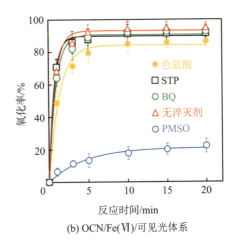

(b) OCN/Fe(Ⅵ)/可见光体系

图 11-13　不同淬灭剂存在时毒死蜱在 OCN/Fe(Ⅵ) 和 OCN/Fe(Ⅵ)/可见光体系中的降解效能

表 11-7　不同淬灭剂存在时毒死蜱降解的拟一级动力学反应速率常数（k_{obs}）

淬灭剂	OCN/Fe(Ⅵ)		OCN/Fe(Ⅵ)/可见光	
	k_{obs}/min^{-1}	R^2	k_{obs}/min^{-1}	R^2
无	0.239±0.015	0.973	1.278±0.116	0.993
STP	0.261±0.043	0.966	1.389±0.104	0.996
BQ	0.223±0.034	0.971	1.170±0.120	0.991
色氨酸	0.209±0.019	0.978	0.791±0.065	0.990
PMSO	0.097±0.017	0.985	0.229±0.033	0.970

　　然而，仅凭上述淬灭反应的结果就断定 OCN/Fe(Ⅵ)/可见光体系对毒死蜱的氧化是由单线态氧和中间态 Fe(Ⅳ/Ⅴ) 共同作用引起的是失之偏颇的。这是因为包括 Fe(Ⅵ) 本身在内的高价铁都可以直接氧化色氨酸，因此加入色氨酸后毒死蜱降解率降低不一定是由色氨酸对$^1O_2$的淬灭作用引起的，还有可能是 Fe(Ⅵ) 被竞争消耗了。为了验证哪个猜想是正确的，我们考察了在 PMSO 与色氨酸共存的情况下毒死蜱的去除率，并与 PMSO 单独淬灭的效果进行比较，其结果如图 11-14 所示。可以看出，不管是在光照还是黑暗条件下，当 PMSO 与色氨酸在体系中共存时，相比于 PMSO 单独存在时，毒死蜱的去除率并没有明显降低，这说明之前单独添加色氨酸时导致的效能

下降应该是由色氨酸与毒死蜱的竞争效应造成的，$^1O_2$并没有参与氧化降解过程，体系中真正对毒死蜱起氧化降解作用的活性氧物种是中间态的高价铁 Fe（Ⅳ/Ⅴ）。

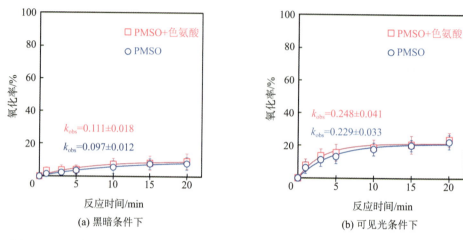

图 11-14　黑暗条件和可见光条件下色氨酸与 PMSO 共存及 PMSO 单独存在时毒死蜱的降解效能

11.4.3　降解产物分析

　　为了进一步验证中间态的高价铁是否是 OCN/Fe（Ⅵ）/可见光体系中对毒死蜱降解起唯一作用的活性氧物种，我们对反应后的溶液进行 UPLC-Q-TOF-MS 检测，分析毒死蜱的降解产物，其检测样品的二级质谱图如图 11-15 所示，推断出的对应降解产物信息如表 11-8 所示。可以看出，包括毒死蜱本身在内一共有 6 种有机物在体系反应后的残余溶液中被检出，如表 11-8 中 P1—P5 所示。通过与之前毒死蜱的氧化降解相关研究中报道的降解产物比较可知[9-10]，除本体外的 5 种降解产物和 Fe（Ⅵ）溶液单独氧化毒死蜱时的检出结果是一致的。进一步比较发现，毒死蜱在·OH 或者·O_2^-等自由基体系中的氧化产物除以上 5 种外，还有如表 11-8 所示的 3 种额外产物（P6—P8），这 3 种物质是毒死蜱结构中心含 N 六元环开环的产物，为无选择性的自由基体系所独有，而该氧化开环过程无法被 Fe（Ⅵ）溶液所实现。从检出结果看，OCN/Fe（Ⅵ）/可见光体系并没有检出这 3 种物质，侧面证明该体系中毒死蜱的氧化并没有自由基的参与，而仅与中间态 Fe（Ⅳ/Ⅴ）有关，这与淬灭实验的结果是一致的。

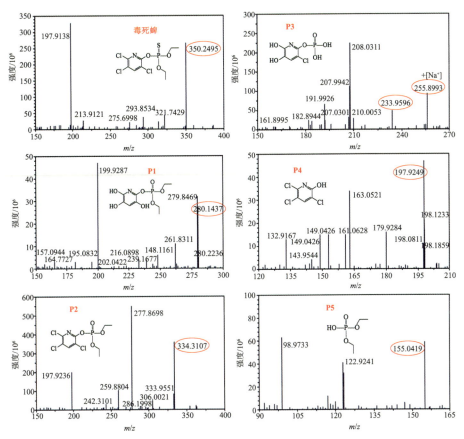

图 11-15　OCN/Fe(Ⅵ) 及 OCN/Fe(Ⅵ) 可见光体系反应后溶液中检出的部分物质二级质谱图

根据检出的降解产物推断出毒死蜱在 OCN/Fe(Ⅵ)/可见光体系中的氧化降解路径如图 11-16 所示。当反应开始时，毒死蜱上的 S 会首先受到攻击而脱落下来，原有的硫代磷酸酯基团转化为磷酸酯基团，生成 P2；之后，P2 会发生水解，向 2 条路径转化，一是六元 N 杂环上的 Cl 原子会发生水解，生成 P1，即产生类酚羟基，二是六元 N 杂环磷酸酯水解，生成 P4 并脱落 1 分子的磷酸。水解是毒死蜱降解的最重要的一步，标志着其毒性的消除，一般来说，P2 水解的 2 条路径会同时发生，暂不清楚外界条件对其是否有倾向性选择。此外，生成的 P1 杂环上的磷酸氢酯基团还会进一步发生水解生成 P3。可以看出，整个降解路径比较简单，与之前研究报道的毒死蜱在纯 Fe(Ⅵ) 中的降解基本一致[10]，因此可以断定 OCN/Fe(Ⅵ)/可见光体系中起关键性作用的活性氧物种也应与原 Fe(Ⅵ) 相同，为 Fe(Ⅳ/Ⅴ)。

表 11-8 UPLC-Q-TOF-MS 结果分析及毒死蜱在不同体系中氧化降解产物的对比

化合物	化学结构	R_t/min	分子式	观测的 m/z	计算的 m/z	Fe(Ⅵ)	OCN/Fe(Ⅵ)
毒死蜱		11.43	$C_9H_{11}Cl_3NO_3PS$	350.2495	350.2436	Yes	Yes
P1		9.19	$C_9H_{14}NO_7P$	280.1437	280.1481	Yes	Yes
P2		10.76	$C_9H_{11}Cl_3NO_4P$	334.3107	334.3164	Yes	Yes
P3		3.27	$C_5H_6NO_7P$	233.9596	233.9555	Yes	Yes
P4		10.42	$C_5H_2Cl_3NO$	197.9249	197.9275	Yes	Yes
P5		7.48	$C_4H_{11}O_4P$	155.0419	155.0468	Yes	Yes
P6		—	$C_3H_3Cl_2NO$	—	139.9441	No	No
P7		—	$C_3H_5NO_3$	—	103.0435	No	No
P8		—	$C_3H_4O_4$	—	104.0354	No	No

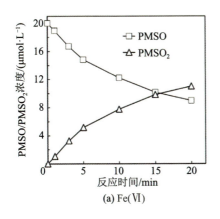

图 11-16　毒死蜱在 OCN/Fe(Ⅵ)/可见光体系中可能的降解路径

11.4.4　Fe(Ⅳ/Ⅴ/Ⅵ) 在氧化降解过程中的作用

　　淬灭实验和降解产物分析的结果证实了中间态的 Fe(Ⅳ/Ⅴ) 是 OCN/Fe(Ⅵ)/可见光体系中的关键性活性氧物种，但是没有进一步区分出Fe(Ⅳ) 和 Fe(Ⅴ) 各自对于降解反应的贡献度，也没能阐释 OCN/Fe(Ⅵ)/可见光体系是否可以实现选择性活化生成 Fe(Ⅴ)，为此我们选用 PMSO 作探针进行进一步探究。图 11-17 所示为在 Fe(Ⅵ) 溶液、OCN/Fe(Ⅵ) 及 OCN/Fe(Ⅵ)/可见光体系中，PMSO 与 Fe(Ⅳ/Ⅴ/Ⅵ) 结合生成 PMSO$_2$的过程中，PMSO 与 PMSO$_2$浓度随时间变化的情况。

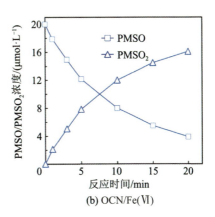

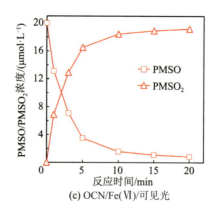

图 11-17 Fe(Ⅵ)、OCN/Fe(Ⅵ) 及 OCN/Fe(Ⅵ)/可见光体系中 PMSO 氧化和 PMSO₂ 的生成

从结果可以看出，相比于 Fe(Ⅵ)，OCN/Fe(Ⅵ) 体系中 PMSO 浓度减小及 PMSO₂ 浓度增大的速率均更大，二者等浓度点为 7.5 min，而处于可见光下二者的反应速率又进一步加快，等浓度点为 2.3 min。由于 1 分子 PMSO 生成 PMSO₂ 的过程中消耗等分子数的高价铁，因此可以认为 OCN/Fe(Ⅵ)/可见光体系中拥有的更高氧化能力的中间态铁的浓度大于 OCN/Fe(Ⅵ)，更大于 Fe(Ⅵ)。由于氧化性 Fe(Ⅴ)>Fe(Ⅳ)>Fe(Ⅵ)，所以可以认为 OCN/Fe(Ⅵ)/可见光体系中 Fe(Ⅴ) 的浓度是最大的，但这还需要进一步定量说明。我们基于实际的实验数据点，借助 Kintecus 软件对 Fe(Ⅵ)、OCN/Fe(Ⅵ) 及 OCN/Fe(Ⅵ)/可见光体系中 PMSO₂ 的生成浓度曲线进行拟合，体系的拟合模型如式（11-1）所示，拟合结果如图 11-18 所示，涉及的所有反应方程式如表 11-9 所示。

$$-\ln\left(\frac{[\text{PMSO}]}{[\text{PMSO}]_0}\right) = k_{\text{Fe(Ⅵ)}}\int_0^t [\text{Fe(Ⅵ)}]\mathrm{d}t + k_{\text{Fe(Ⅴ)}}\int_0^t [\text{Fe(Ⅴ)}]\mathrm{d}t +$$

$$k_{\text{Fe(Ⅳ)}}\int_0^t [\text{Fe(Ⅳ)}]\mathrm{d}t \tag{11-1}$$

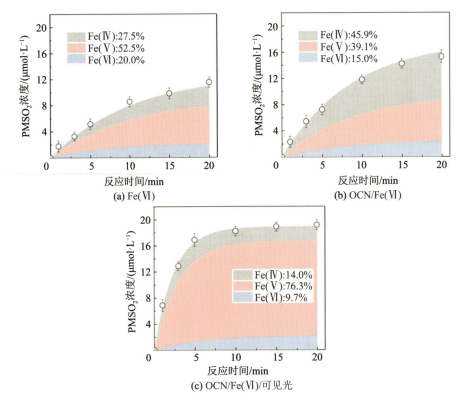

图 11-18　Fe（Ⅵ）、OCN/Fe（Ⅵ）及 OCN/Fe（Ⅵ）/可见光体系中 Fe（Ⅳ）、Fe（Ⅴ）、Fe（Ⅵ）分别对 PMSO 氧化的贡献

从图 11-18 中可以看出，从 Fe（Ⅵ）到 OCN/Fe（Ⅵ）再到 OCN/Fe（Ⅵ）/可见光体系，$PMSO_2$ 的最终生成浓度均增加。在 Fe（Ⅵ）溶液中，Fe（Ⅳ）、Fe（Ⅴ）和 Fe（Ⅵ）对 PMSO 氧化生成 $PMSO_2$ 的贡献度分别是 27.5%、52.5% 和 20.0%，在 OCN/Fe（Ⅵ）体系中则分别为 45.9%、39.1% 和 15.0%，这说明 OCN 的加入提高了 Fe（Ⅳ）的产量，使得此时 Fe（Ⅳ）对氧化过程的贡献度增加。而在 OCN/Fe（Ⅵ）/可见光体系中，Fe（Ⅳ）、Fe（Ⅴ）和 Fe（Ⅵ）的贡献度分别变成了 14.0%、76.3% 和 9.7%，从该数据就可以断定该体系中对氧化降解过程起主导作用的活性氧物种为 Fe（Ⅴ）。并且，从光照介入后体系氧化性增强，以及 Fe（Ⅴ）对氧化过程的贡献度明显最大这两个事实可以推断，OCN 在可见光下活化 Fe（Ⅵ）可以选择性地生成 Fe（Ⅴ），这使得该体系氧化性相较于之前的活化体系大大增强。

表 11-9 PMSO 在 Fe(Ⅵ)、OCN/Fe(Ⅵ) 及 OCN/Fe(Ⅵ)/可见光体系中可能的反应

序号	反应	k（pH=8）/(mol^{-1}·s^{-1})
R1	$OCN+Fe(Ⅵ) \longrightarrow Fe(Ⅳ)+OCN-1$	$3.16×10^1$
R2	$OCN+Fe(Ⅵ) \longrightarrow Fe(Ⅴ)+OCN-2$	$1.14×10^3$
R3	$Fe(Ⅵ)+4H_2O \longrightarrow Fe(Ⅳ)+H_2O_2$	$4.05×10^0$
R4	$Fe(Ⅵ)+H_2O_2 \longrightarrow Fe(Ⅳ)+O_2$	$2.12×10^1$
R5	$Fe(Ⅳ)+H_2O_2 \longrightarrow Fe(OH)_2+O_2$	10^4
R6	$Fe(Ⅳ) \longrightarrow Fe(OH)_3+O_2+H_2O_2$	10^6
R7	$Fe(Ⅵ)+Fe(OH)_2 \longrightarrow Fe(Ⅴ)+Fe(OH)_3$	10^7
R8	$Fe(Ⅴ)+2H_2O \longrightarrow Fe(OH)_3+H_2O_2$	$1.94×10^7$
R9	$Fe(Ⅴ)+H_2O_2 \longrightarrow Fe(OH)_3+O_2$	$5.07×10^5$
R10	$OCN+Fe(Ⅴ) \longrightarrow Fe(OH)_3+OCN-3$	$7.26×10^1$
R11	$Fe(Ⅵ)+PMSO \longrightarrow Fe(Ⅳ)+PMSO_2$	$3.75×10^0$
R12	$Fe(Ⅴ)+PMSO \longrightarrow Fe(OH)_3+PMSO_2$	$7.79×10^6$
R13	$Fe(Ⅳ)+PMSO \longrightarrow Fe(OH)_2+PMSO_2$	$2.58×10^3$

11.4.5 活性位点的初判

氧掺杂 g-C$_3$N$_4$ 光活化 Fe(Ⅵ) 可以选择性生成大量 Fe(Ⅴ)，说明在此体系中光生电子的利用率高，其深层原因可能有 2 个：一是氧掺杂 g-C$_3$N$_4$ 材料本身光电性能优异，产生的空穴-电子对其分离-复合性能良好，有大量光生电子可被利用；二是氧掺杂 g-C$_3$N$_4$ 表面的特定位点可以实现光生电子向 Fe(Ⅵ) 的定向高效传输。首先对第一种猜想进行验证，从图 11-19 的结果可以看出，连同纯 g-C$_3$N$_4$ 在内的 5 个样品中拥有最佳光电性能的是 OCN-150，其能带宽度（2.57 eV）是最小的，荧光发射强度是最低的，量子寿命 2.64±0.12 ns 也是最长的，然而实际却是 OCN-130 活化 Fe(Ⅵ) 的效果最佳。因此可以判定，氧掺杂 g-C$_3$N$_4$ 本身的光电性能并不是其光活化 Fe(Ⅵ) 效能的决定性因素，导致 Fe(Ⅵ) 易于接收光生电子致使其利用效率高的原因应该是氧掺杂 g-C$_3$N$_4$ 上有特殊的活性位点。

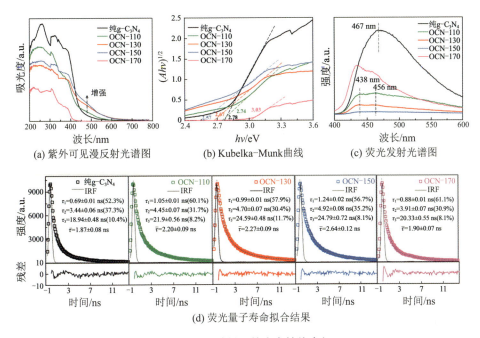

(a) 紫外可见漫反射光谱图　　(b) Kubelka-Munk曲线　　(c) 荧光发射光谱图

(d) 荧光量子寿命拟合结果

图 11-19　5 种样品的光电性能表征

活性位点对 Fe(Ⅵ) 光生电子利用率的影响可以从图 11-20 所示的电子淬灭实验结果中得到验证。

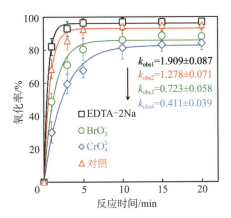

图 11-20　电子淬灭剂溴酸盐和铬酸盐对毒死蜱在 OCN/Fe(Ⅵ)/可见光体系中降解效能的影响

可以看到，在 OCN/Fe(Ⅵ)/可见光体系中加入电子淬灭剂溴酸盐后，体系中毒死蜱的降解速率从 1.278 min^{-1} 下降到了 0.723 min^{-1}，而加入另一种淬灭剂铬酸盐后，降解速率的下降幅度明显大于溴酸盐，低至 0.411 min^{-1}。

因为 pH = 8 时溴酸盐和铬酸盐氧化电位接近，所以必然不会是与扩散到溶液中的自由电子的竞争作用导致淬灭抑制性存在差异。但是可以发现，铬酸盐的空间结构对称性与 Fe(Ⅵ) 相同，并且此时两者的去质子化程度也相近，因此铬酸盐对氧化降解过程表现出更强的抑制作用归因于其与 Fe(Ⅵ) 之间对界面电子的竞争作用更强。这也从侧面证明，OCN 表面存在着可以与 Fe(Ⅵ) 配位的活性位点，以实现光生电子的高效传递。

一般来说，氧掺杂 g-C$_3$N$_4$ 上典型的活性位点包括各种含氧官能团及氮缺陷空位（V$_N$）。为了初步判定哪些位点在 Fe(Ⅵ) 活化过程中起关键性作用，我们利用 XPS 的表面定量结果，对不同位点的含量与归一化的反应速率常数（$\Delta k_{obs}/S_{BET}$）进行相关性分析，得到的相关系数如表 11-10 所示。可以看出，C/N 的值与 $\Delta k_{obs}/S_{BET}$ 之间并没有明显的相关性，这说明氮缺陷并不是 Fe(Ⅵ) 活化过程的活性位点。同样，C—OH、C—O—C 及—COOH 的 p 值和相关系数也表明它们与 $\Delta k_{obs}/S_{BET}$ 之间没有明显相关性，其并不是 Fe(Ⅵ) 活化过程的活性位点。相比之下，C=O 与 $\Delta k_{obs}/S_{BET}$ 之间无论是在光照（$r = 0.9568$，$p = 0.0107 < 0.05$）还是在黑暗（$r = 0.9831$，$p = 0.0026 < 0.05$）条件下，相关性都非常显著，这说明 C=O 是 Fe(Ⅵ) 活化过程中起关键性作用的活性位点。

表 11-10　归一化的反应速率常数（$\Delta k_{obs}/S_{BET}$）与可能的活性位点间的相关系数

		C/N	C—OH & C—O—C 质量分数	C=O 质量分数	—COOH 质量分数	黑暗条件下 ($\Delta k_{obs}/S_{BET}$)/ [mg·(m^{-2}·min^{-1})]	可见光条件下 ($\Delta k_{obs}/S_{BET}$)/ [mg·(m^{-2}·min^{-1})]
C/N	r	1	0.89417	-0.15075	0.81956	-0.13571	-0.1312
	p 值	—	0.04067	0.80879	0.08947	0.82774	0.83343
C—OH & C—O—C 质量分数	r	0.89417	1	0.02878	0.69196	-0.0248	-0.08116
	p 值	0.04067	—	0.96336	0.19547	0.96842	0.89677
C=O 质量分数	r	-0.15075	0.02878	1	-0.10595	0.98309	0.9568
	p 值	0.80879	0.96336	—	0.86536	0.00263	0.01071
—COOH 质量分数	r	0.81956	0.69196	-0.10595	1	-0.0233	-0.0518
	p 值	0.08947	0.19547	0.86536	—	0.97033	0.93407

续表

		C/N	C—OH & C—O—C 质量分数	C=O 质量分数	—COOH 质量分数	黑暗条件下 $(\Delta k_{obs}/S_{BET})/$ [mg · (m^{-2} · min^{-1})]	可见光条件下 $(\Delta k_{obs}/S_{BET})/$ [mg · (m^{-2} · min^{-1})]
黑暗条件下 $(\Delta k_{obs}/S_{BET})/$ [mg · (m^{-2} · min^{-1})]	r	-0.13571	-0.0248	0.98309	-0.0233	1	0.98723
	p 值	0.82774	0.96842	0.00263	0.97033	—	0.00173
可见光条件下 $(\Delta k_{obs}/S_{BET})/$ [mg · (m^{-2} · min^{-1})]	r	-0.1312	-0.08116	0.9568	-0.0518	0.98723	1
	p 值	0.83343	0.89677	0.01071	0.93407	0.00173	—

接着对 C=O 与 $\Delta k_{obs}/S_{BET}$ 的线性度做回归分析，分析结果如图 11-21 所示。可以看出，无论是在光照（$R^2 = 0.9155$）还是在黑暗（$R^2 = 0.9665$）环境中，C=O 与 $\Delta k_{obs}/S_{BET}$ 之间都呈现出良好的线性正相关关系，说明 OCN 表面的 C=O 对 OCN 活化 Fe（Ⅵ）是很重要的。

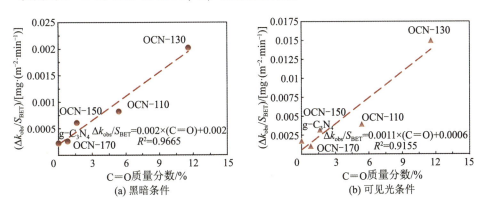

图 11-21　黑暗和可见光条件下 5 种样品中 C=O 质量分数与归一化的反应速率常数（$\Delta k_{obs}/S_{BET}$）间的线性回归曲线

11.4.6　表面定向修饰实验

为了直接确定羰基（C=O）作为活性位点在 Fe（Ⅵ）活化过程中的关键性作用，我们设计了表面定向修饰实验，利用不同的试剂依次处理 OCN，得到仅含有特定官能团的样品，通过检验其活化性能确定关键的官能团，其结果如图 11-22 和表 11-11 所示。首先，将 OCN-130 用 HBr 浸泡处理，得到 OCN-130-HBr 样品，从图 11-22c 可知该样品相较于处理前不再含有 C—O—C，其降解效能曲线及反应速率常数显示，其对于 Fe(Ⅵ) 的活化能力相较于 OCN-130 并无明显变化，这说明 C—O—C 不是活性位点。然后，将 OCN-130-HBr 用草酸溶液浸泡处理，得到新的 OCN-130-HBr-OA 样品。从 C 1s 高分辨 XPS 图的结果可知，OCN-130-HBr-OA 表面的含氧官能团只有 C=O 和—COOH，去除了—OH，而 OCN-130-HBr-OA 对 Fe(Ⅵ) 的活化能力相比于 OCN-130 并无区别，因此可以排除—OH 的作用，活性位点只可能是 C=O 和—COOH 或者其中的一个。

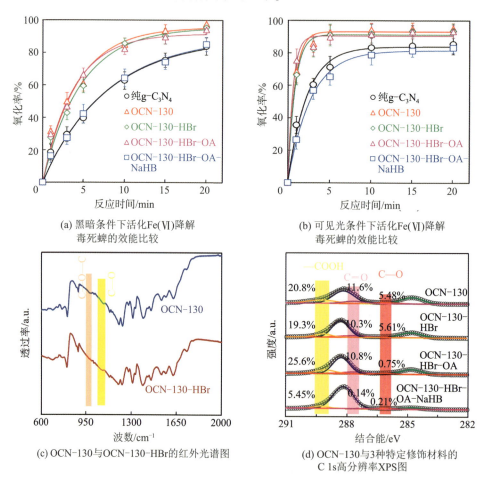

(a) 黑暗条件下活化Fe(Ⅵ)降解
毒死蜱的效能比较

(b) 可见光条件下活化Fe(Ⅵ)降解
毒死蜱的效能比较

(c) OCN-130与OCN-130-HBr的红外光谱图

(d) OCN-130与3种特定修饰材料的
C 1s高分辨率XPS图

图 11-22　经定向修饰的 OCN 活化 Fe(Ⅵ) 降解毒死蜱效能及其红外和 C 1s XPS 图

随后，将 OCN-130-HBr-OA 浸泡在 10 g/L 的 NaBH₄ 溶液中处理，可以发现得到的 OCN-130-HBr-OA-NaHB 样品中仅含有质量分数为 5.45% 的

—COOH 一种含氧官能团，此时它活化 Fe(Ⅵ) 氧化毒死蜱的效能及对应的速率常数均降低至和纯 g-C$_3$N$_4$ 同一水平。虽然—COOH 含量经过 NaBH$_4$ 处理有所降低，但是其含量仍有处理前的四分之一，如果—COOH 对活化 Fe(Ⅵ) 有重要作用，那么 OCN-130-HBr-OA-NaHB 作活化剂时，毒死蜱去除率即使有所降低也不应下降至同纯 g-C$_3$N$_4$ 一样。因此，通过这三组特定表面修饰后样品的活化效能实验可以看出，OCN 表面的—OH、C—O—C 及—COOH 均不是活性位点，真正对活化 Fe(Ⅵ) 起作用的活性位点为 C＝O，该结论与相关性分析所得出的一致。

表 11-11　纯 g-C$_3$N$_4$、OCN-130 及经定向修饰的 OCN 活化 Fe(Ⅵ) 降解毒死蜱的拟一级动力学反应速率常数 (k_{obs})

样品	黑暗条件下		可见光条件下	
	$k_{obs}/\min^{-1}$	R^2	$k_{obs}/\min^{-1}$	R^2
纯 g-C$_3$N$_4$	0.127±0.011	0.984	0.451±0.077	0.991
OCN-130	0.239±0.015	0.973	1.278±0.116	0.993
OCN-130-HBr	0.212±0.032	0.983	1.236±0.093	0.990
OCN-130-HBr-OA	0.250±0.039	0.979	1.170±0.120	0.991
OCN-130-HBr-OA-NaHB	0.126±0.015	0.991	0.507±0.059	0.989

11.4.7　活化过程的 DFT 计算分析

为了直观形象地描述与理解活化过程中 Fe(Ⅵ) 分子在 OCN 上的配位情况，揭示活化的电子转移特征，利用 DFT 对配位模型的静电势、吸附能、晶体轨道哈密顿布居（COHP）及差分电荷密度情况进行模拟计算，其结果如图 11-23 所示。可以看出，高铁酸盐分子中 FeO$_4^{2-}$ 的 T$_d$ 结构 4 个角上的 O 原子有着很高的电荷密度，因此如果要以羰基 C＝O 作为活化位点，FeO$_4^{2-}$ 应该与如图 11-23a 中圈出的羰基 C 原子或者与其相接的邻近 C 原子相结合，此处的电荷密度较小。图 11-23b 为 T$_d$ 构型分子常见的 3 种吸附方式，即单齿吸附、双齿吸附和三角平面吸附，从计算出的吸附能 E_{ads} 大小可以看出，FeO$_4^{2-}$ 以双齿构型与羰基碳及其邻近碳相结合的这种配体最为稳定，其在三者中的吸附能最低，为 -2.91 eV。从图 11-23c 所示的 COHP 分析结果可知，C＝O 的 C 与 FeO$_4^{2-}$ 上的 O 形成配位轨道，对成键有贡献的作用包括各自原子的 s-s，s-p 以及 p-p 轨道相互作用。其中，s-p 轨道杂化作用对成键的贡献最大，在-5.81 eV的键中占了-3.54 eV，在另一个-6.21 eV的键中占了-3.82 eV。图11-23d为配位结构的差分电荷密度结果，图中浅蓝色区域代表与未配位时相比有电子流出区域，黄色则代表流入区域。可以看出，在配位后C=O结构中的O原子，以及邻近的N原子附近的电荷密度均有所降低，同时FeO_4^{2-}四周的O原子电荷密度增加，说明配位后电子流动方向为OCN向Fe(Ⅵ)，这有利于接下来Fe(Ⅵ)的还原反应发生。

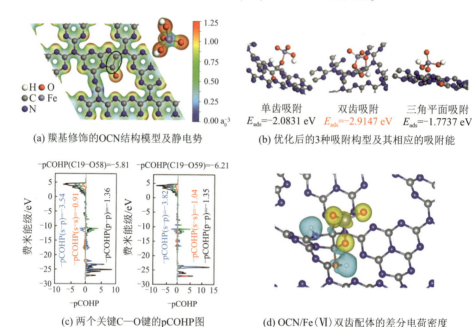

(a) 羰基修饰的OCN结构模型及静电势

(b) 优化后的3种吸附构型及其相应的吸附能

单齿吸附 E_{ads}=-2.0831 eV　双齿吸附 E_{ads}=-2.9147 eV　三角平面吸附 E_{ads}=-1.7737 eV

(c) 两个关键C—O键的pCOHP图

(d) OCN/Fe(Ⅵ)双齿配体的差分电荷密度

图 11-23　活化过程的 DFT 计算

针对黑暗条件下活化过程涉及的结构变化情况，我们采用CI-NEB过渡态搜索进行表面离子迁移路径及能量的计算分析，其结果如图11-24所示。可以看出，活化过程一开始，以双齿构型吸附在OCN羰基附近的FeO_4^{2-}受激发后，其中吸附在羰基C上的Fe—OH键断裂，将O原子留在表面形成TS1；此时体系能量为-0.22 eV，极不稳定，很快，邻近C上的吸附FeO—C键随之断开，释放出Fe(Ⅳ)O_3^{2-}，成为TS2；之后，TS2的表面结构发生重排，形成类似二醇的中间态产物MS，其自由能为-2.36 eV，理论上可以被观测到；接着中间态产物的二醇结构再次重组为羰基形成TS3，这可能与体系处于强氧化态有关；最后，与羰基相连的C与一侧环网断开成为伯碳结束活化，此时体系能量为-3.53 eV，低于活化初始能量。

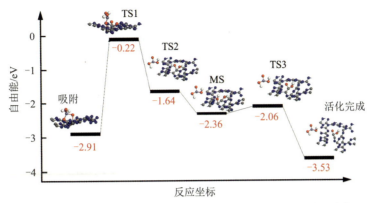

图 11-24　黑暗条件下 OCN 活化 Fe(Ⅵ) 生成 Fe(Ⅳ) 的过渡态

11.4.8　光照/黑暗条件下活化机理的差异

为了探究氧掺杂 g-C$_3$N$_4$ 活化 Fe(Ⅵ) 的机理，使用原位衰减全反射红外光谱（*in-situ* ATR-FTIR）记录 OCN-130 在体系中随反应进行表面化学状态的变化情况。从图 11-25a 中可以发现无论是在黑暗条件下还是在光照条件下，在 985 cm^{-1} 处始终有一个吸收带，该信号为吸附态的 Fe(Ⅵ)，这进一步说明了 Fe(Ⅵ) 可以与 OCN 表面发生配位，活化过程本身是一个界面过程而非发生在溶液中。所不同的是，在黑暗条件下的光谱图中，吸附态 Fe(Ⅵ) 的振动信号随着反应的进行而逐渐增强；而在光照条件下，该信号仅在前 3 min 增强，随后便逐渐减弱至消失，这可能是因为光活化时反应更快导致 Fe(Ⅵ) 被快速消耗。

值得注意的是，在黑暗条件下反应的 OCN 谱图中，吸附态 Fe(Ⅵ) 峰的右侧可以再分出 2 个额外伴峰，分别是位于 970 cm^{-1} 处的 Fe(Ⅳ) 峰和位于 958 cm^{-1} 处的 Fe(Ⅲ) 峰。遗憾的是，Fe(Ⅴ) 并没有被观察到，这可能是因为 Fe(Ⅴ) 的活性太强，与 OCN 的配体寿命太短，或者很快释放到溶液中。然而，吸附态的 Fe(Ⅳ) 和 Fe(Ⅲ) 却没有在光照条件下 OCN 的谱图中被发现，这表明光照会影响活化过程中 Fe 中间态的形式，意味着光照和黑暗条件下 OCN 活化 Fe(Ⅵ) 的机理存在差异。通常情况下，活化过程的差异除了中间态产物不同外，还会体现在活化剂本身位点的不同上，对此我们也对原位谱图中各含氧官能团的特征信号变化情况进行监测，其结果如图 11-25b 所示。可以看出，在黑暗条件下反应时，OCN 谱图中 1385 cm^{-1} 处出现负峰，对应为 C═O 信号，且该负峰的强度随着反应的进行逐渐增加，与此同时，1724 cm⁻¹处对应的 O—C＝O 信号则以正峰形式逐渐增强。然而，在光照条件下并没有观察到 O—C＝O 信号出现变化，C＝O 负峰信号相较于黑暗条件下也弱得多，并且其变化趋势和光照下吸附态 Fe 类似，一开始逐渐增强，5 min 后逐渐减弱至消失。从这样的结果可以推断，在黑暗条件下 C＝O 和 O—C＝O 的含量同步一减一增，意味着 Fe(Ⅵ) 的活化可能是通过将 C＝O 氧化生成新的 O—C＝O，从而自身被还原实现的，因而在黑暗条件下活化过程可能造成活性位点 C＝O 被破坏。相比之下，在有光照时 C＝O 不会损坏，其仅起到向 Fe(Ⅵ) 传输光生电子的作用。

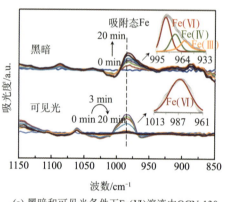

(a) 黑暗和可见光条件下Fe(Ⅵ)溶液中OCN-130
表面吸附的Fe物种的原位红外光谱图

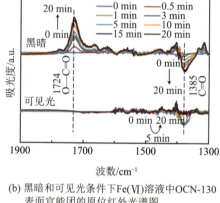

(b) 黑暗和可见光条件下Fe(Ⅵ)溶液中OCN-130
表面官能团的原位红外光谱图

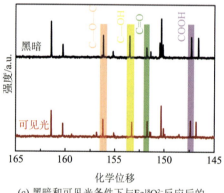

(c) 黑暗和可见光条件下与Fe¹⁸O₄²⁻反应后的
OCN-130的¹³C NMR谱图

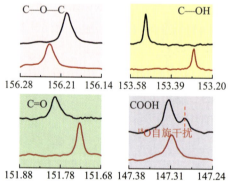

(d) 与高铁酸盐反应后的OCN-130 ¹³C NMR谱图
官能团特征化学位移处的局部放大图

图 11-25　OCN/Fe(Ⅵ)/可见光体系的原位检测分析

为了验证以上关于活化机理的猜想，利用同位素标记的 ¹⁸O-Fe(Ⅵ) 作为被活化对象，对光照和黑暗条件下反应后的 OCN-130 样品进行 ¹³C NMR 分析，其结果如图 11-25c~d 所示。可以看出，在之前的表征中发现的含氧官能团在碳谱中又被进一步地验证，经过比对可知，在化学位移 156.2、153.4、151.8 和 147.3 处的峰所对应的 C 物质分别是 C—O—C、C—OH、C=O 和—COOH。通过对峰位置放大后的谱图进行观察可以发现，仅在黑暗中反应后的 OCN-130 谱图中—COOH 所对应的 147.28 处发现了一个伴随主信号的肩峰，这是结合在同一个羧基 C 上的 ^{18}O 所致的自旋干扰信号，正是 Fe(Ⅵ) 与 OCN 之间存在 O 原子交换的证据。由此也说明，OCN 在黑暗时活化 Fe(Ⅵ) 的过程符合双电子转移机理，即第一步直接还原至 Fe(Ⅳ)。而由于在光照下反应后的样品中没有观察到此干扰，因而 OCN 在光照下活化 Fe(Ⅵ) 的过程符合单电子转移机理，即 Fe(Ⅵ) 接收电子还原至 Fe(Ⅴ)。

　　至此，我们提出了氧掺杂 g-C₃N₄ 活化 Fe(Ⅵ) 的机理，其示意图如图 11-26 所示。

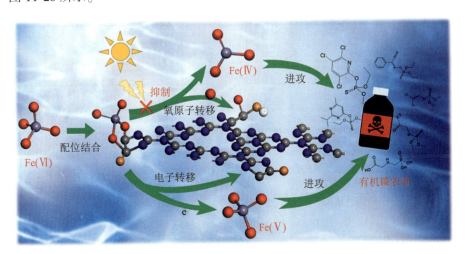

图 11-26　氧掺杂 g-C₃N₄ 活化 Fe(Ⅵ) 的机理示意图

　　如图 11-26 所示，活化是一个界面反应过程，其中氧掺杂 g-C₃N₄ 表面的羰基（C=O）是关键的活性位点，Fe(Ⅵ) 分子需要与其发生配位结合才能被还原活化。光照和黑暗条件下 Fe(Ⅵ) 的活化方式存在差异，在黑暗条件下一些 Fe(Ⅵ) 会通过氧原子转移的方式将羰基氧化为羧基，与此同时，自身被直接还原为吸附态的 Fe(Ⅳ)，吸附态 Fe(Ⅳ) 的寿命较长，因而提升了体系的氧化能力，此时在体系中对氧化降解过程具有主导作用的活性氧物种为 Fe(Ⅳ)。当被可见光照射时，氧原子转移过程会因为大量光生电子的生成而被抑制，此时 Fe(Ⅵ) 依据单电子转移机理得到充足的光生电子而选择性地生成比 Fe(Ⅳ) 氧化性更强的 Fe(Ⅴ)，从而极大地提升体系的氧化能力。可以看出，与黑暗条件下的活化相比，光照不仅可以进一步提升体系的氧化能力，还可以减少活性位点的损坏，从而更有利于活化剂的循环使用，这一点从图 11-27 所示的光照和黑暗条件下 OCN-130 的重复使用效能的实验结果也可以看出。在有光照时，OCN-130 经过 6 次重复使用，体系的反应速率下降得并不多；而在黑暗条件下，OCN-130 第 2 次复用时体系的反应速率即有明显下降。

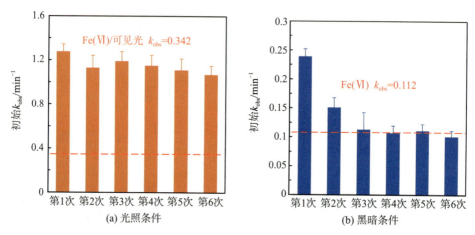

图 11-27　光照和黑暗条件下 OCN-130 重复使用降解毒死蜱的效能

11.5　多种有机磷农药在强化体系中的降解

为了评估 Fe(Ⅵ)/OCN/可见光体系的实际应用潜能，选择本次水质调查中检出的除毒死蜱以外的其他有机磷农药作为目标污染物分别进行氧化降解，逐一比较它们去除率的差异，之后以取回的实际地下水为本底配置 6 种有机磷农药共存的模拟水体，考察体系同时去除多种有机磷农药的效果，实验结果如图 11-28 和图 11-29 所示。

可以看出，Fe(Ⅵ) 对不同有机磷农药的氧化去除效能有很大差异，这是由其自身非自由基属性所决定的，比如其对分子量较大、含有 N 杂环结构的二嗪磷、毒死蜱、辛硫磷的去除效能较好；而对结构饱和且简单的磷酸酯、氨基磷酸类，如敌敌畏和草甘膦的氧化效能很差，甚至不到 20%。相比之下，OCN/Fe(Ⅵ)/可见光体系的效能就好很多，所有的有机磷农药在该体系中的去除率相较于单独 Fe(Ⅵ) 都有提升，并且敌敌畏和草甘膦的去除率提升最多，分别从原有的 37.8% 和 27.2% 提升至了 88.4% 和 83.5%，这证明了 OCN/Fe(Ⅵ)/可见光体系的实用价值。

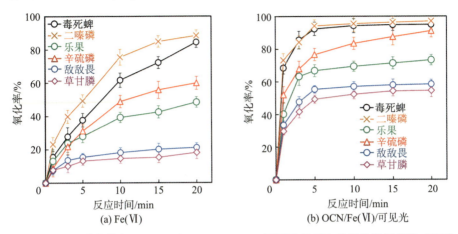

图 11-28　有机磷农药在 Fe(Ⅵ) 和 OCN/Fe(Ⅵ)/可见光体系中的氧化降解效能 [实验条件：pH = 8.0（10 mmol/L 硼酸盐缓冲液），[Fe(Ⅵ)]$_0$ = 100 μmol/L，[活化剂]$_0$ = 50 mg/L，[每种有机磷农药]$_0$ = 10 μmol/L，温度为 25 ℃]

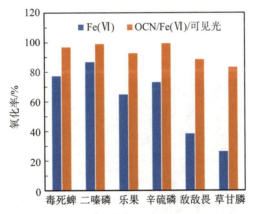

图 11-29　Fe(Ⅵ) 和 OCN/Fe(Ⅵ)/可见光体系在实际水体中 5 min 内氧化降解有机磷农药的效能 [实验条件：[Fe(Ⅵ)]$_0$ = 20 mg/L，[活化剂]$_0$ = 50 mg/L，[每种有机磷农药]$_0$ = 50 μg/L，室温]

11.6　增强型非金属光催化剂的颗粒化及其应用

从上述研究中可知，光照下氧掺杂 g-C$_3$N$_4$ 对高铁酸盐具有高效活化作用，可以选择性地产生大量 Fe(V) 提升体系的氧化性，能够对水中的微量有机磷农药实现良好的去除。但粉体材料在实际水处理装置中是难以直接使用的，因此需要对其进行造粒，以便作为填料装入滤柱。从已有的研究报道可知[7]，氧掺杂 g-C$_3$N$_4$ 除可通过水热改性法制备外，也可采用在前驱体中添加固体氧化剂的一步热聚合法制备，因此出于简化制备流程的考虑，拟采用壳聚糖包裹成型后烧结法一步造粒，所得产物记作碳化壳聚糖-氮化碳复合颗粒（GCCN）。

11.6.1　颗粒的制备

碳化壳聚糖-氮化碳复合颗粒的制备方法如下：首先将尿素、壳聚糖、过硫酸钾三者以 20∶10∶1 的质量比混合，加入 2% 醋酸水溶液中，机械搅拌 2 h 保证其完全溶解，呈均一黏稠的胶状；随后，使用针管或蠕动泵吸取黏液并逐滴加入 5% 氨水溶液中，此时壳聚糖遇碱迅速固化成为球状，待陈化 30 min 后将沉底的粒状物取出，使用清水反复冲洗至洗出液呈中性，接着将其放入烘箱在 60 ℃下烘干 12 h；最后，将烘干后的颗粒放入马弗炉中，以 5 ℃/min 的加热速率升温至 550 ℃，随后保温 4 h，冷却后取出即得目标颗粒。所制备的碳化壳聚糖-氮化碳复合颗粒实物照片如图 11-30 所示，整体呈碳化壳聚糖的黑色，g-C$_3$N$_4$ 的黄色基本被掩盖。

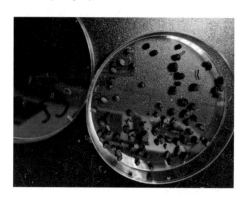

图 11-30　制备好的碳化壳聚糖-氮化碳复合颗粒实物照片

11.6.2　包裹碳化材料的比较

为了准确、全面地评价壳聚糖作为包裹碳化材料，用于一步法烧制碳化壳聚糖-氮化碳复合颗粒的可行性，优选包裹材料，我们采用相同的制备方法，将浆液配方中的壳聚糖分别替换为淀粉、聚乙二醇及卡拉胶，将加热碳化得到的碳化淀粉-氮化碳、碳化聚乙二醇-氮化碳、碳化卡拉胶-氮化碳复合颗粒与碳化壳聚糖-氮化碳复合颗粒分别活化 Fe(Ⅵ) 氧化降解水中有机磷农药并进行效能比较，其结果如图 11-31 所示。从结果可以看出，不同的包裹碳化材料形成的氮化碳复合颗粒，活化 Fe(Ⅵ) 对 6 种有机磷农药的氧化降解效能存在明显差异，其中碳化壳聚糖-氮化碳复合颗粒/Fe(Ⅵ) 催化氧化体系对全部 6 种有机磷农药的去除率均是最高的，这说明在作为包裹材料的同时，碳化后的壳聚糖由于自身一些特有的性质，对催化氧化过程起到了一定的促进作用。

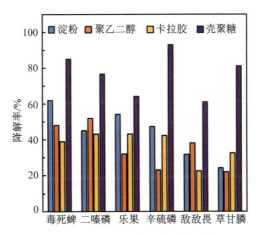

图 11-31　借助 4 种包裹碳化材料制备的氮化碳复合颗粒活化 Fe(Ⅵ) 氧化降解水中有机磷农药的效能

11.6.3　碳化壳聚糖的作用探究

对于任一催化氧化体系，改善最终污染物的氧化降解效果都可以通过提升氧化剂的活化能力或者对污染物的富集能力来实现。比较已有文献与本研究的结论可知[8,11]，单纯的碳化材料活化 Fe(Ⅵ) 的性能远逊于 OCN，因此重点验证了后一种猜想，即通过对污染物的富集能力来实现。首先，考察毒死蜱在不同的碳化物-氮化碳复合颗粒/Fe(Ⅵ) 催化氧化体系中的氧化降解动力学差异，其结果如图 11-32 所示。可以看出，毒死蜱在碳化壳聚糖-氮化碳复合颗粒的催化氧化体系中的去除率最高，而且降解速率也明显更快。相较于碳化淀粉、碳化聚乙二醇和碳化卡拉胶包裹的复合材料展现出的拟一级动力学特征，毒死蜱在碳化壳聚糖-氮化碳体系中的氧化降解表现出更明显的拟二级动力学特点，这意味着体系倾向于发生的是一个局部高浓度的界面过程，目标物在材料附近富集的可能性大。

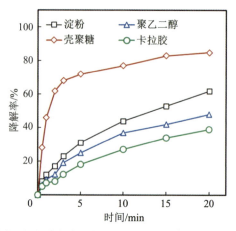

图 11-32 不同的碳化物-氮化碳复合颗粒活化 Fe(Ⅵ) 氧化降解水中毒死蜱的动力学曲线

为了进一步展开验证，制备 4 种包裹材料的单独碳化颗粒，比较它们对 6 种有机磷农药的吸附容量。从图 11-33 所示的结果可以发现，碳化壳聚糖对于全部 6 种有机磷农药的吸附容量明显高于碳化的淀粉、卡拉胶及聚乙二醇。这说明碳化壳聚糖的确可以通过吸附将目标污染物汇集在界面处，然后增强其与活化而成的中间态铁物质的接触，从而与 OCN 形成一个界面富集-催化氧化的协同体系，明显提高了有机磷农药的氧化去除率。而相比于其他碳化物，更良好的吸附富集效果极大可能是得益于其特殊的表面结构。

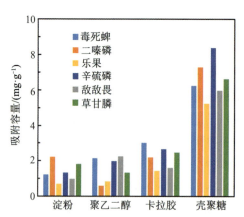

图 11-33 不同的碳化物颗粒对水中 6 种有机磷农药吸附性能的比较

　　为了探究碳化壳聚糖的表面结构组成，从机理上揭示其对界面富集–催化氧化体系的贡献，对碳化淀粉、碳化聚乙二醇、碳化卡拉胶及碳化壳聚糖进行 XPS 表征，其 C 1s 谱图如图 11-34 所示。其中，碳化材料位于结合能 284.8 eV 处的峰可以被进一步细分为 284.5 eV 和 285.2 eV 处的 2 个子峰，前者一般关联碳化材料表面的石墨烯层状结构，而后者则是脂肪碳链结构的信号峰[12]，子峰的峰面积可半定量反映这 2 类结构在碳化材料表面的含量占比。从四者的分峰结果可以看出，碳化淀粉和碳化壳聚糖的表面组成以石墨烯结构碳为主，而碳化聚乙二醇和碳化卡拉胶则是两种表面结构各占一半左右，其中石墨烯结构的占比数碳化壳聚糖表面最高。目前大多数研究表明，石墨烯类材料对于有机磷类非极性化合物有着极高的吸附性能，因此碳化壳聚糖对水中有机磷明显高于其他碳化材料的吸附富集性能应该得益于其表面丰富的类石墨烯层状结构，这可能与壳聚糖本身的糖苷结构在高温碳化过程中得以保留有关[13]。

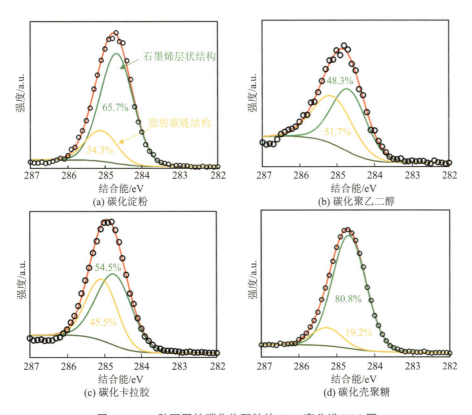

图 11-34　4 种不同的碳化物颗粒的 C 1s 高分辨 XPS 图

11.6.4　连续流催化氧化实验

碳化壳聚糖-氮化碳复合颗粒活化 Fe(Ⅵ) 氧化降解实际地下水中有机磷农药的连续流催化氧化实验，使用与前 2 章中相同的装置来完成。有所区别的是，连续流催化氧化实验需要一个额外的蠕动泵，用于往原水桶出口处不间断地添加高铁酸钾溶液，该高铁酸钾溶液的浓度为 1 g/L，泵入速率为原水泵入滤柱速率的 1/20，实验用水样取自广西某地受污染农田，原水中检出的有机磷农药包括草甘膦、乐果、毒死蜱、敌敌畏、二嗪磷 5 种。

装置运行过程中，每隔 0.5 h 取样并检测滤柱出水中此 5 种有机磷农药的含量，以及对出水的 TOC、总磷和 Fe 离子浓度进行监测。出于比较目的考虑，除使用碳化壳聚糖-氮化碳复合颗粒（GCCN）作填料外，还分别使用碳化壳聚糖颗粒（GCC）以及玻璃珠 [考察纯 Fe(Ⅵ)] 作为对照，装置采用 3 种填料在太阳光下运行 12 h 内的各种有机磷农药以及总磷的变化情况如图 11-35 所示。

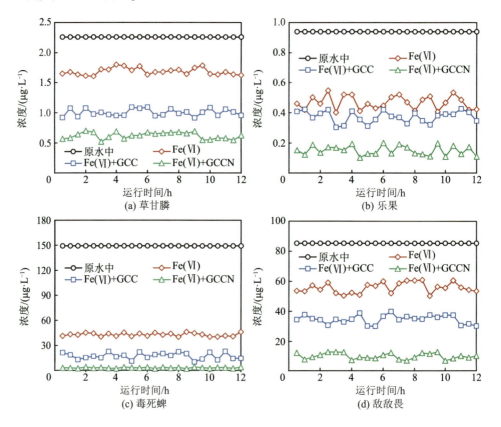

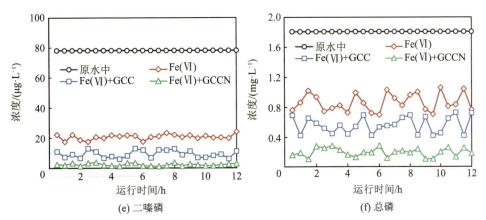

图 11-35　地下水中多种有机磷农药及总磷经 3 种不同填料连续流催化氧化后的残余浓度（实验条件：柱子体积为 10 mL；原水流速为 12 BV/h；氧化剂 Fe(Ⅵ) 流速为 0.6 BV/h，浓度为 1.0 g/L）

　　从结果可以看出，不管是针对水中的哪一种有机磷农药，也不管其在水中含量如何，碳化壳聚糖-氮化碳复合颗粒（GCCN）对其催化氧化效能都是最高的，以 GCCN 为填料运行的滤柱，出水中的目标污染物残余浓度均最低。这是由于 GCCN 中含有对 Fe(Ⅵ) 有高效活化性能的组分氧掺杂 g-C_3N_4，因而可以实现在日光下相较于碳化壳聚糖对 Fe(Ⅵ) 的活化性能的进一步提升，连续流实验的结果也再一次证明了氧掺杂 g-C_3N_4 作为一种 Fe(Ⅵ) 活化剂成分的应用推广价值。并且，由于 Fe(Ⅵ) 的还原产物新生成水铁矿对磷酸盐具有强亲和性，出水中总磷一直处于较低水平。此外，从对原水 TOC 在体系中的去除率以及出水中 Fe 泄漏量的考察结果（图 11-36）可以发现，GCCN 带来的更强的氧化能力对于水中其他有机物的去除也有好处，经其处理后的出水 TOC 值与经 Fe(Ⅵ) 和碳化壳聚糖处理的相比是最低的，这对于进一步提升饮用水水质有一定帮助。此外，碳化材料对于防止 Fe 泄漏也有一定的好处，Fe(Ⅵ) 反应后生成的水铁矿更容易沉积在炭质填料上，不仅可以减少 Fe 排放，还可以作为无机磷酸盐等其他溶解性离子的吸附介质发挥作用。

　　但值得注意的是，沉积在颗粒上的水铁矿有可能造成材料钝化，需要进一步评估。另外，新体系对于敌敌畏的降解效果还没有达到《生活饮用水卫生标准》中的限值要求（低于 1 μg/L），并且针对各有机磷农药降解产物的水质生物毒性还需要通过额外的实验来验证，以确保实际应用的安全性。

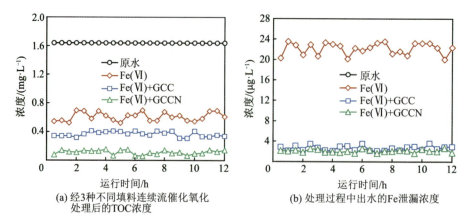

(a) 经3种不同填料连续流催化氧化
处理后的TOC浓度

(b) 处理过程中出水的Fe泄漏浓度

图 11-36 经 3 种不同填料连续流催化氧化处理后的地下水中 TOC 浓度及处理过程中出水的 Fe 泄漏浓度

参考文献

[1] 李宇, 程和发. 有机污染物的高铁酸盐氧化去除强化技术研究进展[J]. 环境科学研究, 2022, 35(6): 1323-1333.

[2] WANG S C, DENG Y, SHAO B B, et al. Three kinetic patterns for the oxidation of emerging organic contaminants by Fe(VI): the critical roles of Fe(V) and Fe(IV)[J]. Environmental Science & Technology, 2021, 55(16): 11338-11347.

[3] ZHU J H, YU F L, MENG J R, et al. Overlooked role of Fe(IV) and Fe(V) in organic contaminant oxidation by Fe(VI)[J]. Environmental Science & Technology, 2020, 54(15): 9702-9710.

[4] SHARMA V K. Ferrate(VI) and ferrate(V) oxidation of organic compounds: kinetics and mechanism[J]. Coordination Chemistry Reviews, 2013, 257(2): 495-510.

[5] SHAO B B, DONG H Y, SUN B, et al. Role of ferrate(IV) and ferrate(V) in activating ferrate(VI) by calcium sulfite for enhanced oxidation of organic contaminants[J]. Environmental Science & Technology, 2018, 53(2): 894-902.

[6] YANG Q F, WANG J, ZHANG W T, et al. Interface engineering of metal or-

ganic framework on graphene oxide with enhanced adsorption capacity for organophosphorus pesticide[J]. Chemical Engineering Journal, 2017,313(1): 19-26.

[7] ZHANG J, XIN B, SHAN C, et al. Roles of oxygen-containing functional groups of O-doped $g-C_3N_4$ in catalytic ozonation: quantitative relationship and first-principles investigation [J]. Applied Catalysis B: Environmental, 2021, 292(53): 120155.

[8] PAN B, FENG M B, MCDONALD T J, et al. Enhanced ferrate(Ⅵ) oxidation of micropollutants in water by carbonaceous materials: elucidating surface functionality[J]. Chemical Engineering Journal, 2020, 398(22): 125607.

[9] SHEIKHI S, DEHGHANZADEH R, ASLANI H. Advanced oxidation processes for chlorpyrifos removal from aqueous solution: a systematic review[J]. Journal of Environmental Health Science and Engineering, 2021, 19(1): 1249-1262.

[10] LIU H X, CHEN J, WU N N, et al. Oxidative degradation of chlorpyrifos using ferrate(Ⅵ): kinetics and reaction mechanism[J]. Ecotoxicology and Environmental Safety, 2019, 170(47): 259-266.

[11] PAN B, FENG M B, QIN J N, et al. Iron(Ⅴ)/iron(Ⅳ) species in graphitic carbon nitride-ferrate(Ⅵ)-visible light system: enhanced oxidation of micropollutants [J]. Chemical Engineering Journal, 2022, 428(227): 132610.

[12] TIAN S Q, WANG L, LIU Y L, et al. Degradation of organic pollutants by ferrate/biochar: enhanced formation of strong intermediate oxidative iron species[J]. Water Research, 2020, 183(30): 116054.

[13] SUN X P, QI H Q, MAO S Q, et al. Atrazine removal by peroxymonosulfate activated with magnetic Co-Fe alloy@ N-doped graphitic carbon encapsulated in chitosan carbonized microspheres[J]. Chemical Engineering Journal, 2021, 423(28): 130169.

第 12 章　光催化膜去除水源水中药物及其衍生物

　　野外作业或参加抢险救灾等行动时，地表水是供水保障任务的重要水源。随着社会经济的发展和居民生活水平的提高，城镇生活污水、集中式处理设施污水以及农村分散点源污废水的排放量均有所增加，由此造成我国地表水源污染的问题日益突出[1]。在我国越来越多的地方，水污染的严重性已经突破了地表水可用与不可用的临界点，一项研究指出，在地表水中检出 68 种抗生素，总体浓度水平与检出频率均较高，其中一些抗生素在珠江、黄浦江等地的检出频率高达 100%，而 ng/L 级别的内分泌干扰物（EDCs）、药品与个人护理品（PPCPs）也被频繁检出[2-3]。此外，如莠去津之类的除草剂、毒死蜱之类的杀虫剂以及有机砷之类的饲料添加剂等新兴污染物，通过径流、淋溶等作用对地表水的污染也日益引起人们的关注[4-5]；化工、电子仪器、矿冶、机械制造等工业生产中产生的重金属废水，存在大量的镉、铜、镍、锌、砷、铅、汞等元素，成为地表水污染的又一重大威胁。环境保护部在《2013 中国环境状况公报》中首次披露了全国 12 个地表水国控断面出现 22 次重金属超标现象，其中以汞和砷的污染程度最为严重，分别占超标频次的 50.0% 和 36.4%。因此，除了富藻和藻有机物污染外，新型有机物及重金属污染是野外净化地表水作业时必须考虑的另一重点。

　　调研发现，在西部偏远的部分人员聚居区内，通过检测用动物排泄物施肥的土地径流，冲洗液中总砷和洛克沙肿的含量分别高达 40 mg/L 和 1.07 mg/L。不仅中国，畜牧业的快速发展及含砷兽药和饲料添加剂的广泛利用已逐渐成为世界范围内农村水源中有机砷污染的重要原因。作为使用最普遍、成本效益最高的饲料添加剂之一，洛克沙肿（ROX，3-硝基-4-羟基苯肿酸）常用于畜牧业中禽畜的促育、球虫性痢疾的治疗及肉类色素沉积的改善。尽管其毒性较低且无法在动物体内充分代谢，但释放到环境的

ROX 可通过自然界中生物或非生物途径转化为毒性更高的无机 As(Ⅲ) 或 As(Ⅴ) 物质[6]。同时，在青海柴达木盆地、都兰县、格尔木市等，西藏藏东、冈底斯、羌塘等成矿带，新疆天山北麓等，天然气、煤炭和有色金属等矿藏资源丰富，冶炼厂和选矿厂较多，矿产的开采、运输及生产废水的排放引起土壤-水体重金属的迁移污染，地表水水质恶化风险加剧。

基于此，本章以去除地表水中新兴污染物和重金属离子为目标，开发一种由卤氧化铋和多巴胺改性的新型双功能膜，该膜具备可见光下有机物降解和重金属吸附的同步去除能力，可作为在应急净水装置开发过程中除反渗透手段外，兼具有毒有机物和有害重金属截留功能的潜在技术选择。本章提出一种光催化剂/聚多巴胺（PDA）改性 PVDF 膜的合成策略，以用于 ROX 在可见光下的催化降解并同时截留光解过程释放的无机砷物种。该双功能膜被首次用于有机砷污染的水处理过程，本节的研究目标包括以下几个方面：① 制备并表征 $BiOCl_{0.875}Br_{0.125}$/PDA 功能化 PVDF 膜（BPMs）；② 以 ROX 模拟地表水中新兴污染物，研究 BPMs 对 ROX 光降解及同时固定所释放无机砷的效能；③ 探索 ROX 降解和砷转化的可能路径，揭示功能膜的作用机理；④ 评估 BPMs 的可重复性及应用于实际水体的可行性；⑤ 调查 BPMs 对其他代表性新兴污染物和重金属离子的去除能力。

12.1　功能化 PVDF 膜（BPMs）的制备及表征

12.1.1　光催化膜的制备

PVDF 基质膜层通过非溶剂诱导相分离法制备。首先制备铸膜液，将 PVDF 粉末（12%）和 PVP（2%）溶解在 N,N-二甲基乙酰胺（DMAC）溶剂中，并置于 60 ℃下搅拌 8 h。然后在真空干燥箱中脱气 6 h 以彻底去除气泡，使用固定高度为 100 μm 的刮刀将铸膜液刮制成膜，立即在室温下将膜浸入水凝固浴中。最后将获得的薄膜剪切成直径为 47 mm 的圆盘状样品备用。

图 12-1 给出了制备 $BiOCl_{0.875}Br_{0.125}$/PDA 功能化 PVDF 膜（BPMs）的流程示意图。首先，将 2 g/L 盐酸多巴胺添加到 10 mmol/L pH 8.5 的 Tris 缓冲液中；然后用乙醇将原始 PVDF 膜润湿后加入上述缓冲液中，并置于空气振荡器中以 150 r/min 的转速振荡 24 h，以使 PDA 充分涂覆在 PVDF 膜上；接

着使用去离子水将 PDA 涂覆的 PVDF（PDA-coated PVDF）膜反复清洗数次以去除不稳定黏结的多巴胺；最后将其在真空干燥箱上干燥，备用。

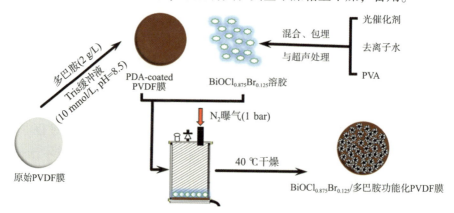

图 12-1　BiOCl$_{0.875}$Br$_{0.125}$/PDA 功能化 PVDF 膜的制备过程示意图

通过充分混合一定量的光催化剂（1~30 mg）、50 mg PVA（聚乙烯醇）和 2 mL 去离子水，制备 BiOCl$_{0.875}$Br$_{0.125}$ 溶胶。把 PDA-coated PVDF 膜固定在死端过滤器上后，将上述溶胶完全注入，然后通过持续鼓入高纯氮气（1 bar=0.1 MPa）压实 15 min。由于 PDA 和 PVA 都具有优异的黏附力，因此 BiOCl$_{0.875}$Br$_{0.125}$ 颗粒可以被稳定地掺合在膜表面。

12.1.2　膜面微观结构和形貌

使用场发射扫描电子显微镜（FESEM）对所制备的原始膜、PDA 涂覆膜和 BiOCl$_{0.875}$Br$_{0.125}$ 掺杂膜的微观结构及形貌分别进行观察，结果如图 12-2 所示。从图 12-2a~b 可以看到，原始基膜在多巴胺溶液中浸渍 24 h 后变为棕褐色并附着了一些可识别的 PDA 纳米微球，其表面无其他重大变化。PDA 和 PVA 被认为在交联和压实过程中起着至关重要的作用[7]。图 12-2c 显示在 PDA 和 PVA 的存在下，分层的 3D 花状 BiOCl$_{0.875}$Br$_{0.125}$ 微粒牢牢地固定在 PDA 涂层上，而 PVA 聚合物也交织在其中。此外，图 12-2d~e 给出了 BPMs 表面的元素映射图及能谱分析图的测试结果，证实 C、N、O、F、Bi、Cl 和 Br 元素均匀地分布在选择区域。另外，PDA 涂覆膜和负载了催化剂的功能膜中，O 和 N 原子的百分含量均远高于原始基膜（图 12-2d 和图 12-3），这说明 PDA 已被成功涂覆在 PVDF 基膜上。进一步地，来自 BiOCl$_{0.875}$Br$_{0.125}$ 微粒较高含量的 Bi、Cl、Br 表明，大量的光催化活性位点暴露在膜表面，有望在可见光辐照下提供优异的光催化降解性能。

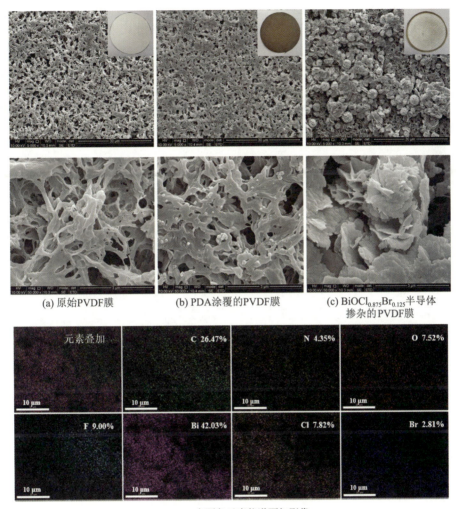

(a) 原始PVDF膜　　(b) PDA涂覆的PVDF膜　　(c) BiOCl$_{0.875}$Br$_{0.125}$半导体掺杂的PVDF膜

(d) BPMs表面各元素能谱面扫影像

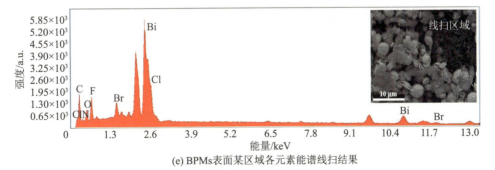

(e) BPMs表面某区域各元素能谱线扫结果

图 12-2　膜表面的场发射扫描电子显微镜图像及能谱扫描结果

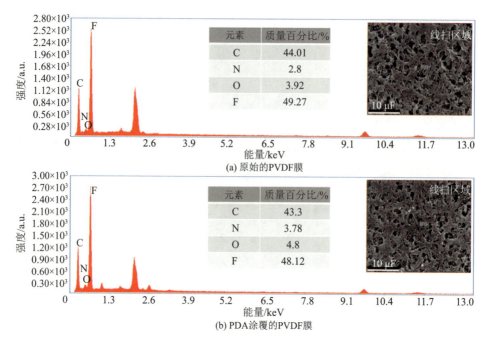

图 12-3　原始的 PVDF 膜和 PDA 涂覆的 PVDF 膜相应的能谱分析图

12.1.3　膜面化学结构和晶相

同时使用 X 射线衍射谱（XRD）、衰减全反射-傅里叶变换红外光谱（ATR-FTIR）、紫外-可见漫反射光谱（DRS）和 X 射线光电子能谱（XPS）进一步调查所制备膜材料的化学组成和晶相，结果如图 12-4 所示。从图 12-4a 可以看到，分别位于 2θ 为 12.04°（001）、25.84°（101）、32.3°（110）、32.4°（102）、40.6°（101）、46°（200）、48.48°（113）、53.9°（211）、58.38°（212）、67.9°（221）和 77.44°（310）的衍射峰，揭示了氯溴氧化铋化合物的良好混合态[8-9]。ATR-FTIR 光谱图（图 12-4b）显示了一个位于 3000～3750 cm^{-1} 之间的宽峰，对应于 PDA 涂层中 N—H 和 O—H 键的振动，并且在 1608 cm^{-1} 处出现一个弱吸收峰，这可归因于 C=C 双键在芳香环中的弹性振动[10]，由此证明多巴胺已被成功涂覆在原始 PVDF 基膜上。特别地，位于 3340 cm^{-1} 处的特征峰指示 O—H 键的存在[11]，与仅涂覆 PDA 的膜样品相比，BPMs 中 O—H 键的峰强度显著提高，这应归因于进一步引入了具有大量羟基基团的 PVA。DRS 的结果表明，PDA 涂覆膜在紫外光区对光的吸收能力比原始基膜强得多，但在可见光区无明显改善（图 12-4c），这和现有文献的研究结果一致。值得注意的是，作为对比，进一步掺入 $BiOCl_{0.875}Br_{0.125}$ 的复合膜在可见光区甚至部分近红外区（400~800 nm）呈现强烈的光吸收作用，暗示着 BPMs 在可见光照射下具有卓著的光催化性能。图 12-4d~e 显示了 XPS 的测量结果，用以揭示所制备膜的表面化学组成。在含有 PDA 涂层的膜表面光谱图中观察到 N 1s 和 O 1s 两个信号，且新峰 Bi 5p、Bi 4f、Bi 4d、Cl 2p 和 Br 3d 的出现归因于 $BiOCl_{0.875}Br_{0.125}$ 的掺入。此外，位于 159.3 eV 和 164.7 eV 处的峰分别对应 $BiOCl_{0.875}Br_{0.125}$ 中 Bi $4f_{7/2}$ 和 Bi $4f_{5/2}$ 的轨道自旋信号。

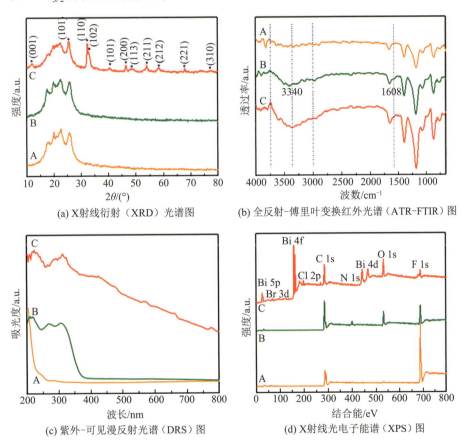

(a) X射线衍射（XRD）光谱图　　(b) 全反射-傅里叶变换红外光谱（ATR-FTIR）图

(c) 紫外-可见漫反射光谱（DRS）图　　(d) X射线光电子能谱（XPS）图

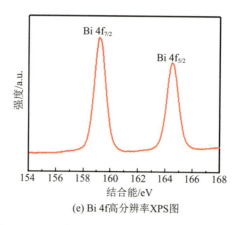

(e) Bi 4f高分辨率XPS图

A—原始的 PVDF 膜；B—PDA 涂覆的 PVDF 膜；C—BiOCl$_{0.875}$Br$_{0.125}$掺杂的 PVDF 膜。

图 12-4　膜样品的光谱表征图（BiOCl$_{0.875}$Br$_{0.125}$负载量为 10 mg）

以上所有表征结果证实了 BiOCl$_{0.875}$Br$_{0.125}$已经成功地固定在 PDA 涂覆的基膜上。众所周知，BiOCl$_{0.875}$Br$_{0.125}$作为一种新颖的可见光催化剂，可以高效降解水中的有机污染物，而原位引入的 PDA 被认为是可以促进光催化过程的良好电子受体。同时，PDA 已被广泛证明能够通过儿茶酚的螯合作用从水溶液中捕获有害的重金属离子。因此，BPMs 有望耦合光催化性能和过滤/吸附功能为一体。

12.2　动态膜过滤/光催化集成工艺处理 ROX 污染水

为了评估所制备膜材料对 ROX 去除的实际适用性，在可见光下使用我们自行设计的装置进行组合膜过滤/光催化的动态循环实验（图 12-5），典型结果如图 12-6 所示。从图 12-6a 可知，当采用原始膜和 PDA 涂覆膜时，均观察到对 ROX 非常低的降解效能，这表明仅在可见光辐照下，ROX 自身无光解现象，进一步涂覆 PDA 层后，对 ROX 的可见光降解效能也无明显促进作用。尽管一般认为 PDA 涂层能够提供一定的可见光吸收和良好的导电性能，可以促进光生电子的分离并强化光催化过程[12-13]，但是本节所做实验未观察到明显的 ROX 降解，这意味着在仅有 PDA 涂层参与的可见光驱动催化体系中，ROX 中的化学键和官能团很难断裂或破坏。然而，当采用BPMs 进行光催化反应时，5 h 后在反应液中未检测出残留的 ROX。在该情形下，发生了由可见光驱动和增强的光催化过程，过程中产生了大量的光生电子和共生自由基。另外，BiOCl$_{0.875}$Br$_{0.125}$ 和 PDA 涂层的协同作用可进一步促进电子−空穴对的分离，这将更有利于 ROX 的降解。此外，使用一阶动力学方程拟合 ROX 降解动力学（图 12-6a）。与直接光解（$k = 0.00258$ h^{-1}）和有 PDA 涂层存在下的光催化降解过程（$k = 0.01234$ h^{-1}）相比，进一步引入 BiOCl$_{0.875}$Br$_{0.125}$ 时诱导的 ROX 强化光催化降解过程的动力学常数显著增加到 0.70285 h^{-1}，这证明了 BPMs 在可见光辐照下具有可被观测到的光催化活性。

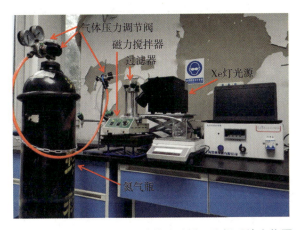

图 12-5　实验所用自行设计的流动循环降解系统实物图

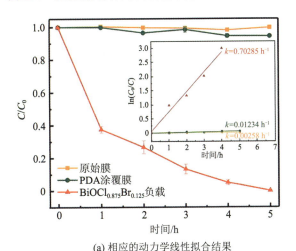

(a) 相应的动力学线性拟合结果

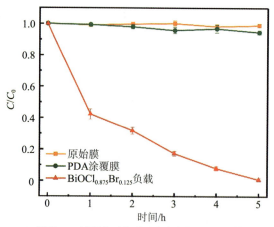

(b) 降解ROX过程中对总砷同步去除的时间-效能曲线

图 12-6 室温且可见光辐照（$\lambda > 420$ nm）条件下流动循环降解/吸附系统中不同膜样品对 ROX 的降解效能 [实验条件：反应时间为 5 h，初始 ROX 浓度为 17.5 mg/L（5 mg As/L），初始 pH 值为 4.50±0.02，$BiOCl_{0.875}Br_{0.125}$ 负载量为 10 mg；误差棒表示标准偏差（$n=3$）]

众所周知，pH 值通常在光催化过程中起着至关重要的作用。上述反应是在初始 pH 值为 4.50 而没有另外调节的情况下发生的，为了探索 pH 值对该光催化过程的影响，进一步调查了其他 pH 条件下 BPMs 的光催化性能（图 12-7）。如图所示，随着 pH 值从 4.50 升高至 8.50，ROX 的降解率表现出轻微的降低。Yang 等[9]曾报道，对于卤氧化铋固溶体，其 Zeta 电位高度依赖于 pH 值，等电点为 1.78 的 $BiOCl_xBr_{1-x}$ 在 pH 范围为 4.50~8.50 时相应具有-25~-43 mV 的表面负电荷。此外，水性介质的 pH 值也会影响 ROX 物质的分布。在化学上，ROX 具有 3 个 pK_a 值（$pK_{a1} = 3.49$，$pK_{a2} = 5.74$，$pK_{a2} = 9.13$）且在不同 pH 条件下有 4 种不同的存在形式（图 12-8），即两性离子型（ROX^0）和 3 种去质子化的形式（ROX^-、ROX^{2-} 和 ROX^{3-}）[14-15]。由于 pH 值的升高进一步促进了 ROX 的去质子化，当环境 pH 值从 4.50 提高到 8.50 时，ROX 携带的负电荷随之增多。从结果来看，虽然产生的阴离子型 ROX 在其芳香环和 As—C 键上具有较高的电子密度而更容易受到众多自由基的攻击，但是 ROX 的降解仍然受到抑制。这表明带负电的 $BiOCl_{0.875}Br_{0.125}$ 和去质子化的 ROX 物质之间逐渐增强的库仑静电排斥效应在该系统中起主要作用。

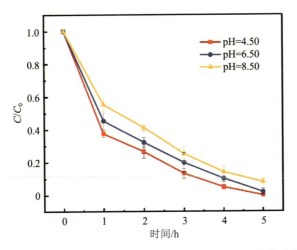

图 12-7　不同 pH 条件下 BPMs 对 ROX 的可见光（λ>420 nm）催化降解效能 ［实验条件：反应时间为 5 h，初始 ROX 浓度为 17.5 mg/L（5 mg As/L），$BiOCl_{0.875}Br_{0.125}$负载量为 10 mg；误差棒表示标准偏差（$n=3$）］

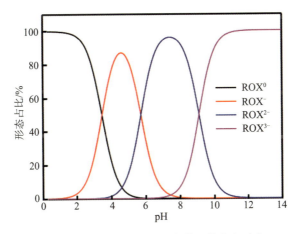

图 12-8　ROX 在不同 pH 条件下的存在形式

　　一般来说，ROX 光催化分解过程中通常伴随着 As—C 键的断裂并从 ROX 分子上分离出 As 基团，这会导致高毒性无机砷物种释放到水中[16]。因此，在 PDA 涂层存在的条件下，通过吸附同步去除释放的无机砷离子是有前途的。从图 12-6b 中可以看到，总砷的去除效能同 ROX 的分解表现出相似的趋势，且在 5 h 反应时间内总砷去除率接近 100%。比较不同反应时间 ROX 分解和总砷之间的数据关系（图 12-6a 和 12-6b）可以发现，一旦 ROX 被降解，As 的吸附过程即迅速发生。该现象可以从以下几个可能性加以解释：① PDA 本身具有对溶液中重金属离子出色的吸附能力[17-18]；② 动态循环流动条件允许 ROX 溶液在膜表面和孔道之间反复快速穿梭，这有助于强化无机砷和 PDA 涂层之间的接触。作为对比，原始及 PDA 涂覆样品对总砷的去除率均不大于 6%，进一步证实 PVDF 膜和 PDA 涂层在长达 5 h 的时间里对 ROX 的直接吸附作用是极其微弱的。因此可以得出，BPMs 能够有效处理 ROX 污染水，可凭借光催化降解、过滤和吸附的协同作用，实现 ROX 及其释放的无机砷物种的同步高效去除。此外，如表 12-1 所示，在该光催化/过滤复合过程后对 As 质量平衡数据进行了核验。结果表明，通过随后的萃取过程回收了浓度为投入砷浓度 98.2% 的砷，可以认为在该光催化反应中砷的质量基本平衡。

表 12-1　BPMs 的光催化/吸附复合过程后 As 质量平衡核验

时间	初始 ROX	反应液中残留的 As	BPMs 解吸附的 As	总 As 实际值	总回收 As
5 h	17.5 mg/L (5 mg As/L)	0.04±0.03 mg/L	4.87±0.08 mg/L	4.91 mg/L	98.2%

12.3　光催化剂负载量的优化

为了探明 $BiOCl_{0.875}Br_{0.125}$ 的最优负载量，综合评估不同负载量膜的 ROX 动态光催化效果、纯水通量及孔隙率。图 12-9 给出了光催化剂负载量对 ROX 降解效能的影响。由图 12-9 可知，随着 BPMs 中光催化剂负载量从 1 mg 提高至 30 mg，ROX 的降解率单调递增。采用负载 1 mg $BiOCl_{0.875}Br_{0.125}$ 的 BPMs 时，ROX 的光催化降解率达到 58.7%，且当负载量提高到 30 mg 时，在 3.5 h 内降解率几乎达到 100%。然而，和负载量为 10 mg 的膜样品相比，进一步增加光催化剂负载量时 ROX 的降解率仅略有提升（5% 以内），这表明可见光驱动的光催化效能主要依赖于暴露于膜表面的有效活性位点。也就是说，当 $BiOCl_{0.875}Br_{0.125}$ 负载量超过 10 mg 时，发生了光催化剂位点的严重覆盖，因此预期的光催化性能无法得到实质性的提高。此外，在典型的基于膜的光降解过程中，相同的接触面积也是限制有机污染物降解反应速率的重要原因[19]。即使 $BiOCl_{0.875}Br_{0.125}$ 可以产生许多光生电子，但由于仅有有限的 ROX 分子可与膜表面上的 $BiOCl_{0.875}Br_{0.125}$/PDA 复合材料接触，因此无法在很大程度上提升其降解效能。

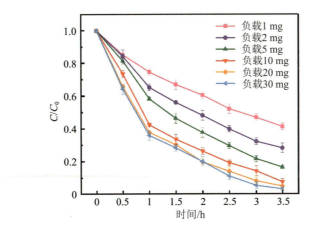

图 12-9　不同 $BiOCl_{0.875}Br_{0.125}$ 负载量下 BPMs 对 ROX 的可见光（$\lambda>420\ nm$）催化降解效能 [实验条件：反应时间为 5 h，初始 ROX 浓度为 17.5 mg/L（5 mg As/L），初始 pH 值为 4.50±0.02；误差棒表示标准偏差（$n=3$）]

　　为了获得充足的光催化位点，尽可能多地负载催化剂可能会导致膜表面或膜体部分孔道堵塞。因此，评估 $BiOCl_{0.875}Br_{0.125}$ 负载量对改性膜过滤效能的影响对于实际应用是十分重要的。图 12-10 显示了不同膜样品（即原始膜、PDA 涂覆膜和负载不同质量 $BiOCl_{0.875}Br_{0.125}$ 的 PVDF 膜）的纯水通量和孔隙率的变化。在 PDA 涂覆膜的过滤过程中观察到最高的纯水通量 $1589.6\ L/(m^2 \cdot h \cdot bar)$，这已超过了原始 PVDF 膜的纯水通量 $1423.9\ L/(m^2 \cdot h \cdot bar)$。但是，PDA 涂层导致膜孔隙率从 87.45% 轻微下降至 87.02%，这说明膜渗透性能的提升主要归因于 PDA 涂层中大量含氧官能团诱导的超亲水性能。当进一步负载 1 mg 光催化剂时，膜的渗透性急剧下降，随着 $BiOCl_{0.875}Br_{0.125}$ 负载量从 1 mg 增大到 30 mg，各 BPMs 的平均纯水通量从 $1069.9\ L/(m^2 \cdot h \cdot bar)$ 降低至 $98.5\ L/(m^2 \cdot h \cdot bar)$。此外，这些膜的孔隙率整体上表现出单调递减的趋势，随着 $BiOCl_{0.875}Br_{0.125}$ 负载量从 0 增大到 30 mg，孔隙率从 87.45% 下降至 82.18%。以上所有结果均和基于涂覆改性途径制备的功能膜的一般性质及规律相符，可以推测 PVDF 膜被聚集的 PDA、$BiOCl_{0.875}Br_{0.125}$ 颗粒及 PVA 所堵塞，最终导致渗透性能降低。

　　因此，综合考虑技术经济性，推荐 $BiOCl_{0.875}Br_{0.125}$ 的最优负载量为 10 mg。在此条件下，可获得令人满意的 92.6% 的 ROX 光降解率，以及 84.29% 的适度孔隙率，并且纯水通量达到 $380.4\ L/(m^2 \cdot h \cdot bar)$。相关研究报道了一些由可见光驱动的新型光催化膜用以光解染料。例如，采用

30 mg PDA/RGO/Ag$_3$PO$_4$复合材料修饰的 PVDF 膜在 8 h 的可见光辐照下可以降解 96.8% 的亚甲蓝（MB）。此外，Fe$_3$O$_4$/g-C$_3$N$_4$/PVDF 共混膜在 210 min 光照下对罗丹明 B（RhB，5 mg/L）的降解率可达到 96.7%。为了对比，对 BPMs 在可见光下催化降解 RhB 进行了一系列静态实验（图 12-11）。尽管将已报道的光催化膜与本研究中合成的功能膜进行直接比较是有失妥当的，因为它们的组成及形式是不同的，但考虑到 BPMs 更强的降解能力（初始 RhB 浓度 20 mg/L）和更短的反应时间（约 70 min），本研究的结果显示其可能更具先进性和应用潜力。

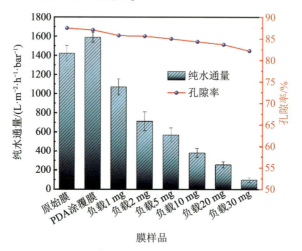

图 12-10　不同膜样品在室温下的纯水通量和孔隙率

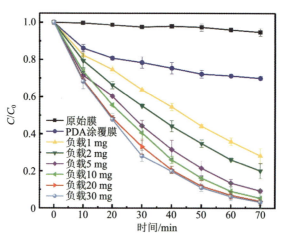

图 12-11　室温下不同膜样品（原始膜、PDA 涂覆膜及各种 BiOCl$_{0.875}$Br$_{0.125}$ 负载量的改性膜）对 RhB（20 mg/L）的可见光（$\lambda > 420$ nm）静态催化降解效能［误差棒表示标准偏差（$n = 3$）］

12.4 功能化 PVDF 膜光催化降解 ROX 及同步固定无机砷的作用机制

12.4.1 活性物种识别

通过淬灭实验揭示了 BPMs 光解 ROX 过程中的活性物种。本研究中分别采用对苯醌（PBQ）、叔丁醇（TBA）、EDTA 和 AgNO$_3$ 作为 $\cdot O_2^-$、$\cdot OH$、h^+ 和 e^- 的淬灭剂[20]。如图 12-12a 所示，在 AgNO$_3$ 存在下，ROX 的降解率没有明显降低，这意味着 e^- 不是主要的活性物种。然而，当添加 PBQ 和 EDTA 后，ROX 的降解率分别显著降低至 16.1% 和 54.7%，表明 $\cdot O_2^-$ 和 h^+ 在该光催化过程中起着重要作用。同时，在添加 TBA 后光催化活性同样受到了抑制。此外，进一步采用 DMPO（5,5-二甲基-1-吡咯啉-N-氧化物）自旋捕获自由基以检测 BPMs 的 ESR 信号。从图 12-12b~c 上可清楚地观察到 DMPO—$\cdot O_2^-$ 和 DMPO—$\cdot OH$ 的特征峰，证明该光催化系统中同时产生了 $\cdot O_2^-$ 和 $\cdot OH$，这和淬灭实验的结果一致。因此，可见光辐照下，BPMs 光催化降解 ROX 的系统中，$\cdot O_2^-$、$\cdot OH$ 和 h^+ 是起主要作用的活性物种。

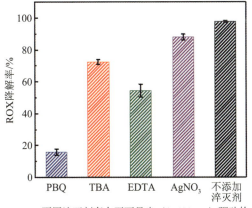

(a) 不同淬灭剂存在下可见光（λ>420 nm）驱动的 BPMs 对 ROX 的光催化降解效能

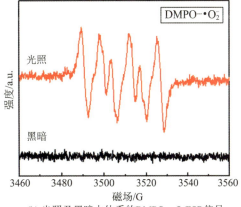

(b) 光照及黑暗中体系的 DMPO-$\cdot O_2^-$ESR 信号

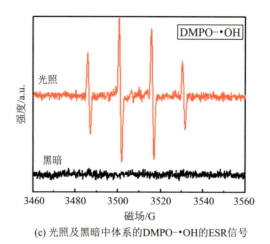

(c) 光照及黑暗中体系的DMPO-·OH的ESR信号

图 12-12　BPMs 光解 ROX 过程中的活性物种表征结果（实验条件：降解时间为 5 h，初始 ROX 浓度为 17.5 mg/L，初始 pH 值为 4.50±0.02，$BiOCl_{0.875}Br_{0.125}$ 负载量为 10 mg）

12.4.2　降解产物识别及可能的反应路径

尽管已经证明可见光下 BPMs 在降解 ROX 和同时吸附释放的无机砷方面是高效的，但 ROX 的降解路径仍然不明确。因此，本节研究中通过 GC-MS 识别 ROX 的降解产物，图 12-13 给出了 GC-MS 分析降解产物的总离子色谱（TIC）及相应质谱图。需要注意的是，由于双（三甲基硅烷基）三氟乙酰胺（BSTFA）的衍生特性，仅能测定带有羟基的中间产物。通过与 NIST 谱库中的标准质谱图进行比较，确定了 TIC 中 2 个峰的对应物质为邻硝基苯酚和儿茶酚。根据以前的文献[21]，1,2-苯醌被认为是 ROX 中苯环破坏前的最后中间体，这通过 HPLC 分析得到了证实。因此，邻硝基苯酚、儿茶酚和 1,2-苯醌很可能是 ROX 光催化降解过程中的主要中间产物。此外，本研究采用一台耶拿 2100S 型 TOC/TN 分析仪监测 ROX 光降解过程中 TOC 的变化，结果表明，光催化反应前后溶液中的 TOC 浓度分别为 4.65 mg/L 和 2.94 mg/L。反应 5 h 后 TOC 含量降低到 36.7%，这说明在可见光辐照下，BPMs 可将部分 ROX 完全矿化为 H_2O 和 CO_2。

图 12-14 给出了 HPLC-AFS 分析反应 3 h 后取出的反应液中含 As 物质的色谱图。结果显示，色谱图中出现 3 个峰，同标准溶液比较可知，在停留时间为 3.142 min（峰 A）、6.677 min（峰 B）和 11.141 min（峰 C）处，各自对应的物质分别被识别为亚砷酸盐、ROX 和砷酸盐。这表明在反应的

中间或早期阶段，该系统中存在 3 种含砷物种。此外，为了探明最终的含砷物种，调查 BPMs 在吸附前后的 XPS 图（图 12-15）。从图 12-15 可看出，BPMs 吸附后在 As 3d 结合能为 46.5 eV 处出现一个新的特征峰，该峰对应于 As(V)[22]，证实砷酸盐是最终的含砷物种。一些研究者发表了类似的研究结果，在许多可见光驱动的光催化过程中，As(Ⅲ) 作为一种中间产物，可被自由基快速并完全氧化为 As(V)[16,22-23]。

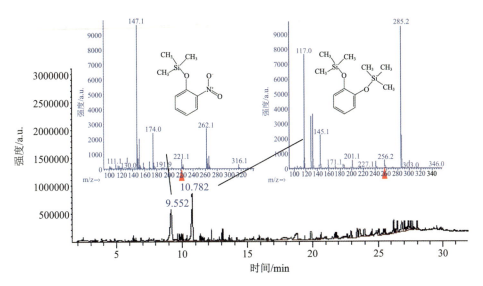

图 12-13　GC-MS 分析降解产物的总离子色谱（TIC）及相应的质谱图（测试样品取自光催化反应进行 3 h 时）

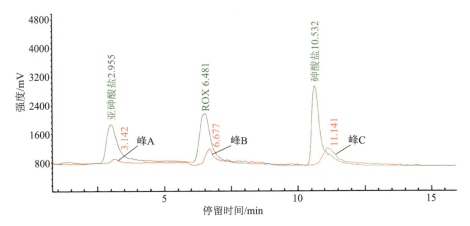

图 12-14　降解产物中 ROX 及其含砷物种的 HPLC-AFS 图（测试样品取自光催化反应进行 3 h 时）

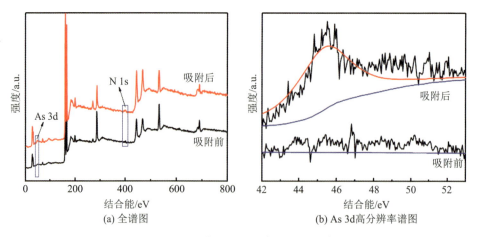

图 12-15 吸附前后 BPMs 表面的 XPS 表征

综合以上结果，可提出图 12-16 所示的 BPMs 光催化降解 ROX 的可能反应路径。一方面，ROX 的 As—C 键遭到 BPMs 所激发的活性氧物种的攻击，—AsO(OH)$_2$ 基团离开芳香环，然后，邻硝基苯酚及包括 As（V）和 As（Ⅲ）在内的无机砷物种形成。而后 As 的转化涉及以下 2 个步骤：① 砷酸盐/亚砷酸盐迁移到膜表面；② 亚砷酸盐同时被氧化为砷酸盐。另一方面，邻硝基苯酚可被自由基进一步攻击，导致 C—N 键断裂（即脱硝作用），生成儿茶酚[15]。随后，儿茶酚可进一步降解并形成 1,2-苯醌。随着反应的进行，芳香环被破坏，同时生成了如甲酸、草酸和马来酸等多种类型的羧酸。最后，在长时间强氧化性活性物质·O$_2^-$，h$^+$ 和·OH 的暴露下，部分中间产物被最终氧化为 H$_2$O 和 CO$_2$。

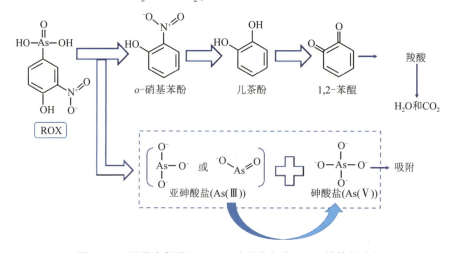

图 12-16 可见光辐照下 BPMs 光催化氧化 ROX 的转化路径

12.4.3　BPMs 对 ROX 光降解和同步砷固定的作用机制

基于以上讨论，在图 12-17 中提出了 BPMs 高效光降解 ROX 及同步去除无机砷的合理作用机制。大量由 PVA 交联的 $BiOCl_{0.875}Br_{0.125}$ 催化活性组分被牢固地黏结在 PDA 涂层上，构成主要的活性层。当暴露于可见光时，膜表面的 $BiOCl_{0.875}Br_{0.125}$ 被激发，导致相当多的电子-空穴对生成，然后在 O_2 和 H_2O 的存在下，$\cdot O_2^-$ 和 $\cdot OH$ 进一步形成。该过程涉及的反应如化学方程式（12-1）~化学方程式（12-5）所示。具体地，e^- 首先从价带（VB）被激活到导带（CB），从而留下了 h^+，紧接着迅速迁移［化学方程式（12-1）］。由于 $BiOCl_{0.875}Br_{0.125}$ 半导体本身的 3D 花状结构及 PDA 涂层的存在，电子-空穴对的复合过程受到显著抑制。最近的报道表明，这些微观花状结构的纳米片可赋予 $BiOCl_{0.875}Br_{0.125}$ 比一般半导体更长的光程，并允许光的多次反射，从而促进了可用于光催化过程的光生 e^- 和 h^+ 的产量。此外，卤素阴离子和 $[Bi_2O_2]^{2+}$ 界面之间形成的内部电场可以进一步促进电子-空穴对的分离。光生 e^- 很容易从 $BiOCl_{0.875}Br_{0.125}$ 上注入 PDA 涂层。这是因为，作为电子受体，PDA 涂层可以很好地调节电荷转移过程并降低 e^-/h^+ 复合概率[24]。在这种情况下，H_2O_2 在 e^- 诱导 O_2 还原的作用下不断产生［化学方程式（12-2）］。随着反应的进行，在 $BiOCl_{0.875}Br_{0.125}$ 表面富集的 H_2O_2 可被进一步还原为 $\cdot O_2^-$ 和 $\cdot OH$［化学方程式（12-3）和化学方程式（12-4）］。此外，H_2O 可被光生 h^+ 直接氧化为 $\cdot OH$［化学方程式（12-5）］。在有足够活性氧物种及暴露时间的条件下，ROX 可被完全降解，且部分中间体甚至被完全矿化为 H_2O 和 CO_2。

$$BiOCl_{0.875}Br_{0.125}+h\nu \longrightarrow e^-+h^+ \tag{12-1}$$

$$2e^-+O_2+2H^+ \longrightarrow H_2O_2 \tag{12-2}$$

$$2H_2O_2+e^- \longrightarrow 2H_2O+\cdot O_2^- \tag{12-3}$$

$$\cdot O_2^-+2H^++2e^- \longrightarrow \cdot OH+OH^- \tag{12-4}$$

$$h^++H_2O \longrightarrow \cdot OH+H^+ \tag{12-5}$$

同时，PDA 同样扮演着优异的吸附剂的角色，用以高效固定 ROX 降解过程中释放的无机 As(Ⅲ) 和 As(Ⅴ)。需要注意的是，生成的亚砷酸盐很容易被活性氧物种氧化为砷酸盐，因此 PDA 固定的无机砷物种最终被确定为砷酸盐。PDA 表面富含儿茶酚和胺基基团，由此可提供用于无机砷去除的吸附位点。在该反应弱酸性环境下，砷酸盐和亚砷酸盐分别以 $H_2AsO_4^-$ 和 H_3AsO_3 的形式存在，而 PDA 上—OH 和—NH_2 的质子化作用使其表面带正电荷，这有利于通过静电间相互作用吸附阴离子型的 $H_2AsO_4^-$。此外，—NH_2 中的 N 原子可以通过共用电子对形成金属络合物来固定无机砷物种，包括砷酸盐和亚砷酸盐。XPS 图中 As（V）吸附前后 N 1s 峰的变化也证实了含 N 的基团与 As（V）之间的结合（图 12-15a）。相似地，—OH 对无机砷的吸附主要通过形成单齿配体和外圈络合物 2 种类型的配合物来实现。因此，在光催化/过滤耦合系统中，静电相互作用和表面络合作用的双重机制是高效吸附无机砷的重要原因。

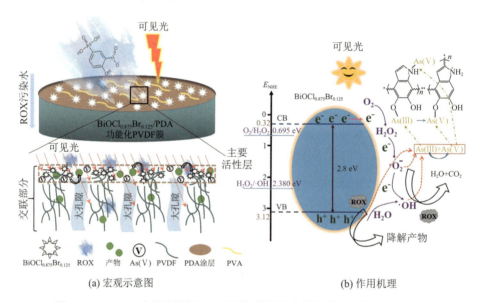

(a) 宏观示意图　　　　　(b) 作用机理

图 12-17　BPMs 光催化降解 ROX 及同步固定砷的宏观示意图和作用机理

12.5　双功能膜的可复用性评价

光催化性能的保持、砷的洗脱及 PDA 的再生都是实际应用中应考虑的关键因素。本节研究中，光催化/过滤耦合过程被重复 4 个循环以评估 BPMs 的可复用性。碱性条件下，大量的 OH^- 可以置换被 PDA 吸附的 As（V），此外，Na^+ 存在时，PDA 和 As（V）之间的静电作用力将会减弱，因此，每个循环后采用 0.05 mol/L NaOH 溶液脱附 As（V）[25]。由图 12-18 可知，该双功能膜在可见光辐照下显示出对 ROX 及其释放出的砷的出色稳定的去除能力，在 4 个光催化/过滤循环后，ROX 降解及总砷去除效能分别保持在 78.8% 和 68.7%。同时，PDA 涂覆的基膜仍被 $BiOCl_{0.875}Br_{0.125}$ 半导体完全包裹。如图 12-19 所示，用去离子水以 90 r/min 的振动速率冲洗 BPMs 时，未发现显著的光催化剂损失，这表明 $BiOCl_{0.875}Br_{0.125}$ 微粒可以长时间稳定地黏附在基膜的 PDA 涂层上。一个可能的原因是 PDA 和 PVA 的协同可以提供良好的黏结力。需要注意的是，ROX 降解和总砷同步去除效能随着复用循环次数的增多逐渐缓慢下降。该现象可以通过某些光催化位点的失活及吸附剂的损失或消耗来解释。然而从整体上看，BPMs 在光催化/过滤耦合过程中表现出良好的可复用性。

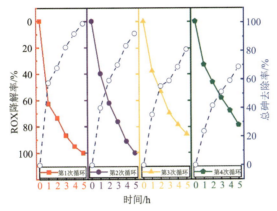

图 12-18　可见光辐照下（$\lambda > 420$ nm）光催化/过滤耦合系统中 BPMs 的可复用性 [实验条件：每个循环 5 h，初始 ROX 浓度为 17.5 mg/L（5 mg As/L），初始 pH 值为 4.50±0.02，$BiOCl_{0.875}Br_{0.125}$ 负载量为 10 mg]

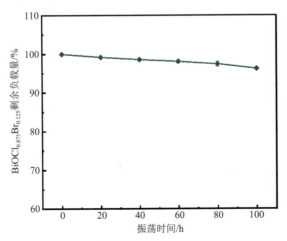

图 12-19　BPMs 中 $BiOCl_{0.875}Br_{0.125}$ 剩余负载量随振荡时间的变化曲线（振荡速率为 90 r/min）

12.6 双功能膜在真实水体中的应用

　　本节研究中同时考察在真实水体中 BPMs 对 ROX 降解和砷同步去除的效能，结果如图 12-20 所示。实际水样取自长江重庆区段，其水质特征见表 12-2，将其用作溶剂以制备浓度为 17.5 mg/L 的 ROX 污染模拟液。由图 12-20 可知，真实水体中 ROX 和总砷的去除率均比在去离子水中有一定程度的降低。真实水体中的有机成分可以竞争性地消耗光催化过程生成的活性氧物种，因而在一定程度上弱化了 ROX 的光降解。阳离子如 Na⁺、Mg²⁺、Ca²⁺及阴离子如 SO₄²⁻、NO₃⁻、PO₄³⁻、Cl⁻等共存物质同样会影响 PDA 的吸附容量，从而阻碍对释放的砷物种的固定。然而，BPMs 仍然对 ROX 光降解和砷吸附表现出较高的有效性。可见光辐照 5 h 后，真实水体中大约有 88.2%的 ROX 和 86.9%的总砷可通过 BPMs 的光催化/过滤过程去除。这些结果表明，BPMs 对于净化 ROX 污染水具有一定的实际可行性。

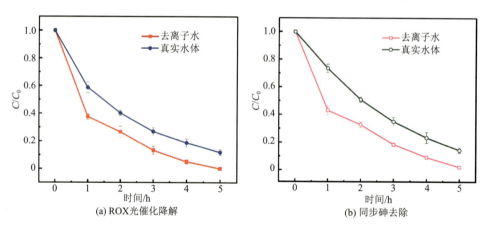

图 12-20　可见光辐照下（λ>420 nm）BPMs 对真实水体及去离子水中 ROX 光催化降解和同步砷去除的效能［实验条件：初始 ROX 浓度为 17.5 mg/L（5 mg As/L），pH 值调节至 4.50，BiOCl₀.₈₇₅Br₀.₁₂₅负载量为 10 mg］

表 12-2　取自长江的真实水样水质参数

pH	TOC/ (mg·L⁻¹)	UV₂₅₄/ cm⁻¹	DO/ (mg·L⁻¹)	Na⁺/ (mg·L⁻¹)	Mg²⁺/ (mg·L⁻¹)	Ca²⁺/ (mg·L⁻¹)	SO₄²⁻/ (mmol·L⁻¹)	NO₃⁻/ (mmol·L⁻¹)	PO₄³⁻/ (mmol·L⁻¹)	Cl⁻/ (mmol·L⁻¹)	HCO₃⁻/ (mmol·L⁻¹)
7.29	4.12	0.065	7.6	8.97	0.56	13.47	0.37	0.14	0.03	0.18	1.56

12.7　BPMs 对其他典型新兴污染物及重金属离子的去除效能

　　为了验证 BPMs 对含有新兴污染物和重金属的原水的普适效果，分别选取莠去津（ATZ）、磺胺甲噁唑（SMX）、对氯硝基苯（p-CNB）作为新兴污染物中农药、抗生素和化工中间体的典型代表，选取 Cu(Ⅱ)、Cd(Ⅱ) 和 Pb(Ⅱ) 作为重金属离子的典型代表，进一步测试双功能膜动态过滤过程对新兴污染物的可见光催化降解及对重金属离子的吸附去除能力。如图 12-21 所示，在 3 h 的动态可见光催化过程中，BPMs 对 ATZ、SMX 和 p-CNB 的去除率分别达到 95.6%、100% 和 86.3%；在 3 h 的动态吸附过程中，BPMs 对 Cu(Ⅱ)、Cd(Ⅱ) 和 Pb(Ⅱ) 的截留率分别达到 82.5%、94.1% 和 98.6%。这表明 BPMs 在可见光驱动下光催化活性强，对水中新兴污染物具有较强的破坏能力；同时，BPMs 吸附性能优异，可实现对水中重金属离子较高的截留效能。分析认为，在对重金属离子 Cu(Ⅱ)、Cd(Ⅱ) 和 Pb(Ⅱ) 的固定过程中，除了 PDA 涂层中儿茶酚上 C—OH 和含 N 基团发挥螯合吸附作用外，功能膜中交联的 PVA 同样发挥着不可忽略的作用[26-27]。

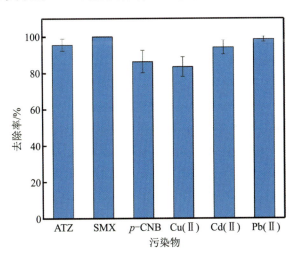

图 12-21　BPMs 对其他典型新兴污染物及重金属离子的去除效能（实验条件：可见光 **λ>420 nm**，有机物和重金属的初始浓度分别为 5 mg/L 和 2 mg/L，反应时间取 3 h，$BiOCl_{0.875}Br_{0.125}$负载量为 10 mg）

参考文献

［1］范学玲，仲伟群，邱立春，等. 浅谈地表水监测现状及展望［J］. 科技经济导刊, 2020, 28(19)：98.

［2］王丹，隋倩，赵文涛，等. 中国地表水环境中药物和个人护理品的研究进展［J］. 科学通报, 2014, 59(9)：743-751.

［3］QIAO T J, YU Z R, ZHANG X H, et al. Occurrence and fate of pharmaceuticals and personal care products in drinking water in southern China［J］. Journal of Environmental Monitoring, 2011, 13(11)：3097-3103.

［4］CHENG X X, LIANG H, DING A, et al. Application of Fe(Ⅱ)/peroxymonosulfate for improving ultrafiltration membrane performance in surface water treatment：comparison with coagulation and ozonation［J］. Water Research, 2017, 124(1)：298-307.

［5］JI Y F, DONG C X, KONG D A, et al. New insights into atrazine degradation by cobalt catalyzed peroxymonosulfate oxidation：kinetics, reaction products and transformation mechanisms［J］. Journal of Hazardous Materials, 2015, 285：491-500.

［6］HU Y N, ZHANG W F, CHENG H, et al. Public health risk of arsenic species in chicken tissues from live poultry markets of Guangdong province, China［J］. Environmental Science & Technology, 2017, 51(6)：3508-3517.

［7］LIU M, ZHU X, CHEN R, et al. Catalytic membrane microreactor with Pd/γ-Al$_2$O$_3$ coated PDMS film modified by dopamine for hydrogenation of nitrobenzene［J］. Chemical Engineering Journal, 2016, 301(1)：35-41.

［8］ZHANG J, HAN Q F, ZHU J W, et al. A facile and rapid room-temperature route to hierarchical bismuth oxyhalide solid solutions with composition-dependent photocatalytic activity［J］. Journal of Colloid and Interface Science, 2016, 477：25-33.

［9］YANG J, LIANG Y J, LI K, et al. Design of 3D flowerlike BiOCl$_x$Br$_{1-x}$ nanostructure with high surface area for visible light photocatalytic activities［J］. Journal of Alloys and Compounds, 2017, 725：1144-1157.

［10］YANG H C, LIAO K J, HUANG H, et al. Mussel-inspired modification of a polymer membrane for ultra-high water permeability and oil-in-water emulsion separation [J]. Journal of Materials Chemistry A, 2014, 2(26): 10225-10230.

[11] ZHANG C, YANG H C, WAN L S, et al. Polydopamine-coated porous substrates as a platform for mineralized β-FeOOH nanorods with photocatalysis under sunlight [J]. ACS Applied Materials & Interfaces, 2015, 7(21): 11567-11574.

[12] LEE H, DELLATORE S M, MILLER W M, et al. Mussel-inspired surface chemistry for multifunctional coatings [J]. Science, 2007, 318(5849): 426-430.

[13] LIU Y L, AI K L, LU L H. Polydopamine and its derivative materials: synthesis and promising applications in energy, environmental, and biomedical fields[J]. Chemical Reviews, 2014, 114(9): 5057-5115.

[14] FAN W G, ZHANG X M, ZHANG Y G, et al. Functional organic material for roxarsone and its derivatives recognition via molecular imprinting[J]. Journal of Molecular Recognition, 2018, 31(3): e2625.

[15] CHEN Y Q, LIN C J, ZHOU Y Y, et al. Transformation of roxarsone during UV disinfection in the presence of ferric ions[J]. Chemosphere, 2019, 233: 431-439.

[16] SUN T Y, ZHAO Z W, LIANG Z J, et al. Efficient degradation of p-arsanilic acid with arsenic adsorption by magnetic $CuO-Fe_3O_4$ nanoparticles under visible light irradiation[J]. Chemical Engineering Journal, 2018, 334(1):1527-1536.

[17] ZHANG Q R, LI Y X, YANG Q G, et al. Distinguished Cr(VI) capture with rapid and superior capability using polydopamine microsphere: behavior and mechanism[J]. Journal of Hazardous Materials, 2018, 342: 732-740.

[18] Farnad N, Farhadi K, Voelcker N H, et al. Polydopamine nanoparticles as a new and highly selective biosorbent for the removal of copper(II) ions from aqueous solutions[J]. Water Air and Soil Pollution, 2012, 223(6): 3535-3544.

[19] ZHANG R, CAI Y F, ZHU X Y, et al. A novel photocatalytic membrane decorated with $PDA/RGO/Ag_3PO_4$ for catalytic dye decomposition [J].

Colloids and Surfaces A: Physicochemical and Engineering Aspects, 2019, 563: 68-76.

[20] SU X D, YANG J J, YU X, et al. *In situ* grown hierarchical 50% BiOCl/BiOI hollow flowerlike microspheres on reduced graphene oxide nanosheets for enhanced visible-light photocatalytic degradation of rhodamine B[J]. Applied Surface Science, 2018, 433(8): 502-512.

[21] LU D L, JI F, WANG W, et al. Adsorption and photocatalytic decomposition of roxarsone by TiO$_2$ and its mechanism[J]. Environmental Science and Pollution Research, 2014, 21(13): 8025-8035.

[22] SUN T Y, SHI Z F, ZHANG X P, et al. Efficient degradation of *p*-arsanilic acid with released arsenic removal by magnetic CeO$_2$ - Fe$_3$O$_4$ nanoparticles through photo-oxidation and adsorption [J]. Journal of Alloys and Compounds, 2019, 808: 151689.

[23] XU J, LI J J, WU F, et al. Rapid photooxidation of As(Ⅲ) through surface complexation with nascent colloidal ferric hydroxide[J]. Environmental Science & Technology, 2014, 48(1): 272-278.

[24] KAMAT P V. Boosting the efficiency of quantum dot sensitized solar cells through modulation of interfacial charge transfer[J]. Accounts of Chemical Research, 2012, 45(11): 1906-1915.

[25] WANG J J, ZHANG W H, ZHENG Y X, et al. Multi-functionalization of magnetic graphene by surface-initiated ICAR ATRP mediated by polydopamine chemistry for adsorption and speciation of arsenic[J]. Applied Surface Science, 2019: 15-25.

[26] MEHDINIA A, HEYDARI S, JABBARI A. Synthesis and characterization of reduced graphene oxide-Fe$_3$O$_4$@ polydopamine and application for adsorption of lead ions: Isotherm and kinetic studies [J]. Materials Chemistry and Physics, 2020, 239: 121964.

[27] ULLAH S, HASHMI M, HUSSAIN N, et al. Stabilized nanofibers of polyvinyl alcohol (PVA) crosslinked by unique method for efficient removal of heavy metal ions[J]. Journal of Water Process Engineering, 2020, 33: 101111.